ロボティクスシリーズ　7

モデリングと制御

工学博士　平井　慎一
工学博士　坪内　孝司　共著
工学博士　秋下　貞夫

コ ロ ナ 社

刊行のことば

本シリーズは，1996年，わが国の大学で初めてロボティクス学科が設立された機会に企画された。それからほぼ10年を経て，卒業生を順次社会に送り出し，博士課程の卒業生も輩出するに及んで，執筆予定の教員方からの脱稿が始まり，出版にこぎつけることとなった。

この10年は，しかし，待つ必要があった。工学部の伝統的な学科群とは異なり，ロボティクス学科の設立は，当時，世界初の試みであった。教育は手探りで始まり，実験的であった。試行錯誤を繰り返して得た経験が必要だった。教える前に書いたテキストではなく，何回かの講義，テストによる理解度の確認，演習や実習，実験を通じて練り上げるプロセスが必要であった。各巻の講述内容にも改訂と洗練を加え，各章，各節の取捨選択も必要だった。ロボティクス教育は，電気工学や機械工学といった単独の科学技術体系を学ぶ伝統的な教育法と違い，二つの専門（T型）を飛び越えて，電気電子工学，機械工学，計算機科学の三つの専門（π型）にまたがって基礎を学ばせ，その上にロボティクスという物づくりを指向する工学技術を教授する必要があった。もっとたいへんなことに，2000年紀を迎えると，パーソナル利用を指向する新しいさまざまなロボットが誕生するに及び，本来は人工知能が目指していた“人間の知性の機械による実現”がむしろロボティクスの直接の目標となった。そして，ロボティクス教育は単なる物づくりの科学技術から，知性の深い理解へと視野を広げつつ，新たな科学技術体系に向かう一歩を踏み出したのである。

本シリーズは，しかし，新しいロボティクスを視野に入れつつも，ロボットを含めたもっと広いメカトロニクス技術の基礎教育コースに必要となる科目をそろえる当初の主旨は残した。三つの専門にまたがるπ型技術者を育てるとき，広くてもそれぞれが浅くなりがちである。しかし，各巻とも，ロボティクスに直接的にかかわり始めた章や節では，技術深度が格段に増すことに学生諸君も，そして読者諸兄も気づかれよう。恐らく，工学部の伝統的な電気工学，機械工学の学生諸君や，情報理工学部の諸君にとっても，本シリーズによってそれぞれの科学技術体系がロボティクスに焦点を結ぶときの意味を知れば，工学の面白さ，深さ，広がり，といった科学技術の醍醐味が体感できると思う。本シリーズによって幅の広いエンジニアになるための素養を獲得されんことを期待している。

2005年9月

編集委員長　有本　卓

まえがき

本書では，機械システムのモデリングと制御の原理と手法を，実際の例に即して述べる。現在の機械システムは，機械系と電気電子系が融合している系である。その機械システムにおいて制御系を構成するためには，対象の物理的な理解が欠かせない。そこで本書では，機械システムの物理モデリングから数値シミュレーションの技法，制御系の安定解析法をカバーする。さらに機械システム制御の具体例として，宇宙機と移動ロボットを取り上げ，モデリングから制御系の設計までがどのようになされているかを示す。

本書の特徴は，システムを表す微分方程式を時間領域で直接扱っている点である。このようにした一つ目の理由は，解析的な手法と数値計算による手法を同一の表現で扱うためである。二つ目の理由（こちらのほうが重要だが）は，線形と非線形を必要以上に区別することなく，非線形の特別な場合が線形であるという見方からである。線形制御理論に関しては多くの良書が出版されているので，本書の執筆にあたっては線形系の話を抑え，非線形の微分方程式を時間領域で扱う手法や例を多く採用した。われわれの意図が満たされているかどうかは，読者の方々のご判断を仰ぎたい。

なお，1～7 章を平井が，8 章を秋下が，9 章を坪内が，それぞれ分担して執筆した。

2021 年 3 月

平井 慎一
坪内 孝司
秋下 貞夫

目　　次

1.　機械システムのモデリングと制御とは

2.　機械システムのモデリング

3.　常微分方程式の数値解法

4.　フィードバック制御

5.　線形常微分方程式

6.　変分原理をもとにしたモデリング

7. 安　定　性

8. 宇宙機の姿勢運動の制御

9.　移動ロボットの制御

1 機械システムのモデリングと制御とは

現在の機械システムは，機械系と電気電子系が融合している系である。例えば，コピー機やプリンタは，紙を送る機械システムと，トナーやインクの吐出を制御する電気システムを含む。掃除機や洗濯機などの家電は，そのメカニズムを電磁モータにより駆動している。このようなメカトロニクス機器はマイクロコントローラを内蔵しており，センサ信号に応じて動作を変更したり制御したりすることができる。このような機械システムの制御系を構成するためには，対象の物理的な理解が欠かせない。本書では，機械システムの物理モデリングから数値シミュレーションの技法，制御系の安定解析法をカバーする。

機械システムの**モデリング**（modeling）とは，機械システムの挙動を，数式やコンピュータプログラムで表すことである。モデリングによって作られる数式やコンピュータプログラムを，**モデル**（model）と呼ぶ。特に前者を**数式モデル**（mathematical model），後者を**コンピュータモデル**（computer model）と呼ぶ。数式を解析的/数値的に解く，あるいはコンピュータプログラムをコンピュータ上で実行することにより，機械システムの挙動を知ることができる。実物が存在しない場合でも，このようなモデルの解析を通して，機械システムの挙動を推定することができる。機械システムの設計では，設計した機械システムのモデル解析を通して，機械システムの挙動を評価し，設計に反映させることが不可欠になっている。本書では，機械システムのモデリングと，それに基づく制御系の解析に焦点を当てる。

本書の構成を述べよう。前半では基礎的な概念と手法を説明する。2 章では，常微分方程式を用いて機械システムの挙動を記述する手法を述べる。単振り子，電磁モータ，リンク機構，自動車を例として，システムの挙動を微分方程式で表す。さらに，ホロノミック制約とパフィアン制約について述べる。3 章では，常微分方程式を数値的に解く手法を紹介する。システムの挙動を表す微分方程式を数値的に解き，結果をグラフやアニメーションで提示することにより，機械電気システムの挙動を理解することを，**シミュレーション**（simulation）と呼ぶ。常微分方程式の数値解法は，このシミュレーションに不可欠である。4 章では，フィードバック制御について述べる。リニアテーブルの位置決め制御とリンク機構の運動制御を例にして，比例制御，積分制御，微分制御を説明する。5 章では，線形常微分方程式の解について述べる。線形常微分方程式は解析的に解くことができ，解析解は微分方程式の安定性を考察するときの基礎になる。6 章では，変分原理に基づいたシステムのモデリングについて述べる。開リンク機構，閉リンク機構，ビームの変形，剛体の回転を例として，システムの挙動をモデリングする。7 章では，安定性について述べる。線形化による局所的な安定解析とリアプノフ関数を用いた大域的な安定解析について述べる。後半は機械システムの制御の例として，8 章では宇宙機の姿勢制御，9 章では移動ロボットの制御について述べる。

2 機械システムのモデリング

モデリングとは，機械システムの挙動を計算可能な形式で記述することである。機械システムの挙動は，**常微分方程式**（ordinary differential equation; 略して ODE）を用いてモデリングすることができる。これは，機械システムの挙動は運動方程式という常微分方程式，電気電子システムの挙動は回路方程式という常微分方程式で定式化されることに起因する。本章では，典型的な例を用いて，常微分方程式を用いた機械システムのモデリングの手法を述べる。

2.1 単振り子のモデリング

図 2.1 に示す単振り子の運動をモデリングする。単振り子は先端の質量 m と長さ l の棒からなる。棒は先端の質量と比較すると十分軽く，その質量は無視できると仮定する。棒の一端は単振り子の支点 C に，他端は質量に接続されている。単振り子の振れ角を θ で表す。角度 θ が満たす回転の運動方程式を求め

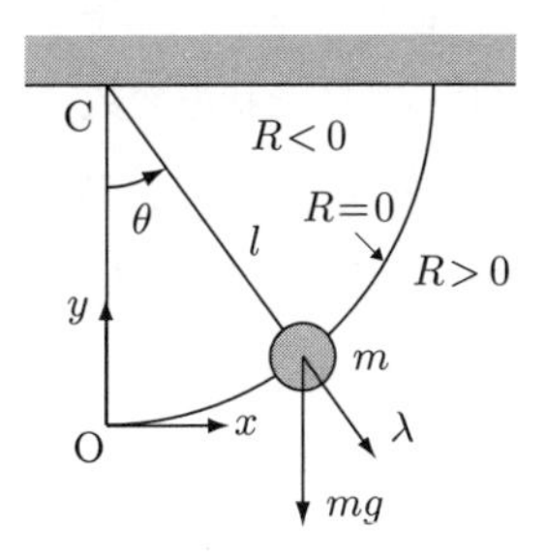

図 2.1 単振り子

よう。支点 C まわりの慣性モーメントは $J = ml^2$ である。重力により支点 C まわりに作用するモーメントは，$-mgl\sin\theta$ で与えられる。振れ角の角加速度は $\ddot{\theta}$ であるので，支点 C まわりの回転に関する運動方程式は

$$J\ddot{\theta} = -mgl\sin\theta \tag{2.1}$$

と表される。これは変数 θ に関する 2 階の常微分方程式である。

この運動方程式を 1 階の運動方程式に変換しよう。新しい変数 $\omega \triangleq \dot{\theta}$（記号 $\triangleq$ は定義を表す）を導入すると，上式は

$$J\dot{\omega} = -mgl\sin\theta \tag{2.2}$$

と書き換えることができる。変数 ω は角速度を表す。新しい変数 ω の定義式と上式の両辺を $J = ml^2$ で割った式をまとめて書くと

$$\begin{aligned}\dot{\theta} &= \omega,\\ \dot{\omega} &= -\frac{g}{l}\sin\theta\end{aligned} \tag{2.3}$$

が得られる。上式は，二つの変数 θ と ω に関する 1 階の微分方程式である。すなわち，1 変数 2 階の常微分方程式 (2.1) を，2 変数 1 階の常微分方程式 (2.3) に変換することができた。さらに，上式の右辺には変数 θ と ω は現れるが，その時間微分 $\dot{\theta}$ と $\dot{\omega}$ は現れない。時間微分が現れるのは左辺のみであり，変数 θ と ω の値を与えると，それらの時間微分 $\dot{\theta}$ と $\dot{\omega}$ の値を上式よりただちに計算することができる。このような常微分方程式を**標準形**（canonical form）と呼ぶ。1 階微分とともに標準形に現れる変数を**状態変数**（state variable）と呼ぶ。この例では，θ と ω が状態変数である。一般に，時刻 0 における状態変数の値を定めると，以降の時刻 t における状態変数の値を求めることができる。時刻 0 における状態変数の値を**初期値**（initial value）と呼ぶ。

3 章で紹介する常微分方程式の数値解法を用いると，微分方程式の標準形を数値的に解くことができる。例えば，$m = 0.01\,\mathrm{kg}$，$l = 0.99\,\mathrm{m}$，$g = 9.8\,\mathrm{m/s^2}$ と定め，初期値 $\theta(0) = \pi/6$〔rad〕，$\omega(0) = 0\,\mathrm{rad/s}$ のもとで式 (2.3) を数値的

に解き，その結果をグラフにすると，**図 2.2** が得られる。図 (a) は角度 $\theta(t)$，図 (b) は角速度 $\omega(t)$ を表している。これらの図からわかるように，振れ角 $\theta(t)$ は正弦波である。図 (c) に示す平面内の点は，状態変数 θ と ω の組に対応する。これを**位相図**（phase plot）と呼ぶ。時間 t の経過とともに θ と ω の組は図に示す長円内を時計回りに移動する。別の初期値 $\theta(0) = 0\,\mathrm{rad}$，$\omega(0) = \pi/3$〔rad/s〕のもとで解くと，**図 2.3** が得られる。この例においても，振れ角 $\theta(t)$ は正弦波である。

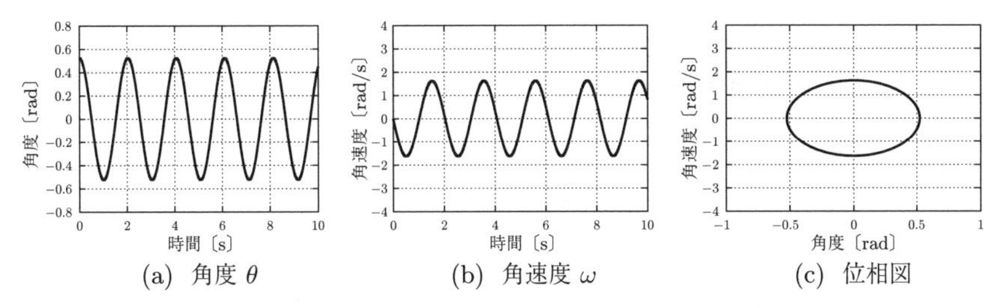

(a)　角度 θ　　(b)　角速度 ω　　(c)　位相図

図 2.2　単振り子の運動のシミュレーション結果
（$\theta(0) = \pi/6$〔rad〕，$\omega(0) = 0\,\mathrm{rad/s}$）

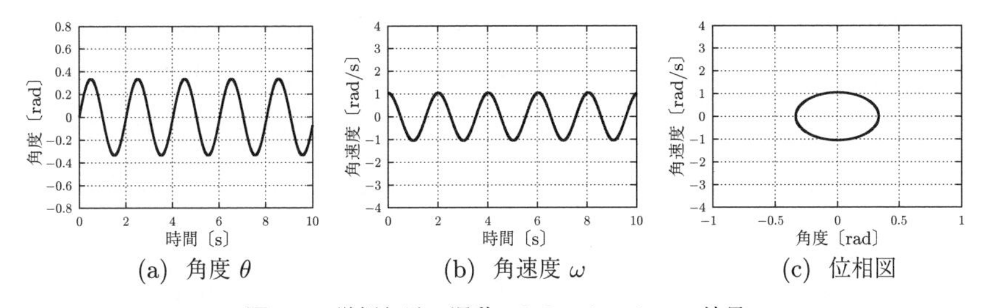

(a)　角度 θ　　(b)　角速度 ω　　(c)　位相図

図 2.3　単振り子の運動のシミュレーション結果
（$\theta(0) = 0\,\mathrm{rad}$，$\omega(0) = \pi/3$〔rad/s〕）

図 2.2 と図 2.3 からわかるように，式 (2.3) の解は正弦波の振動である。これは，振り子が往復運動を繰り返すという現象を確かに表している。一方，式 (2.3) の解では振動の振幅は一定のまま変わらない。実際の振り子では，時間の経過とともに振幅は減少し，最終的には振り子の運動は止まる。モデルの解と実際の挙動が一致しないということは，モデルで考慮されていない要素がある

ことを示唆している。この例では，支点まわりの摩擦や質点が空気から受ける抵抗を無視しているため，振幅は減少しない。例えば，支点まわりに粘性摩擦が作用し，支点まわりに抵抗となる負のモーメントが発生すると仮定する。さらに，この粘性モーメントの大きさは角速度に比例すると仮定し，その比例定数を b で表すと，単振り子の回転の運動方程式は

$$J\ddot{\theta} = -mgl\sin\theta - b\dot{\theta} \tag{2.4}$$

となる。すなわち

$$J\dot{\omega} = -mgl\sin\theta - b\omega \tag{2.5}$$

である。標準形に変換すると

$$\begin{aligned} \dot{\theta} &= \omega, \\ \dot{\omega} &= -\frac{g}{l}\sin\theta - \frac{b}{J}\omega \end{aligned} \tag{2.6}$$

が得られる。前述の例と同じ m, l, g の値と $b = 0.01\,\mathrm{N{\cdot}m/(rad/s)}$ を定め，初期値 $\theta(0) = \pi/6$〔rad〕，$\omega(0) = 0\,\mathrm{rad/s}$ のもとで式 (2.6) を数値的に解き，その結果をグラフにすると，**図 2.4** が得られる。図 (a) は角度 $\theta(t)$，図 (b) は角速度 $\omega(t)$ を表している。図からわかるように，振れ角 $\theta(t)$ は振動しながら減衰する。図 (c) に位相図を示す。時間 t の経過とともに，θ と ω の組は，図に示すらせん内を時計回りに移動し，最終的には原点，すなわち $\theta = 0\,\mathrm{rad}$, $\omega = 0\,\mathrm{rad/s}$ に収束する。これは振り子が停止することを意味する。粘性の比

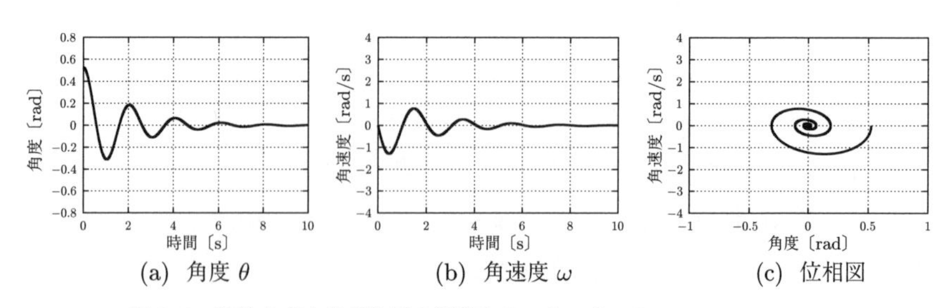

(a) 角度 θ　　(b) 角速度 ω　　(c) 位相図

図 2.4　粘性を有する振り子の運動シミュレーション
（$b = 0.01\,\mathrm{N{\cdot}m/(rad/s)}$，$\theta(0) = \pi/6$〔rad〕，$\omega(0) = 0\,\mathrm{rad/s}$）

例係数を $b = 0.05\,\mathrm{N{\cdot}m/(rad/s)}$ と定め，式 (2.6) を数値的に解き，その結果をグラフにすると，**図 2.5** が得られる。この場合，振れ角 $\theta(t)$ は振動することなく単調に減衰する。図 2.4 と図 2.5 からわかるように，式 (2.6) の解は減衰振動あるいは単調な減衰となる。式 (2.6) の解は，式 (2.3) の解より実際の振り子の運動を適切に表していることがわかる。

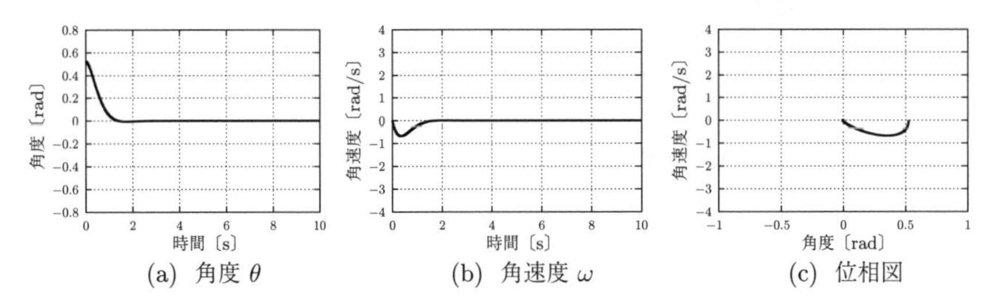

(a) 角度 θ　(b) 角速度 ω　(c) 位相図

図 2.5　粘性を有する振り子の運動シミュレーション
（$b = 0.05\,\mathrm{N{\cdot}m/(rad/s)}$，$\theta(0) = \pi/6$〔rad〕，$\omega(0) = 0\,\mathrm{rad/s}$）

単振り子の運動を，図 2.1 のデカルト座標系 O-xy で定式化しよう。質点の位置を (x, y) で表す。振り子の支点 C から質点までの距離は l に等しいので，変数 x, y は**制約**

$$R(x, y) \triangleq \left\{x^2 + (y - l)^2\right\}^{\frac{1}{2}} - l = 0 \tag{2.7}$$

を満たさなくてはならない。制約 $R(x, y)$ は長さの次元を持ち，図 2.1 の円の外側で正，内側で負の値をとる。制約 R は，系の一般化座標 x ならびに y のみからなる。このような制約を**ホロノミック制約**（holonomic constraint）と呼ぶ。質点にはロープに沿う方向に張力が作用する。張力の方向は，制約 $R(x, y) = 0$ が表す円軌跡に垂直な方向である。そこで，制約 $R(x, y)$ の勾配ベクトルを計算する。

$$R_x(x, y) \triangleq \frac{\partial R}{\partial x} = x\left\{x^2 + (y - l)^2\right\}^{-\frac{1}{2}}$$
$$R_y(x, y) \triangleq \frac{\partial R}{\partial y} = (y - l)\left\{x^2 + (y - l)^2\right\}^{-\frac{1}{2}}$$

勾配ベクトル $[R_x, R_y]^{\mathrm{T}}$ は，制約 $R(x,y)=0$ が表す円軌跡の外向き法線ベクトルに対応する。さらに，この勾配ベクトルの大きさは 1 であるので，張力の方向は勾配ベクトルに一致する。ロープに作用する張力の大きさを λ で表すと，質点の運動方程式は

$$
\begin{aligned}
m\ddot{x} &= \lambda R_x(x,y), \\
m\ddot{y} &= \lambda R_y(x,y) - mg
\end{aligned}
\tag{2.8}
$$

となる。新しい変数 $v_x \triangleq \dot{x}$ と $v_y \triangleq \dot{y}$ を導入し，常微分方程式の標準形に変換すると

$$
\begin{aligned}
\dot{x} &= v_x, \\
\dot{y} &= v_y, \\
m\dot{v}_x &= \lambda R_x(x,y), \\
m\dot{v}_y &= \lambda R_y(x,y) - mg
\end{aligned}
\tag{2.9}
$$

が得られる。ただし，状態変数 x と y は制約 (2.7) を満たさなくてはならない。3.2 節で紹介する制約安定化法を用いると，この制約付きの常微分方程式を数値的に解くことができる。前述の例と同じ m, l, g を定め，$\theta(0)=\pi/6$〔rad〕，$\omega(0)=0\,\mathrm{rad/s}$ に対応する初期値 $x(0)=l\sin\theta(0)$〔m〕，$y(0)=l(1-\cos\theta(0))$〔m〕，$v_x(0)=0\,\mathrm{m/s}$，$v_y(0)=0\,\mathrm{m/s}$ のもとで制約付きの常微分方程式を解き，その結果をグラフにすると，**図 2.6** が得られる。図 (a) は位置 $x(t)$ と $y(t)$ を，図 (b) は速度 $v_x(t)$ と $v_y(t)$ を表している。位置 x, y から角度 θ を計算した結果を図 (c) に示す。これは図 2.2 (a) に一致する。制約 R の値を計算した結果を図 2.6 (d) に示す。図からわかるように，制約 $R(x,y)$ の値はつねにほぼ 0 である。以上のように，運動方程式に制約がある場合も系の運動を計算することができる。

上述の議論は，振り子の支点が球面関節である空間振り子に拡張できる。このとき先端の質量は，支点 C を中心とする半径 l の球面上にある。鉛直上向き

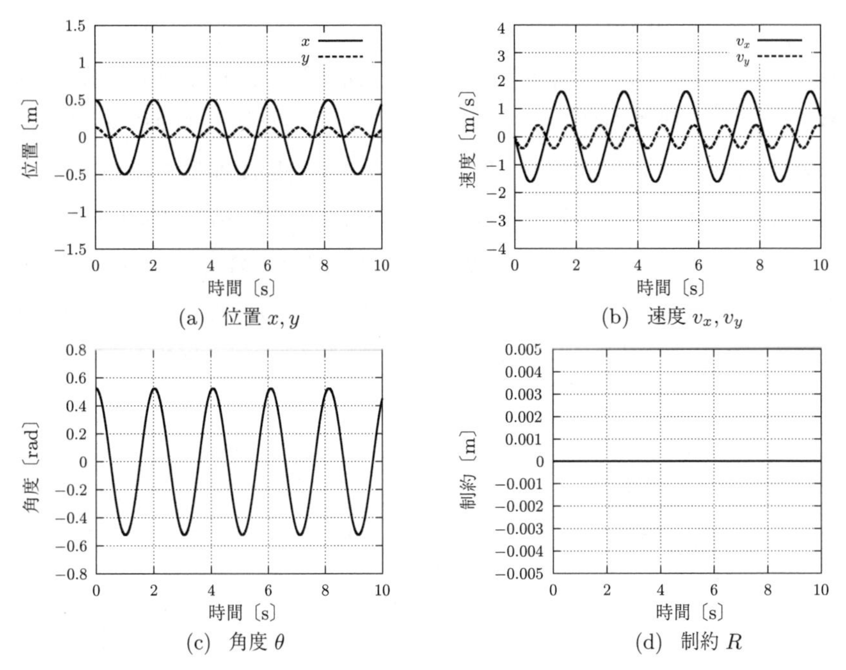

図 2.6　デカルト座標系における単振り子の運動のシミュレーション結果（初期値は $\theta(0)=\pi/6$〔rad〕，$\omega(0)=0\,\mathrm{rad/s}$ に対応）

に z 軸をとり，振り子の最下点を原点とする。このとき，質点の位置 (x,y,z) は制約

$$R(x,y,z) \triangleq \left\{x^2+y^2+(z-l)^2\right\}^{\frac{1}{2}}-l=0$$

を満たさなくてはならない。質点の速度ベクトルを $[\,v_x,\,v_y,\,v_z\,]^{\mathrm{T}}$ で表す。このとき質点の運動方程式は

$$m\dot{v}_x=\lambda\,R_x(x,y,z)$$

$$m\dot{v}_y=\lambda\,R_y(x,y,z)$$

$$m\dot{v}_z=\lambda\,R_z(x,y,z)-mg$$

である。前述の例と同じ $m,\,l,\,g$ を定め，制約 $R=0$ を満たす初期位置 $x(0)=l\sin(\pi/6)$〔m〕，$y(0)=0\,\mathrm{m}$，$z(0)=l(1-\cos(\pi/6))$〔m〕と制約 $\dot{R}=R_xv_x+$

$R_y v_y + R_z v_z = 0$ を満たす初期速度 $v_x(0) = 0\,\mathrm{m/s}$，$v_y(0) = l\sin(\pi/6)(\pi/4)$〔m/s〕，$v_z(0) = 0\,\mathrm{m/s}$ のもとで制約付きの運動方程式を解き，その結果をグラフに表すと，**図 2.7** が得られる。図 (a) は軌跡の上面図（x-y 平面）を，図 (b) は軌跡の側面図（x-z 平面）を表している。これらの図は 20 秒間の軌跡を表している。運動の減衰を無視しているため，空間振り子の力学的エネルギーは保存される。さらに，質点は初期速度を持っているため，質点は最下点（$z = 0$）に到達せず，z 成分の値は正の範囲内で変動することが示されている。制約 R の値を計算した結果を図 (c) に示す。図からわかるように，制約 $R(x, y)$ の値は，つねにほぼ 0 である。

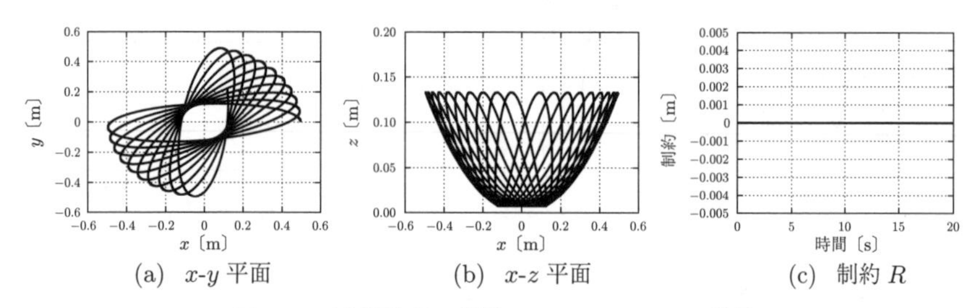

(a)　x-y 平面　　(b)　x-z 平面　　(c)　制約 R

図 2.7　空間振り子の運動のシミュレーション結果

2.2　電磁モータのモデリング

2.2.1　DC モータのモデリング

直流電源を接続すると，模型用のモータは回転する。直流電源により駆動されるモータを DC モータと呼ぶ。DC モータの運動をモデリングしよう。DC モータの駆動原理は，フレミングの定理である。この定理によると，磁場の中でコイルに電流が流れると，コイルに力が発生し，モータの回転軸まわりにトルクが生じる。コイルに発生する力は，導線に流れる電流に比例する。単純なモデルを導くために，コイルにより発生する力とモータの回転軸まわりのトルクは比例すると仮定する。このとき，導線に流れる電流を i，電流により生じる駆動トルクを τ で表すと，この関係式は

$$\tau = k_{\mathrm{t}} i \tag{2.10}$$

と表される。ここで，k_{t} はモータ定数と呼ばれ，磁場の磁束密度やコイルの寸法に依存する。ここではモータ定数は一定であると仮定する。モータの回転軸の角速度を ω で表し，モータの回転の運動方程式を導く。モータの回転軸まわりの慣性モーメントを I，モータの回転の粘性係数を B で表す。また，モータの軸まわりに加えられる外部モーメントを τ_{ext} で表す。モータの回転軸まわりに駆動トルク τ と外部モーメント τ_{ext} が加えられるので，モータの回転の運動方程式は

$$I\dot{\omega} = -b\omega + \tau + \tau_{\mathrm{ext}} \tag{2.11}$$

となる。コイルに電流 i を流す回路を定式化しよう。コイルのインダクタンスを L，回路の内部抵抗を R，電圧源を V で表す。フレミングの定理より，モータが回転しコイルが磁界内を移動すると，回路に逆起電力（back electromotive force）が生じる。逆起電力により回転軸まわりにトルクが生じる。このトルクはモータの回転軸まわりの角速度に比例すると仮定し，比例定数を k_{a} で表す。この比例定数を逆起電圧定数と呼ぶ。このとき，キルヒホッフの法則より

$$V - Ri - L\frac{\mathrm{d}i}{\mathrm{d}t} - k_{\mathrm{a}}\omega = 0 \tag{2.12}$$

を得る。

得られた式をまとめると，モータの回転軸の角速度 ω とコイルに流れる電流 i に関する 1 階の常微分方程式

$$I\dot{\omega} = -b\omega + k_{\mathrm{t}} i + \tau_{\mathrm{ext}}$$

$$L\dot{i} = -k_{\mathrm{a}}\omega - Ri + V$$

を得る。ベクトル形式で表すと

$$\begin{bmatrix} I & 0 \\ 0 & L \end{bmatrix} \begin{bmatrix} \dot{\omega} \\ \dot{i} \end{bmatrix} = \begin{bmatrix} -b & k_{\mathrm{t}} \\ -k_{\mathrm{a}} & -R \end{bmatrix} \begin{bmatrix} \omega \\ i \end{bmatrix} + \begin{bmatrix} \tau_{\mathrm{ext}} \\ V \end{bmatrix} \tag{2.13}$$

である。これは線形の微分方程式であり，3 章で紹介する常微分方程式の数値解法を用いて数値的に解くこともでき，また，5 章で紹介する手法により解析的に解くこともできる。また，5.3 節で紹介する手法を用いると，解析的な解を計算することなく，システムが安定か不安定かを判定することができる。

モータに加える電圧 V が一定で，外部モーメント τ_{ext} が作用しないときの**定常状態** (steady state) を求めよう。定常状態では，状態変数 ω と i の値が一定であるので，状態変数の時間微分 $\dot{\omega}$ と $\dot{i}$ の値は 0 である。したがって，代数方程式

$$\begin{bmatrix} -b & k_{\mathrm{t}} \\ -k_{\mathrm{a}} & -R \end{bmatrix} \begin{bmatrix} \omega \\ i \end{bmatrix} + \begin{bmatrix} 0 \\ V \end{bmatrix} = \begin{bmatrix} 0 \\ 0 \end{bmatrix}$$

を解くことにより，定常状態を求めることができる。この場合，$\omega = k_{\mathrm{t}}V/(bR + k_{\mathrm{t}}k_{\mathrm{a}})$，$i = bV/(bR + k_{\mathrm{t}}k_{\mathrm{a}})$ が定常状態である。これより，定常状態において，モータの角速度 ω は印加電圧 V に比例することがわかる。この比例関係は，DC モータの特性としてよく知られている。

DC モータのパラメータをモータ定数 $k_{\mathrm{t}} = 2.6 \times 10^{-3}\,\mathrm{N{\cdot}m/A}$，インダクタンス $L = 1.2 \times 10^{-4}\,\mathrm{H}$，抵抗 $R = 40\,\Omega$，逆起電圧定数 $k_{\mathrm{a}} = 2.6 \times 10^{-3}\,\mathrm{V/(rad/s)}$，慣性モーメント $I = 1.6 \times 10^{-9}\,\mathrm{kg{\cdot}m^2}$，粘性係数を $B = 1.0 \times 10^{-7}\,\mathrm{N{\cdot}m/(rad/s)}$ と定め，一定電圧 6 V を印加したときのモータの運動を数値的に求めた結果を**図 2.8** に示す。図 (a) は角速度，図 (b) は電流を表す。一定電圧を印加すると，DC モータの角速度は一定値となる。

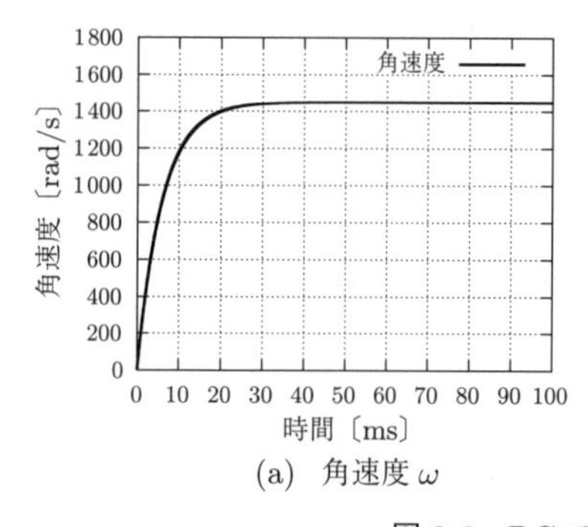

(a)　角速度 ω

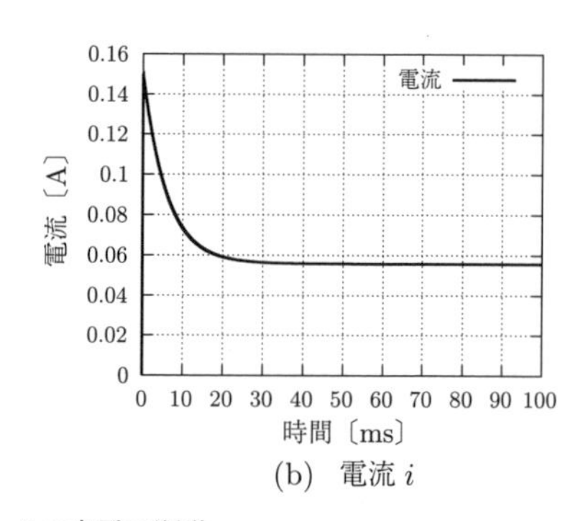

(b)　電流 i

図 2.8　DC モータの定電圧駆動

2.2.2 パルス幅変調

モータに印加する電圧を制御することで，DCモータの角速度を望みの値に導くことができる。これはアナログ的な制御である。ここでは，コンピュータを制御に用いることを前提として，ディジタル的な制御を導入しよう。モータの印加電圧として，0あるいは$V_{\max}$の二つの値のみを用いる。サンプリング間隔ΔTでモータを制御すると仮定し，一つの周期の間でモータの印加電圧を交替させる。すなわち，モータの印加電圧を

$$V(t) = \begin{cases} V_{\max} & t \in [\,0,\, \alpha\Delta T\,) \\ 0 & t \in [\,\alpha\Delta T,\, \Delta T\,) \end{cases} \tag{2.14}$$

で与える。パラメータαを**デューティ比**（duty ratio）と呼ぶ。以降の印加電圧は，$V(t+\Delta T) = V(t)$により1周期の矩形波を繰り返すことで定義できる。1周期の間の平均電圧は$\alpha V_{\max}$で与えられるので，デューティ比αを変えることにより，モータの印加電圧を制御するのと同等の効果が得られる。このような駆動方法を，**パルス幅変調**（pulse width modulation; 略してPWM）と呼ぶ。外部モーメントを0，モータの印加電圧を式(2.14)で与え，式(2.13)を数値的に解くことにより，DCモータのPWM駆動をシミュレーションしよう。DCモータの特性は，2.2.1項におけるシミュレーションで用いたパラメータで与える。PWM駆動のサンプリング間隔を1ms，モータへの最大印加電圧を$V_{\max} = 6\,\mathrm{V}$とし，DCモータのPWM駆動をシミュレーションした結果を**図2.9**に示す。図(a), (b), (c)はそれぞれ，デューティ比0.1, 0.5, 0.9における

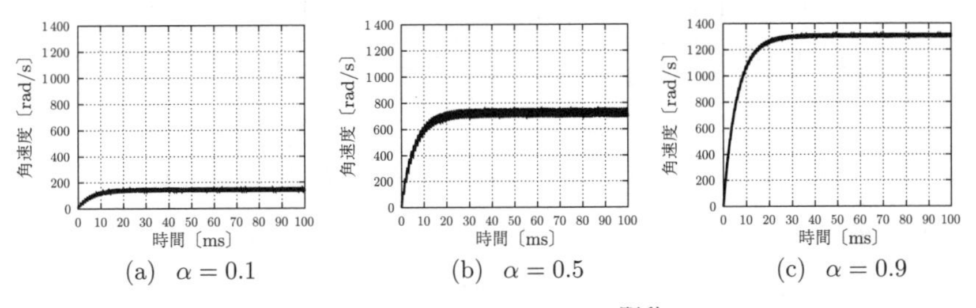

(a)　$\alpha = 0.1$　(b)　$\alpha = 0.5$　(c)　$\alpha = 0.9$

図**2.9**　DCモータのPWM駆動

モータの回転角度を計算した結果である。デューティ比により定常時の角速度が決まることがわかる。

2.2.3　サーボモータのモデリング

DC モータの回転角を指定した目標値に導く系を**サーボモータ** (servo motor) と呼ぶ。時刻 t におけるモータの回転角を $\theta(t)$，回転角の目標値を θ^{d} で表す。ここで，θ^{d} は定数である。DC モータの状態方程式には角度 θ が含まれていないため，モータの回転角を計測することなく回転角を制御することはできない。そこで，DC モータの回転軸にエンコーダが取り付けられており，現在のモータの回転角 $\theta(t)$ を検出できると仮定する。現在の回転角度 $\theta(t)$ と目標角度 θ^{d} から，DC モータの印加電圧を定める規則を構成しよう。回転角度が目標角度を下回るときには，正の電圧を印加して DC モータに正の角速度を与えると，回転角度が目標角度に近づく。回転角度が目標角度を上回るときには，負の電圧を印加して DC モータに負の角速度を与えると，回転角度が目標角度に近づく。印加電圧の大きさは，回転角度と目標角度との差に比例するように定めよう。比例定数を K_{p} で表すと，DC モータの印加電圧を定める規則は

$$V(t) = -K_{\mathrm{p}}(\theta(t) - \theta^{\mathrm{d}}) \tag{2.15}$$

となる。関係式 $\dot{\theta} = \omega$ と DC モータの状態方程式に式 (2.15) を代入して得られる式をまとめると，常微分方程式の標準形

$$\begin{bmatrix} 1 & 0 & 0 \\ 0 & I & 0 \\ 0 & 0 & L \end{bmatrix} \begin{bmatrix} \dot{\theta} \\ \dot{\omega} \\ \dot{i} \end{bmatrix} = \begin{bmatrix} 0 & 1 & 0 \\ 0 & -b & k_{\mathrm{t}} \\ -K_{\mathrm{p}} & -k_{\mathrm{a}} & -R \end{bmatrix} \begin{bmatrix} \theta - \theta^{\mathrm{d}} \\ \omega \\ i \end{bmatrix}$$

を得る。

上式を数値的に解くことにより，サーボモータの運動をシミュレーションできる。DC モータの特性は，2.2.1 項におけるシミュレーションで用いたパラメータにより与える。サーボモータの目標角度を $\theta^{\mathrm{d}} = \pi/2$〔rad〕，比例ゲインを $K_{\mathrm{p}} = 0.25\,\mathrm{V/rad}$ とし，サーボモータの運動をシミュレーションした結

果を**図 2.10** に示す。図 (a) に示すように，モータの角度は目標値 $\pi/2$ に到達し，図 (b) に示すように，モータの角速度は 0 に収束する。なお，定常状態では $\dot{\theta}=0$，$\dot{\omega}=0$，$\dot{i}=0$ である。したがって，サーボモータが定常状態に到達するならば，$\theta=\theta^{\mathrm{d}}$，$\omega=0$，$i=0$ となる。ただし，実際に定常状態に到達するかどうかを判定するためには，状態方程式の挙動を調べる必要がある。

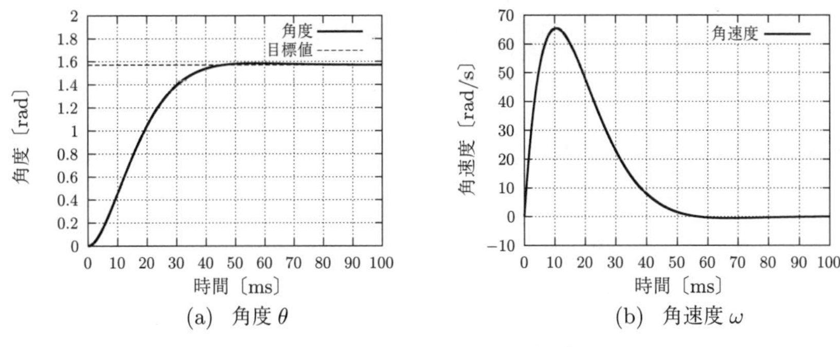

(a) 角度 θ　　(b) 角速度 ω

図 2.10 サーボモータの定値制御

2.3 リンク機構のモデリング

2.3.1 開リンク機構

図 2.11 に示す 2 自由度開リンク機構の運動をモデリングする。リンク 1 の一端は回転関節 1 を介して空間に接続されており，回転関節 1 は空間に固定されたモータで駆動される。リンク 1 の他端は回転関節 2 を介してリンク 2 に接続されており，回転関節 2 はリンク 1 に固定されたモータで駆動される。回転関節 1 と回転関節 2 の軸は平行である。図に示すように，回転関節 1 の回転角を θ_1，回転関節 2 の回転角を θ_2 で表す。さらに，回転関節 1, 2 の角速度を ω_1，ω_2 で表す。リンク 1 の長さを l_1，回転関節 1 からリンク 1 の重心までの距離を l_{c1}，質量を m_1，重心まわりの慣性モーメントを J_1 で表す。リンク 2 の長さを l_2，回転関節 2 からリンク 2 の重心までの距離を l_{c2}，質量を m_2，重心ま

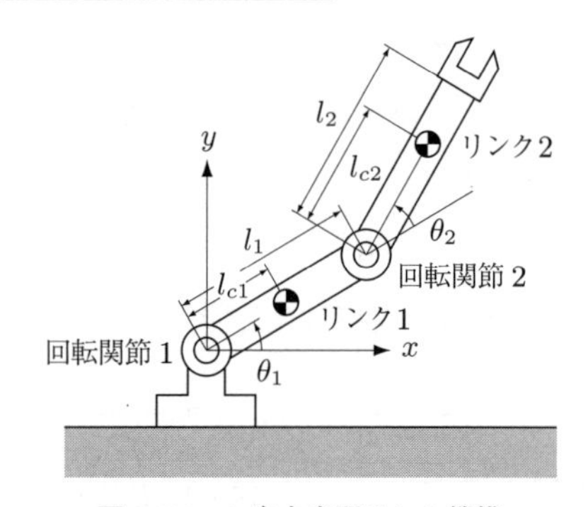

図 2.11　2 自由度開リンク機構

わりの慣性モーメントを J_2 で表す。時刻 t において，モータにより回転関節 1 に作用するトルクを $\tau_1(t)$，回転関節 2 に作用するトルクを $\tau_2(t)$ で表す。

リンク機構の運動方程式の導出において，6 章で述べる変分原理が有効である。変分原理を用いると，図 2.11 の 2 自由度開リンク機構の運動方程式として

$$H_{11}\dot{\omega}_1 + H_{12}\dot{\omega}_2 = h_{12}\omega_2^2 + 2h_{12}\omega_1\omega_2 - G_1 - G_{12} + \tau_1$$

$$H_{22}\dot{\omega}_2 + H_{12}\dot{\omega}_1 = -h_{12}\omega_1^2 - G_{12} + \tau_2$$

が得られる。ここで

$$H_{11} = J_1 + m_1 l_{c1}^2 + J_2 + m_2(l_1^2 + l_{c2}^2 + 2l_1 l_{c2}\cos\theta_2)$$

$$H_{12} = J_2 + m_2(l_{c2}^2 + l_1 l_{c2}\cos\theta_2)$$

$$H_{22} = J_2 + m_2 l_{c2}^2$$

$$h_{12} = m_2 l_1 l_{c2}\sin\theta_2$$

$$G_1 = (m_1 l_{c1} + m_2 l_1)\, g\cos\theta_1$$

$$G_{12} = m_2 l_{c2}\, g\cos(\theta_1 + \theta_2)$$

である。ベクトル形式で表すと

$$\begin{bmatrix} \dot{\theta}_1 \\ \dot{\theta}_2 \end{bmatrix} = \begin{bmatrix} \omega_1 \\ \omega_2 \end{bmatrix},$$

$$\begin{bmatrix} H_{11} & H_{12} \\ H_{12} & H_{22} \end{bmatrix} \begin{bmatrix} \dot{\omega}_1 \\ \dot{\omega}_2 \end{bmatrix} = \begin{bmatrix} h_{12}\omega_2^2 + 2h_{12}\omega_1\omega_2 - G_1 - G_{12} + \tau_1 \\ -h_{12}\omega_1^2 - G_{12} + \tau_2 \end{bmatrix} \tag{2.16}$$

である。状態変数は，関節の角度 θ_1, θ_2 と関節の角速度 ω_1, ω_2 である。モデリングの詳細は，6.3.1 項で紹介する。状態変数 $\theta_1, \theta_2, \omega_1, \omega_2$ を与えると，式 (2.16) の左辺の行列の要素と右辺のベクトルの要素の値を計算できる。このとき，式 (2.16) は，状態変数の時間微分 $\dot{\theta}_1, \dot{\theta}_2, \dot{\omega}_1, \dot{\omega}_2$ に関する連立一次方程式となる。したがって，左辺の行列が正則のとき，連立一次方程式を解くと状態変数の時間微分 $\dot{\theta}_1, \dot{\theta}_2, \dot{\omega}_1, \dot{\omega}_2$ の値を計算することができる。以上の過程は，状態変数 $\theta_1, \theta_2, \omega_1, \omega_2$ からその時間微分 $\dot{\theta}_1, \dot{\theta}_2, \dot{\omega}_1, \dot{\omega}_2$ を計算する常微分方程式の標準形と見なすことができる。結果として，3 章で述べる数値計算法を用いると，リンク機構の運動を数値的に求めることができる。

回転関節には線形の粘性摩擦が作用すると仮定する。このとき，回転関節 1 まわりの粘性係数を b_1 とすると，回転関節 1 まわりに粘性トルク $-b_1\omega_1$ が作用する。同様に，回転関節 2 まわりの粘性係数を b_2 とすると，回転関節 2 まわりに粘性トルク $-b_2\omega_2$ が作用する。したがって，図 2.11 の 2 自由度開リンク機構の運動方程式として

$$\begin{bmatrix} \dot{\theta}_1 \\ \dot{\theta}_2 \end{bmatrix} = \begin{bmatrix} \omega_1 \\ \omega_2 \end{bmatrix},$$

$$\begin{bmatrix} H_{11} & H_{12} \\ H_{12} & H_{22} \end{bmatrix} \begin{bmatrix} \dot{\omega}_1 \\ \dot{\omega}_2 \end{bmatrix} = \begin{bmatrix} h_{12}\omega_2^2 + 2h_{12}\omega_1\omega_2 - G_1 - G_{12} - b_1\omega_1 + \tau_1 \\ -h_{12}\omega_1^2 - G_{12} - b_2\omega_2 + \tau_2 \end{bmatrix} \tag{2.17}$$

が得られる。上式は，状態変数 $\theta_1, \theta_2, \omega_1, \omega_2$ からその時間微分 $\dot{\theta}_1, \dot{\theta}_2, \dot{\omega}_1, \dot{\omega}_2$ を計算する常微分方程式の標準形と見なすことができる。結果として，3 章で述べる数値計算法を用いると，リンク機構の運動を数値的に求めることができる。

2.3.2 閉リンク機構

図 2.12 に示す 2 自由度閉リンク機構の運動をモデリングする。この機構はリンクがループ状に接続されている。このような機構を**閉リンク機構**（closed link mechanism）と呼ぶ。リンク 1 の一端は回転関節 1 を介して空間に接続されており，回転関節 1 は空間に固定されたモータで駆動される。リンク 1 の他端は回転関節 2 を介してリンク 2 に接続されている。回転関節 2 は自由関節であり，リンク 1 と 2 は回転関節 2 のまわりを自由に回転することができる。リンク 3 の一端は回転関節 3 を介して空間に接続されており，回転関節 3 は空間に固定されたモータで駆動される。リンク 3 の他端は回転関節 4 を介してリンク 4 に接続されている。回転関節 4 は自由関節であり，リンク 3 と 4 は回転関節 4 のまわりを自由に回転することができる。さらに，リンク 2 の他端とリンク 4 の他端が回転関節 5 を介して接続されている。回転関節 5 は自由関節であり，リンク 2 と 4 は回転関節 5 のまわりを自由に回転することができる。すべての回転関節の軸は平行である。

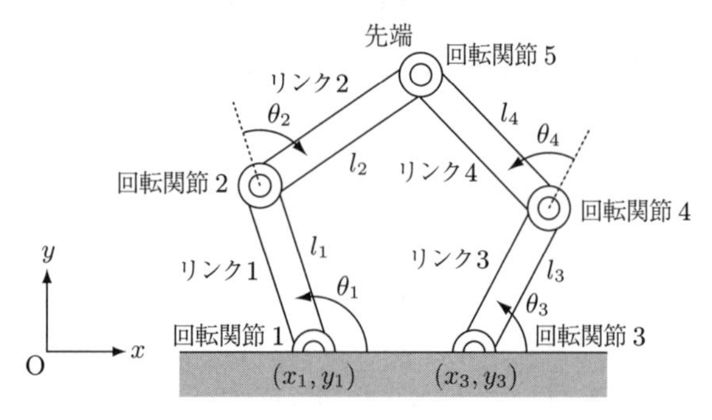

図 2.12　2 自由度閉リンク機構

図に示すように，回転関節 $i\,(=1,2,3,4)$ の回転角を θ_i，角速度を ω_i で表す。リンク $k\,(=1,2,3,4)$ の長さを l_k で表す。回転関節 1 の位置を (x_1, y_1)，回転関節 3 の位置を (x_3, y_3) で表す。また，$C_i = \cos\theta_i$，$S_i = \sin\theta_i$，$C_{i+j} = \cos(\theta_i+\theta_j)$，$S_{i+j} = \sin(\theta_i+\theta_j)$ と略記する。閉リンク機構を，リンク 1 とリンク 2 からなる 2 リンク機構と，リンク 3 とリンク 4 からなる 2 リンク機構に分解する。左

側の 2 リンク機構の端点の座標

$$\begin{bmatrix} x_1 \\ y_1 \end{bmatrix} + l_1 \begin{bmatrix} C_1 \\ S_1 \end{bmatrix} + l_2 \begin{bmatrix} C_{1+2} \\ S_{1+2} \end{bmatrix}$$

と右側の 2 リンク機構の端点の座標

$$\begin{bmatrix} x_3 \\ y_3 \end{bmatrix} + l_3 \begin{bmatrix} C_3 \\ S_3 \end{bmatrix} + l_4 \begin{bmatrix} C_{3+4} \\ S_{3+4} \end{bmatrix}$$

は一致しなければならないので，回転角 $\theta_1, \theta_2, \theta_3, \theta_4$ は 2 個の制約

$$X \triangleq l_1C_1 + l_2C_{1+2} - l_3C_3 - l_4C_{3+4} + x_1 - x_3 = 0 \tag{2.18}$$

$$Y \triangleq l_1S_1 + l_2S_{1+2} - l_3S_3 - l_4S_{3+4} + y_1 - y_3 = 0 \tag{2.19}$$

を満たさなくてはならない。

リンク k の質量を m_k，重心まわりの慣性モーメントを J_k，一端から重心までの距離を l_{ck} で表す。時刻 t において，モータにより回転関節 1 に作用するトルクを $\tau_1(t)$，回転関節 3 に作用するトルクを $\tau_3(t)$ で表す。6 章で述べるように，変分原理に基づいて上式のような制約を有する系の運動方程式を導くことができる。変分原理を用いると，図 2.12 の閉リンク機構の運動方程式として

$$\begin{aligned}
H_{11}\dot{\omega}_1 + H_{12}\dot{\omega}_2 &= f_1 + \lambda_x(-l_1S_1 - l_2S_{1+2}) + \lambda_y(l_1C_1 + l_2C_{1+2}) \\
H_{22}\dot{\omega}_2 + H_{12}\dot{\omega}_1 &= f_2 + \lambda_x(-l_2S_{1+2}) + \lambda_y l_2C_{1+2} \\
H_{33}\dot{\omega}_3 + H_{34}\dot{\omega}_4 &= f_3 + \lambda_x(l_3S_3 + l_4S_{3+4}) + \lambda_y(-l_3C_3 - l_4C_{3+4}) \\
H_{44}\dot{\omega}_4 + H_{34}\dot{\omega}_3 &= f_4 + \lambda_x l_4S_{3+4} + \lambda_y(-l_4C_{3+4})
\end{aligned}$$

が得られる。ここで

$$f_1 = h_{12}\omega_2^2 + 2h_{12}\omega_1\omega_2 - G_1 - G_{12} + \tau_1, \qquad f_2 = -h_{12}\omega_1^2 - G_{12}$$

$$f_3 = h_{34}\omega_4^2 + 2h_{34}\omega_3\omega_4 - G_3 - G_{34} + \tau_3, \qquad f_4 = -h_{34}\omega_3^2 - G_{34}$$

であり，$H_{11}, H_{22}, H_{12}, H_{33}, H_{44}, H_{34}, h_{12}, h_{34}, G_1, G_{12}, G_3, G_{34}$ は 2 リンク機構の場合と同様に定義する。変数 λ_x ならびに λ_y は，制約 X ならびに Y に対応する**ラグランジュの未定乗数**（Lagrange multiplier）である。これは，左側の 2 リンク機構の端点と右側の 2 リンク機構の端点を一致させるために作用する**制約力**（constraint force）の x 成分と y 成分に対応する。左側の 2 リンク機構の**ヤコビ行列**（Jacobian matrix）は

$$J_{12} = \begin{bmatrix} -l_1 S_1 - l_2 S_{1+2} & -l_2 S_{1+2} \\ l_1 C_1 + l_2 C_{1+2} & l_2 C_{1+2} \end{bmatrix}$$

である。左側の 2 リンク機構の端点に制約力 $\boldsymbol{R} = [\,R_x,\, R_y\,]^{\mathrm{T}}$ が作用したときに，回転関節 1 と回転関節 2 に作用するトルクは，ヤコビ行列の転置行列と制約力ベクトルとの積で与えられる。すなわち

$$J_{12}^{\mathrm{T}} \boldsymbol{R} = \begin{bmatrix} \lambda_x(-l_1 S_1 - l_2 S_{1+2}) + \lambda_y(l_1 C_1 + l_2 C_{1+2}) \\ \lambda_x(-l_2 S_{1+2}) + \lambda_y l_2 C_{1+2} \end{bmatrix}$$

である。これより，回転関節 1 に関する運動方程式の右辺における第 2 項と第 3 項は，制約力に等価な回転関節 1 まわりのモーメントであることがわかる。同様に，回転関節 2 に関する運動方程式の右辺における第 2 項と第 3 項は，制約力に等価な回転関節 2 まわりのモーメントである。左側の 2 リンク機構の端点に制約力 $[\,R_x,\, R_y\,]^{\mathrm{T}}$ が作用すると，右側の 2 リンク機構の端点には反作用 $-\boldsymbol{R} = [\,-R_x,\, -R_y\,]^{\mathrm{T}}$ が作用する。右側の 2 リンク機構のヤコビ行列は

$$J_{34} = \begin{bmatrix} -l_3 S_3 - l_4 S_{3+4} & -l_4 S_{3+4} \\ l_3 C_3 + l_4 C_{3+4} & l_4 C_{3+4} \end{bmatrix}$$

であり，反作用 $-\boldsymbol{R}$ により回転関節 3 と回転関節 4 に作用するトルクは $J_{34}^{\mathrm{T}}(-\boldsymbol{R})$ で与えられる。回転関節 3 と回転関節 4 に関する運動方程式の右辺における第 2 項と第 3 項は，この反作用に等価な回転関節 3 まわりのモーメントと回転関節 4 まわりのモーメントである。

2.4　自動車の運動のモデリング

自動車の運動をモデリングしよう。自動車は水平面内を運動する剛体であると仮定すると，自動車の運動は水平面内の位置と姿勢で表すことができる。**図 2.13** に示すように水平面内に座標系 O-xy を設定し，自動車の位置を (x, y)，自動車の姿勢を θ で表す。このとき，位置の成分 x ならびに y，姿勢 θ は，たがいに独立である。すなわち，自動車は水平面内の任意の位置に任意の姿勢で到達することができる。それでは，自動車の速度 $[\dot{x}, \dot{y}]^{\mathrm{T}}$ と角速度 $\dot{\theta}$ は，独立に任意の値をとることが可能であろうか。残念ながら，速度 $[\dot{x}, \dot{y}]^{\mathrm{T}}$ は任意の値をとることができない。自動車は前方と後方に進むことはできるが，横方向に進むことはできない。これは，速度 $[\dot{x}, \dot{y}]^{\mathrm{T}}$ の方向は，姿勢 θ が定める方向と一致しなければならないことを意味する。言い換えると，速度ベクトル $[\dot{x}, \dot{y}]^{\mathrm{T}}$ と方向ベクトル $[C_\theta, S_\theta]^{\mathrm{T}}$ は平行である。したがって，速度成分 $\dot{x}, \dot{y}$ と姿勢 θ は制約

$$Q \stackrel{\triangle}{=} \dot{x}S_\theta - \dot{y}C_\theta = 0 \tag{2.20}$$

を満たさなくてはならない。この制約は速度を含んでいる。また，制約を時間積分して速度を含まない制約を導くことはできない。このような制約を**非ホロノミック制約**（nonholonomic constraint）と呼ぶ。非ホロノミック制約は速度の自由度を減らす。結果として，自動車の運動は 3 個の自由度 x, y, θ を有するが，速度における自由度は 2 である。また，上記の制約は速度に関する一次式

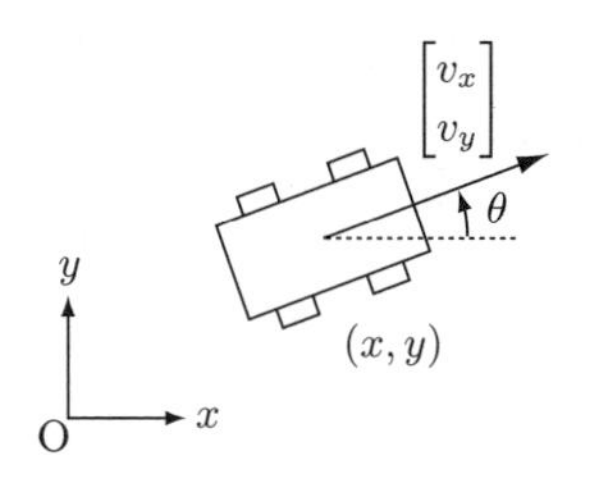

図 2.13　自動車の運動

$$Q = \begin{bmatrix} S_\theta & C_\theta \end{bmatrix} \begin{bmatrix} \dot{x} \\ \dot{y} \end{bmatrix} = 0$$

で表すことができる。このような制約を**パフィアン制約**（Pfaffian constraint）と呼ぶ。上式は非ホロノミックなパフィアン制約である。もしパフィアン制約が積分可能であるならば，その制約はホロノミックである。

自動車の質量を m，慣性モーメントを J とする。タイヤの回転とハンドルの操作により自動車には駆動力と駆動トルクが作用すると見なし，駆動力を $[\,f_x,\, f_y\,]^{\mathrm{T}}$，駆動トルクを τ で表す。速度に比例する粘性力が作用すると仮定し，その比例定数を b で表す。回転運動に関しては角速度に比例する粘性トルクが作用すると仮定し，その比例定数を B で表す。ここで，$v_x \triangleq \dot{x}$，$v_y \triangleq \dot{y}$，$\omega \triangleq \dot{\theta}$ と定めると，自動車の運動方程式は

$$\begin{aligned} m\dot{v}_x &= -bv_x + f_x, \\ m\dot{v}_y &= -bv_y + f_y, \\ J\dot{\omega} &= -B\omega + \tau \end{aligned} \tag{2.21}$$

で表される。ただし，制約 (2.20)，すなわち $Q = v_x S_\theta - v_y C_\theta = 0$ を満たさなくてはならない。3.3 節で紹介するパフィアン制約の安定化法を用いると，パフィアン制約 $Q = 0$ を満たしつつ運動方程式を解くことができる。例えば，$m = 1\,000\,\mathrm{kg}$，$J = 1\,500\,\mathrm{kg{\cdot}m^2}$，$b = 200\,\mathrm{N/(m/s)}$，$B = 500\,\mathrm{N{\cdot}m/(rad/s)}$ と定め，初期値 $x(0) = 0\,\mathrm{m}$，$y(0) = 0\,\mathrm{m}$，$\theta(0) = \pi/6$〔rad〕，$v_x(0) = 0\,\mathrm{m/s}$，$v_y(0) = 0\,\mathrm{m/s}$，$\omega(0) = 0\,\mathrm{rad/s}$ のもとで，式 (2.21)，(2.20) を数値的に解く。駆動力の向きは進行方向に一致すると仮定する。すなわち，$[\,f_x(t),\, f_y(t)\,]^{\mathrm{T}} = f(t)\,[\,\cos\theta,\, \sin\theta\,]^{\mathrm{T}}$ と仮定し，力の大きさ $f(t)$ を与える。 このとき，自動車の運動は $f(t)$ ならびに $\tau(t)$ により定まる。ここでは，**表 2.1** に示す力とトルクを与えて自動車の運動を計算した結果を**図 2.14** に示す。図 (a) は位置 $x(t)$ と $y(t)$ を，図 (b) は姿勢 $\theta(t)$ を表している。自動車が水平面内で描く軌跡を図 (c) に示す。最初の 20 秒間は力が与えられ，トルクの値は 0 であるので，自動車は直進する。つぎの

表 **2.1** 自動車に与える駆動力とトルク

開始時刻〔s〕	終了時刻〔s〕	f〔N〕	τ〔N·m〕
0	20	3 000	0
20	50	3 000	50
50	60	0	0
60	90	−1 200	0
90	100	0	0

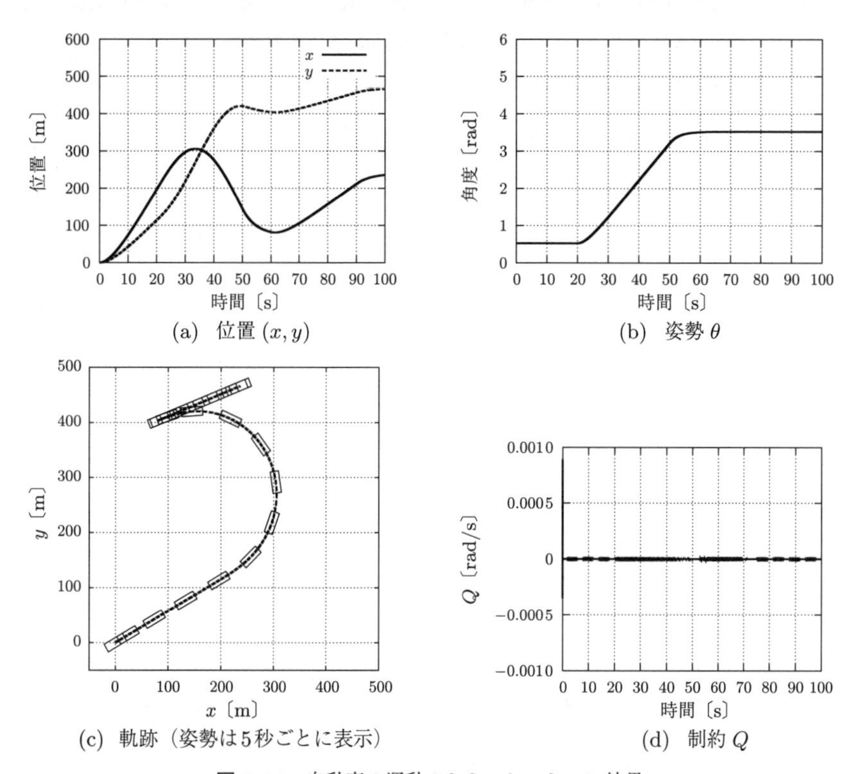

(a) 位置 (x, y)　(b) 姿勢 θ

(c) 軌跡（姿勢は5秒ごとに表示）　(d) 制約 Q

図 **2.14** 自動車の運動のシミュレーション結果

30 秒間は正のトルクが与えられるので，自動車は左にカーブする。続いて力に負の値が与えられる間に自動車は後退し，続いて停止する。図 (c) より，自動車の速度の方向が自動車の向きに一致していることがわかる。制約 Q の値を計算した結果を図 (d) に示す。図からわかるように，制約 Q の値はつねにほぼ 0

である。以上のように，非ホロノミック制約がある場合も系の運動を計算することができる。

章　末　問　題

【1】 2 自由度平面開リンク機構の運動を制御する。リンク機構の運動方程式は，式 (2.16) で $G_1 = 0$，$G_{12} = 0$ とおくことにより得られる。

(1) 各関節に PD 制御則

$$\tau_1 = -K_{\mathrm{p}1}(\theta_1 - \theta_1^{\mathrm{d}}) - K_{\mathrm{d}1}\dot{\theta}_1$$

$$\tau_2 = -K_{\mathrm{p}2}(\theta_2 - \theta_2^{\mathrm{d}}) - K_{\mathrm{d}2}\dot{\theta}_2$$

を適用する。ここで，比例ゲイン $K_{\mathrm{p}1}$, $K_{\mathrm{p}2}$，微分ゲイン $K_{\mathrm{d}1}$, $K_{\mathrm{d}2}$，目標値 θ_1^{d}, θ_2^{d} は定数である。系の挙動を表す微分方程式を標準形で表せ。

(2) 各関節に PID 制御則

$$\tau_1 = -K_{\mathrm{p}1}(\theta_1 - \theta_1^{\mathrm{d}}) - K_{\mathrm{d}1}\dot{\theta}_1 - K_{\mathrm{i}1}\int_0^t (\theta_1(\tau) - \theta_1^{\mathrm{d}})\,\mathrm{d}\tau$$

$$\tau_2 = -K_{\mathrm{p}2}(\theta_2 - \theta_2^{\mathrm{d}}) - K_{\mathrm{d}2}\dot{\theta}_2 - K_{\mathrm{i}2}\int_0^t (\theta_2(\tau) - \theta_2^{\mathrm{d}})\,\mathrm{d}\tau$$

を適用する。ここで，積分ゲイン $K_{\mathrm{i}1}$, $K_{\mathrm{i}2}$ は定数である。系の挙動を表す微分方程式を標準形で表せ。

【2】 半径 a の車輪が x-y 平面上を運動する。車輪は滑らずに平面上を転がる。ただし，中心を通る鉛直方向の軸のまわりで車輪は回転し，その転がる向きを変えることができる。車輪の中心の平面座標を $(x,\, y)$，転がり角度を θ，転がり方向が x 軸となす角度を ϕ で表す。車輪が滑らずに転がるための条件を求めよ。

3 常微分方程式の数値解法

機械電気システムのモデルの多くは非線形の微分方程式であり，解析解を求めることはできない。したがって，機械電気システムの解析においては，常微分方程式を数値的に解いてその挙動を調べることが一般的である。機械電気システムのモデル方程式を数値的に解き，結果をグラフやアニメーションで提示することにより，機械電気システムの挙動を理解することができる。これを，シミュレーションと呼ぶ。本章では，シミュレーションに不可欠な常微分方程式を数値的に解く手法を紹介する†。

3.1 ルンゲ・クッタ型数値解法

システムの挙動が一つの状態変数 x で表される場合を考えよう。システムの挙動は，時刻 t に依存する変数 x に関する常微分方程式の標準形

$$\dot{x} = f(t, x)$$

で表されるとする。この常微分方程式を数値的に解こう。**微分方程式を数値的に解く**とは，離散的な時刻 $t_n = nT$ （$n = 0, 1, 2, \cdots$）における x の値を求めることである。ここで，T は時間間隔を表す定数であり，ステップ幅と呼ばれる。常微分方程式を数値的に解く代表的な手法として，オイラー法，ホイン法，ルンゲ・クッタ法がある。これらの方法はルンゲ・クッタ型数値解法と総称され，時刻 t_n における x の値 $x_n = x(t_n)$ から時刻 t_{n+1} における x の値

† 本章は文献 1),2) を参考にしている。

$x_{n+1} = x(t_{n+1})$ を計算する漸化式を与える。したがって，常微分方程式の初期値 $x_0 = x(0)$ から始めて漸化式を繰り返し適用すると，順次 $x_n = x(nT)$ $(n = 1, 2, \cdots)$ の値を求めることができる。

オイラー法（Euler method）

$$x_{n+1} = x_n + Tf(t_n, x_n) \tag{3.1}$$

ホイン法（Heun method）

$$\begin{aligned} x_{n+1} &= x_n + \frac{T}{2}(k_1 + k_2), \\ k_1 &= f(t_n, x_n), \\ k_2 &= f(t_n + T, x_n + Tk_1) \end{aligned} \tag{3.2}$$

ルンゲ・クッタ法（Runge-Kutta method）

$$\begin{aligned} x_{n+1} &= x_n + \frac{T}{6}(k_1 + 2k_2 + 2k_3 + k_4), \\ k_1 &= f(t_n, x_n), \\ k_2 &= f\left(t_n + \frac{T}{2}, x_n + \frac{T}{2}k_1\right), \\ k_3 &= f\left(t_n + \frac{T}{2}, x_n + \frac{T}{2}k_2\right), \\ k_4 &= f(t_n + T, x_n + Tk_3) \end{aligned} \tag{3.3}$$

オイラー法では，x と t の一つの組 (t_n, x_n) における微係数 $f(t_n, x_n)$ から x_{n+1} を求める。ホイン法では，二つの組 (t_n, x_n) と $(t_n + T, x_n + Tk_1)$ における微係数から x_{n+1} を求める。オイラー法を 1 段階法，ホイン法を 2 段階法と呼ぶ。ルンゲ・クッタ法は 4 段階法である。ルンゲ・クッタ法における微係数の計算を**図 3.1** に示す。図に示すように，k_1 から k_4 は，x と t の四つの組における微係数 $\dot{x}$ である。増分 $x_{n+1} - x_n$ は，これら四つの微係数の重み付き和で与えられる。ここで，$\dot{x}(t_n) = f(t_n, x_n)$ が成り立つことに注意すると，

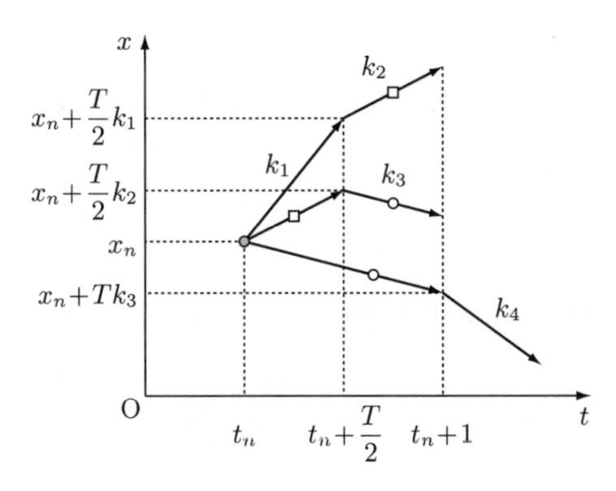

図 3.1 ルンゲ・クッタ法

オイラー法の両辺はステップ幅 T に関して 1 次のオーダで一致することがわかる。また，$f = f(t_n, x_n)$，$f_t = \partial f/\partial t(t_n, x_n)$，$f_x = \partial f/\partial x(t_n, x_n)$ と略記し，$k_2 = f + T(f_t + f_x f)$ と $\ddot{x}(t_n) = f_t + f_x f$ が成り立つことに注意すると，ホイン法の両辺はステップ幅 T に関して 2 次のオーダで一致することがわかる。同様に，ルンゲ・クッタ法の両辺は，ステップ幅 T に関して 4 次のオーダで一致することがわかる。オイラー法，ホイン法，ルンゲ・クッタ法においては，段数とオーダが一致するが，5 段階以上の方法では，オーダは段数に達しないことが知られている。

オイラー法，ホイン法，ルンゲ・クッタ法では，ステップ幅 T は一定である。ステップ幅の値が大きすぎると，不正確な解を生じる恐れがある。正確な解を計算するためにはステップ幅の値を小さく選ぶ必要があるが，計算時間が増大してしまう。解の正確さの向上と計算時間の短縮を両立させる手法として，ステップ幅を適応的に決定する手法がある。状態変数の値の変化が大きいときにはステップ幅を小さくして解の正確さを向上させ，変化が小さいときにはステップ幅を大きくして計算時間を短縮する。状態変数の値の変化を調べるためには，次数の異なる二つの数値解法の結果を比較し，その違いにより状態変数の変化の程度を評価すればよい。ただし，そのためだけに次数の異なる二つの数値解法を実行すると，計算時間を短縮できない。一つの数値解法で次数の異なる解を計算することができれば，このジレンマを解決できる。ルンゲ・クッタ・フェールベルグ法[3),4)†]と呼ばれるつぎの公式は，次数の異なる二つの解を構成することが可能であり，微分方程式の数値計算中にステップ幅を適応的に変えることができる。

ルンゲ・クッタ・フェールベルグ法（Runge-Kutta-Fehlberg method）

$$
\begin{aligned}
x_{n+1} &= x_n + T\left(\frac{16}{135}k_1 + \frac{6\,656}{12\,825}k_3 + \frac{28\,561}{56\,430}k_4 - \frac{9}{50}k_5 + \frac{2}{55}k_6\right),\\
k_1 &= f(t_n, x_n),\\
k_2 &= f\left(t_n + \frac{1}{4}T, x_n + \frac{T}{4}k_1\right),\\
k_3 &= f\left(t_n + \frac{3}{8}T, x_n + \frac{T}{32}(3k_1 + 9k_2)\right),\\
k_4 &= f\left(t_n + \frac{12}{13}T, x_n + \frac{T}{2\,179}(1\,932k_1 - 7\,200k_2 + 7\,296k_3)\right),\\
k_5 &= f\left(t_n + T, x_n + T\left(\frac{439}{216}k_1 - 8k_2 + \frac{3\,680}{513}k_3 - \frac{845}{4\,104}k_4\right)\right),\\
k_6 &= f\left(t_n + \frac{1}{2}T, x_n + T\left(-\frac{8}{27}k_1 + 2k_2 - \frac{3\,544}{2\,565}k_3 + \frac{1\,859}{4\,104}k_4 - \frac{11}{40}k_5\right)\right)
\end{aligned}
\tag{3.4}
$$

ルンゲ・クッタ・フェールベルグ法は，5 次のオーダの解を与える。ルンゲ・クッタ・フェールベルグ公式と呼ばれるつぎのアルゴリズムは，ステップ幅 T を適応的に更新する。

Step 1　式 (3.4) を用いて解 x_{n+1} を計算する。

Step 2　次式で与えられる x^*_{n+1} を計算する。

$$
x^*_{n+1} = x_n + T\left(\frac{25}{216}k_1 + \frac{1\,408}{2\,565}k_3 + \frac{2\,197}{4\,104}k_4 - \frac{1}{5}k_5\right) \tag{3.5}
$$

Step 3　次式で表される $\hat{T}$ を計算する。

† 肩付き番号は巻末の引用・参考文献を示す。

$$\hat{T} = \alpha T \left\{ \frac{\epsilon}{\|x_{n+1}^* - x_{n+1}\|} \right\}^{\frac{1}{5}} \tag{3.6}$$

ここで，ϵ は許容量を表す小さい正の定数，α は 0.8 から 0.9 の範囲から選ぶ安全率である。

Step 4 ステップ幅 T の値を $\hat{T}$ 以下で選ぶ。

解 x_{n+1}^* は，ステップ幅 T に関する 4 次のオーダの解である。もし，ステップ幅 T が大きすぎると，二つの解 x_{n+1} と x_{n+1}^* の差が大きくなる。一方，その差が小さいときには，ステップ幅 T が小さすぎると判断できる。このように，二つの解 x_{n+1} と x_{n+1}^* のオーダの違いを用いて，適切なステップ幅 T を適応的に計算することができる。

以上の手法は，複数の微分方程式からなる系に適用できる。状態変数からなるベクトルを $\boldsymbol{x}$ とし，状態変数 $\boldsymbol{x}$ と時刻 t から状態変数の時間微分 $\dot{\boldsymbol{x}}$ を計算する一組の関数を $\boldsymbol{f}$ と表す。連立常微分方程式の標準形

$$\dot{\boldsymbol{x}} = \boldsymbol{f}(t, \boldsymbol{x})$$

は，上記の手法において状態変数 x を状態変数ベクトル $\boldsymbol{x}$ で，スカラー関数 f をベクトル関数 $\boldsymbol{f}$ で，スカラー k をベクトル $\boldsymbol{k}$ で置き換えた式により，数値的に解くことができる。例えば，単振り子の運動を表す常微分方程式 (2.3) では，状態変数ベクトルを

$$\boldsymbol{x} = \begin{bmatrix} \theta \\ \omega \end{bmatrix}$$

状態変数の時間微分を計算するベクトル関数を

$$\boldsymbol{f}(t, \boldsymbol{x}) = \begin{bmatrix} \omega \\ -(g/l)\sin\theta \end{bmatrix}$$

と定めればよい。

3.2 制約安定化法

制約安定化法[5)]（constraint stabilization method; 略して CSM）は，制約を有する常微分方程式の解を数値的に計算する。単振り子の運動方程式を例に，制約安定化法を説明しよう。

図 2.1 に示した単振り子の運動を，デカルト座標系で定式化する。質点の位置を表す状態変数 x と y は，制約

$$R(x,y) \triangleq \left\{x^2+(y-l)^2\right\}^{\frac{1}{2}} - l = 0$$

を満たさなくてはならない。質点の運動方程式より，常微分方程式の標準形

$$\begin{aligned}\dot{x} &= v_x\\ \dot{y} &= v_y\\ m\dot{v}_x &= \lambda\, R_x(x,y)\\ m\dot{v}_y &= \lambda\, R_y(x,y) - mg\end{aligned}$$

が得られる。ここで，R_x と R_y はそれぞれ，制約 R の x と y に関する偏微分を表す。単純にオイラー法やルンゲ・クッタ法を上記の微分方程式に適用すると，制約 $R(x,y)=0$ を破ってしまう。したがって，制約を微分方程式の数値解法に組み込む必要がある。

制約安定化法では制約を微分方程式に変換し，元の常微分方程式と統合する。計算過程において制約が 0 に収束するように，制約の臨界減衰を表す微分方程式

$$\ddot{R} + 2\nu\dot{R} + \nu^2 R = 0 \tag{3.7}$$

を導入しよう。ここで，ν はあらかじめ定める正の定数である。上式は臨界減衰を与えるので，たとえ数値計算の過程で制約 R が破られても制約の値は再び 0 に収束し，結果的に制約が保たれる。制約を上式に代入すると

$$
\begin{aligned}
&R_x\ddot{x} + R_y\ddot{y} + R_{xx}\dot{x}^2 + R_{yy}\dot{y}^2 + 2R_{xy}\dot{x}\dot{y} \\
&\qquad + 2\nu\{R_x\dot{x} + R_y\dot{y}\} + \nu^2 R = 0
\end{aligned}
\tag{3.8}
$$

が得られる。ここで，$P(x,y) = \left\{x^2 + (y-l)^2\right\}^{-1/2}$ であり，R の偏微分は

$$
\begin{aligned}
&R_x = xP, \quad R_y = (y-l)P \\
&R_{xx} = P - x^2P^3, \quad R_{yy} = P - (y-l)^2P^3, \quad R_{xy} = -x(y-l)P^3
\end{aligned}
$$

と表される。変数 $v_x = \dot{x}$ と $v_y = \dot{y}$ を導入すると，式 (3.8) は

$$
-R_x(x,y)\,\dot{v}_x - R_y(x,y)\,\dot{v}_y = C(x,y,v_x,v_y)
$$

と表される。ここで

$$
\begin{aligned}
C(x,y,v_x,v_y) &= R_{xx}(x,y)\,v_x^2 + R_{yy}(x,y)\,v_y^2 + 2R_{xy}(x,y)\,v_xv_y \\
&\quad + 2\nu\{R_x(x,y)\,v_x + R_y(x,y)\,v_y\} + \nu^2R(x,y)
\end{aligned}
$$

である。状態変数の時間微分 $\dot{x}$, $\dot{y}$, $\dot{v}_x$, $\dot{v}_y$ と張力を表す変数 λ が未知数であるので，これらを含む項を左辺に移項し，微分方程式をまとめると

$$
\begin{aligned}
\dot{x} &= v_x \\
\dot{y} &= v_y \\
m\dot{v}_x - \lambda\,R_x(x,y) &= 0 \\
m\dot{v}_y - \lambda\,R_y(x,y) &= -mg \\
-R_x(x,y)\,\dot{v}_x - R_y(x,y)\,\dot{v}_y &= C(x,y,v_x,v_y)
\end{aligned}
$$

が得られる。これより，未知変数 $\dot{x}$, $\dot{y}$, $\dot{v}_x$, $\dot{v}_y$, λ に関する連立一次方程式

$$
\begin{bmatrix} \dot{x} \\ \dot{y} \end{bmatrix} = \begin{bmatrix} v_x \\ v_y \end{bmatrix}
$$

$$
\begin{bmatrix} m & 0 & -R_x(x,y) \\ 0 & m & -R_y(x,y) \\ -R_x(x,y) & -R_y(x,y) & 0 \end{bmatrix} \begin{bmatrix} \dot{v}_x \\ \dot{v}_y \\ \lambda \end{bmatrix}
= \begin{bmatrix} 0 \\ -mg \\ C(x,y,v_x,v_y) \end{bmatrix}
$$

が得られる。第2式左辺の係数行列は正則なので，第2式は数値的に解くことができ，結果として $\dot{v}_x$ と $\dot{v}_y$ の値を計算できる。すなわち，状態変数 x, y, v_x, v_y の値を与えると，その時間微分 $\dot{x}$, $\dot{y}$, $\dot{v}_x$, $\dot{v}_y$ の値を求めることができる。したがって，オイラー法やルンゲ・クッタ法を用いることにより，状態変数 x, y, v_x, v_y の値を数値的に求めることができる。制約を常微分方程式に組み込む以上の手法を制約安定化法と呼ぶ。

常微分方程式を数値的に解くときには，変数 λ の値は使わない。ただし，上記の連立一次方程式を解くときに λ の値を求めることができる。すなわち，単振り子の運動をデカルト座標系で定式化し，制約安定化法を用いて制約付きの常微分方程式を解くことにより，単振り子の運動のみならず時々刻々変化する張力の大きさを求めることができる。

勾配ベクトル $[\,R_x,\ R_y\,]^{\mathrm{T}}$ は，制約 $R(x,y)$ の外向き法線ベクトルに対応する。この勾配ベクトルが制約力の方向を，またラグランジュの乗数 λ が制約力の大きさを表す。したがって，制約力は $\lambda\,[\,R_x,\ R_y\,]^{\mathrm{T}}$ で与えられる。

3.3　パフィアン制約の安定化

制約安定化法は，パフィアン制約を含む微分方程式の解を数値的に計算することができる。2.4 節で述べた自動車の運動を例に，パフィアン制約の安定化を説明しよう。本節の手法は，パフィアン制約がホロノミックであるか非ホロノミックであるかにかかわらず適用できる。自動車の運動方程式は

$$
\begin{aligned}
m\dot{v}_x &= -bv_x + f_x, \\
m\dot{v}_y &= -bv_y + f_y, \\
J\dot{\omega} &= -B\omega + \tau
\end{aligned}
\tag{3.9}
$$

で表される。ただし，非ホロノミックなパフィアン制約

$$
Q \stackrel{\triangle}{=} v_x S_\theta - v_y C_\theta = 0
$$

を満たさなくてはならない。

前節で示したように，ホロノミック制約 $R(x, y) = 0$ の安定化では，x 方向の運動方程式に項 λR_x，y 方向の運動方程式に項 λR_y を加える。運動方程式を数値的に解くと，質点の位置 (x, y) の値が制約を破る可能性がある。これらの安定化項は制約力として働いており，質点の位置が制約を破った場合，制約を満たすように質点の運動を補正する役割を果たす。未知変数 λ の値は，運動方程式に微分安定化則 $\ddot{R} + 2\nu\dot{R} + \nu^2 R = 0$ を追加することで計算できる。パフィアン制約に対しても，同様の安定化項を導入する。自動車の運動方程式 (3.9) は，それぞれ v_x, v_y, ω に関する微分方程式である。運動方程式を数値的に解くと，v_x, v_y, ω の値が制約 Q を破る可能性がある。制約を満たすように v_x, v_y, ω の値を補正するために，制約安定化項

$$
\begin{aligned}
\lambda \frac{\partial Q}{\partial v_x} &= \lambda S_\theta \\
\lambda \frac{\partial Q}{\partial v_y} &= -\lambda C_\theta \\
\lambda \frac{\partial Q}{\partial \omega} &= 0
\end{aligned}
$$

を各運動方程式の右辺に加える。すると，運動方程式は

$$
\begin{aligned}
m\dot{v}_x &= -bv_x + f_x + \lambda S_\theta, \\
m\dot{v}_y &= -bv_y + f_y - \lambda C_\theta, \\
J\dot{\omega} &= -B\omega + \tau
\end{aligned}
\tag{3.10}
$$

となる。制約 Q は速度を含むため，$\ddot{Q}$ を用いることができない。そこで，解が急速に減衰する1階の微分方程式

$$\dot{Q} + \gamma Q = 0 \tag{3.11}$$

を採用する。正のパラメータ γ の値を大きく選ぶと，制約 Q が破られても Q の値は急速に0に収束する。制約安定化法を計算すると

$$\dot{Q} + \gamma Q = S_\theta \dot{v}_x - C_\theta \dot{v}_y + P(\theta, v_x, v_y, \omega) = 0 \tag{3.12}$$

を得る。ここで

$$P(\theta, v_x, v_y, \omega) = v_x C_\theta \omega + v_y S_\theta \omega + \gamma(v_x S_\theta - v_y C_\theta)$$

である。速度と角速度の定義式，運動方程式 (3.10)，制約安定化法 (3.12) をまとめて書くと

$$\begin{gathered}
\begin{bmatrix} \dot{x} \\ \dot{y} \\ \dot{\theta} \end{bmatrix} = \begin{bmatrix} v_x \\ v_y \\ \omega \end{bmatrix}, \\
\begin{bmatrix} m & & & -S_\theta \\ & m & & C_\theta \\ & & J & \\ -S_\theta & C_\theta & & \end{bmatrix} \begin{bmatrix} \dot{v}_x \\ \dot{v}_y \\ \dot{\omega} \\ \lambda \end{bmatrix} = \begin{bmatrix} -bv_x + f_x \\ -bv_y + f_y \\ -B\omega + \tau \\ P(\theta, v_x, v_y, \omega) \end{bmatrix}
\end{gathered} \tag{3.13}$$

が得られる。第2式左辺の係数行列は正則なので，第2式は数値的に解くことができ，結果として $\dot{v}_x$, $\dot{v}_y$, $\dot{\omega}$ の値を計算できる。すなわち，状態変数 x, y, θ, v_x, v_y, ω の値を与えると，その時間微分 $\dot{x}$, $\dot{y}$, $\dot{\theta}$, $\dot{v}_x$, $\dot{v}_y$, $\dot{\omega}$ の値を求めることができる。したがって，オイラー法やルンゲ・クッタ法を用いることにより，状態変数 x, y, θ, v_x, v_y, ω の値を数値的に求めることができる。

3.4 リプシッツ条件

常微分方程式の数値解法は，解が一意であることを前提にしている。微分方程式によっては解が一意に決まらないことがある。例えば，常微分方程式

$$\dot{x} = \sqrt{x}, \qquad x(0) = 0$$

の解として，異なる複数の解 $x(t) = (1/4)x^2$ と $x(t) = 0$ が得られる。これは初期値 $x(0) = 0$ からの解が一意に決まらないことを意味する。

常微分方程式の解が一意である条件として，**リプシッツ条件**（Lipschitz condition）が知られている。これは，微分方程式

$$\dot{x} = f(t, x)$$

において，リプシッツ条件

$$\forall x_1, x_2, \quad \exists C > 0, \quad |\, f(t, x_1) - f(t, x_2) \,| \leqq C \,|\, x_1 - x_2 \,| \tag{3.14}$$

を満たすならば，微分方程式の解は一意に定まるという定理である。上記の条件は，$f(t, x_1)$ と $f(t, x_2)$ の差が，x_1 と x_2 の差の定数倍で抑えられることを意味する。また，関数 $f(t, x)$ が変数 x に関して微分可能であるならば，リプシッツ条件を満たすことがわかる。一方，微分可能でないときは，リプシッツ条件を満たす場合と満たさない場合がある。多変数の場合は，距離をノルムに置き換えればよい。すなわち，微分方程式

$$\dot{\boldsymbol{x}} = \boldsymbol{f}(t, \boldsymbol{x})$$

において，リプシッツ条件

$$\forall \boldsymbol{x}_1, \boldsymbol{x}_2, \quad \exists C > 0, \quad \|\, \boldsymbol{f}(t, \boldsymbol{x}_1) - \boldsymbol{f}(t, \boldsymbol{x}_2) \,\| \leqq C \,\|\, \boldsymbol{x}_1 - \boldsymbol{x}_2 \,\| \tag{3.15}$$

を満たすならば，微分方程式の解は一意に定まる。

章　末　問　題

【1】 ホイン法の式 (3.2) が，ステップ幅 T に関して 2 次の精度を持つことを示せ。

【2】 微分方程式 $\dot{x} = f(t, x)$ を数値的に解く。中点法

$$x_{n+1} = x_n + Tk_2$$
$$k_1 = f(t_n, x_n), \qquad k_2 = f\left(t_n + \frac{T}{2}, x_n + \frac{T}{2}k_1\right)$$

が，ステップ幅 T に関して 2 次の精度を持つことを示せ。

【3】 2.1 節で紹介した球面振り子の状態方程式を，制約安定化法を用いて導け。

【4】 微分方程式

$$\ddot{x} - \mu(1 - x^2)\dot{x} + x = 0$$

を数値的に解き，x と $v \triangleq \dot{x}$ の関係を位相図に描け。この微分方程式を**ファンデルポールの方程式**（van del Pol equation）と呼ぶ。

【5】 質点 m を床に落とす。床に原点をおき，時刻 t における質点の位置を $x(t)$ で表す。質点と床との接触力が弾性力で表されると仮定すると，質点の運動方程式は

$$m\ddot{x} = f - mg$$
$$f = \begin{cases} -kx & x < 0 \\ 0 & x \geqq 0 \end{cases}$$

と表される。ここで，k は弾性係数である。この運動方程式をルンゲ・クッタ・フェールベルグ法で解き，質点の運動を求めるとともに，質点の運動とステップ幅 T の値との関係を調べよ。

【6】 図 2.1 の単振り子で，先端の質量が糸で支点に支えられているとする。糸は伸びないが曲がるため，質点の位置 (x, y) は不等式制約 $R(x, y) \leqq 0$ を満たす。このとき，制約安定化法を用いて単振り子の運動を表す微分方程式を導け。なお

$$S(x, y) = \begin{cases} 0 & R(x, y) < 0 \\ R(x, y) & R(x, y) \geqq 0 \end{cases}$$

を用いると，不等式制約 $R(x, y) \leqq 0$ は等式制約 $S(x, y) = 0$ で表される。

【7】 常微分方程式

$$\dot{x} = \begin{cases} \sqrt{x} & x \geqq 0 \\ 0 & x < 0 \end{cases}$$

が，$x = 0$ においてリプシッツ条件を満たさないことを示せ。

【8】 常微分方程式

$$\dot{x} = \begin{cases} x & x \geqq 0 \\ 0 & x < 0 \end{cases}$$

が，$x = 0$ においてリプシッツ条件を満たすことを示せ。なお，右辺の関数

$$f(x) = \begin{cases} x & x \geqq 0 \\ 0 & x < 0 \end{cases}$$

は $x = 0$ において微分不可能である。

4 フィードバック制御

本章では**フィードバック制御**（feedback control）の基本的な概念を述べる。フィードバック制御とは，システムの出力の信号を入力側に戻し，それを用いて入力信号を決定する制御手法である。リニアテーブルの位置決め制御とリンク機構の運動制御を例にして，比例制御，積分制御，微分制御を説明する。

4.1 リニアテーブルのフィードバック制御

図 4.1 に示す 1 自由度のリニアテーブルで，テーブルの位置を制御しよう。時刻 t におけるテーブルの位置を $x(t)$，速度を $v(t)$ で表す。リニアテーブルにはアクチュエータが取り付けられており，アクチュエータは駆動力 $f(t)$ をテーブルに加える。テーブルの質量を m で表し，テーブルには駆動力のみが作用すると仮定すると，テーブルの運動方程式は

$$m\ddot{x} = f \tag{4.1}$$

と表すことができる。

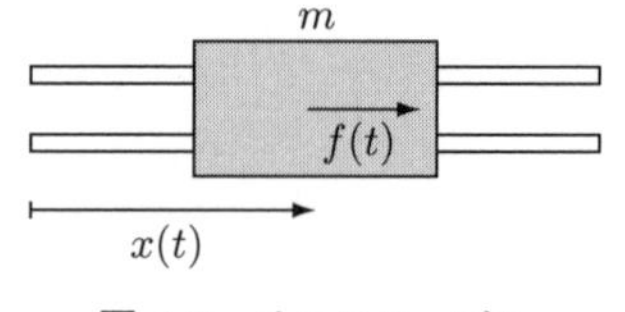

図 4.1 リニアテーブル

リニアテーブルにはリニアゲージが取り付けられており，現在のテーブルの位置 $x(t)$ を検出できると仮定する。現在の位置 $x(t)$ と目標位置 x^{d} から，駆動力を定める規則を構成しよう。例えば，現在の位置と目標位置の間に仮想的なバネを仮定し，そのバネが発生する力を駆動力と定める。バネの変位と発生力は比例すると仮定し，比例定数を K_{p} で表すと

$$f(t) = -K_{\mathrm{p}}(x(t) - x^{\mathrm{d}}) \tag{4.2}$$

となる。これは，目標誤差 $(x(l) - x^{\mathrm{d}})$ に比例して駆動力を定める制御であり，**比例制御**（proportional control; 略して **P 制御**）と呼ぶ。定数 K_{p} を**比例ゲイン**（proportional gain）と呼ぶ。式 (4.2) を式 (4.1) に代入し，得られた微分方程式を解くと，テーブルは目標位置 x^{d} を中心として単振動を行い，目標位置に収束しないことがわかる。これは，粘性項がないことに起因する。そこで，現在のテーブルの速度 $v(t)$ を計測できる，あるいは位置の検出結果から計算できると仮定し，駆動力に粘性力を加える。すなわち，仮想的なダンパを仮定し，そのダンパが発生する粘性力を駆動力に加える。ダンパの速度と発生力は比例すると仮定し，比例定数を K_{d} で表すと

$$f(t) = -K_{\mathrm{p}}(x(t) - x^{\mathrm{d}}) - K_{\mathrm{d}}v(t) \tag{4.3}$$

となる。これは，目標誤差 $(x(t) - x^{\mathrm{d}})$ とその時間微分 $v(t)$ から駆動力を定める制御であり，**比例微分制御**（proportional differential control; 略して **PD 制御**）と呼ぶ。定数 K_{d} を**微分ゲイン**（differential gain）と呼ぶ。式 (4.3) を式 (4.1) に代入し，得られた微分方程式を解くと，テーブルは目標位置 x^{d} を中心として減衰振動を行い，目標位置に収束することがわかる。

テーブルには駆動力のみが作用すると仮定すると，比例微分制御でテーブルの位置は目標位置に安定に収束する。しかしながら，この仮定は現実には成り立たないことが多い。テーブルにポテンシャル力 $-g(x)$ が作用すると仮定し，比例微分制御でテーブルの位置が目標位置に収束するかどうかを調べよう。テーブルの運動方程式は

$$m\ddot{x} = -g(x) + f \tag{4.4}$$

である。常微分方程式の標準形に変換すると

$$\dot{x} = v$$

$$m\dot{v} = -g(x) + f$$

を得る。テーブルが目標位置に安定に収束したときには，定常状態にあり，$\dot{x} = 0$ かつ $\dot{v} = 0$ となる。式 (4.3) を式 (4.4) に代入し，$\dot{x} = 0$ かつ $\dot{v} = 0$ を解くと，$v = 0$ かつ $g(x) + K_{\mathrm{p}}(x - x^{\mathrm{d}}) = 0$ が得られる。すなわち，系が安定であるならば，テーブルの位置は $g(x) + K_{\mathrm{p}}(x - x^{\mathrm{d}}) = 0$ の解に収束し，目標位置 x^{d} には収束しない。安定状態における目標位置との差を**オフセット**（offset）と呼ぶ。すなわち，テーブルにポテンシャル力 $-g(x)$ が作用する場合，比例微分制御ではオフセットが生じる。

オフセットを減少させるために，現在の位置と目標位置の差の時間積分に比例する力を駆動力に追加する。オフセットが生じている限り，時間積分による駆動力が作用するため，最終的にはオフセットは解消されると考えられる。時間積分における比例定数を K_{i} で表すと，駆動力は

$$f(t) = -K_{\mathrm{p}}(x(t) - x^{\mathrm{d}}) - K_{\mathrm{d}}v(t) - K_{\mathrm{i}}\int_0^t (x(\tau) - x^{\mathrm{d}})\,\mathrm{d}\tau \tag{4.5}$$

となる。これは，目標誤差とその時間微分ならびに時間積分から駆動力を定める制御則であり，**比例積分微分制御**（proportional integral differential control; 略して **PID 制御**）と呼ぶ。定数 K_{i} を**積分ゲイン**（integral gain）と呼ぶ。式 (4.5) を式 (4.4) に代入し，新たに変数

$$\xi(t) \triangleq \int_0^t (x(\tau) - x^{\mathrm{d}})\,\mathrm{d}\tau$$

を導入すると，常微分方程式の標準形

$$\dot{\xi} = x - x^{\mathrm{d}},$$

$$\dot{x} = v,$$

$$m\dot{v} = -g(x) - K_{\rm p}(x - x^{\rm d}) - K_{\rm d}v - K_{\rm i}\xi \tag{4.6}$$

を得る。ここで，$\dot{\xi} = 0$，$\dot{x} = 0$，$\dot{v} = 0$ を解いて定常状態を求めると，$x = x^{\rm d}$，$v = 0$，$\xi = -K_{\rm i}^{-1}g(x^{\rm d})$ が得られる。したがって，系が安定ならばテーブルの位置は目標位置 $x^{\rm d}$ に収束する。

ポテンシャル力が重力，すなわち $g(x) = mg$ で与えられる場合の安定性を考察しよう。比 $K_{\rm p}/m$, $K_{\rm d}/m$, $K_{\rm i}/m$ を改めて $K_{\rm p}$, $K_{\rm d}$, $K_{\rm i}$ とおくと，常微分方程式の標準形は

$$\begin{bmatrix} \dot{\xi} \\ \dot{x} \\ \dot{v} \end{bmatrix} = \begin{bmatrix} & 1 & \\ & & 1 \\ -K_{\rm i} & -K_{\rm p} & -K_{\rm d} \end{bmatrix} \begin{bmatrix} \xi \\ x \\ v \end{bmatrix} + \begin{bmatrix} -x^{\rm d} \\ 0 \\ -g + K_{\rm p}x^{\rm d} \end{bmatrix}$$

と表される。標準形は線形であるので，5 章で述べるように係数行列

$$A = \begin{bmatrix} & 1 & \\ & & 1 \\ -K_{\rm i} & -K_{\rm p} & -K_{\rm d} \end{bmatrix}$$

の固有値を調べることにより，系の安定性を判定することができる。すなわち，係数行列 A のすべての固有値の実部が負であるとき，系は安定である。係数行列 A の固有値は，固有方程式

$$\lambda^3 + K_{\rm d}\lambda^2 + K_{\rm p}\lambda + K_{\rm i} = 0$$

の解であるので，この方程式の解の実部の符号により安定性を判定することができる。なお，一般のポテンシャル力 $g(x)$ に対する安定性は，7.5 節で扱う。

4.2　1自由度開リンク機構のフィードバック制御

本節では，**図 4.2** に示す 1 自由度開リンク機構の運動を制御する。まず，1 自由度開リンク機構の運動をモデリングしよう。リンクの一端は回転関節を介

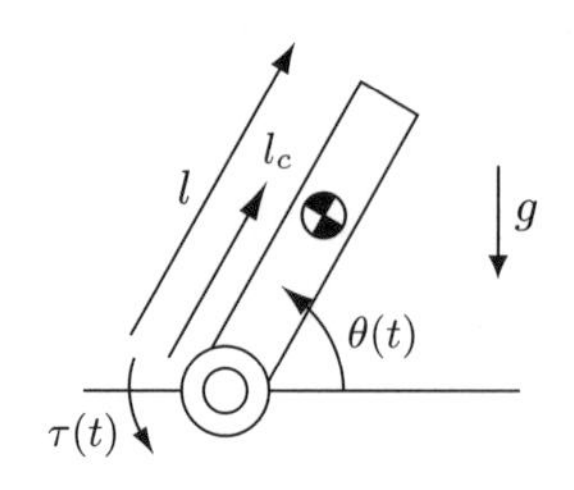

図 **4.2**　1 自由度開リンク機構

してベースに接続されている。回転関節にモータが設置されており，モータは関節まわりのトルクをリンクに加える。図に示すように，回転関節の回転角を θ で表す。回転関節からリンクの重心までの距離を l_c，リンクの質量を m，重心まわりの慣性モーメントを J_c で表す。時刻 t において，モータにより回転関節に作用するトルクを $\tau(t)$ で表す。また重力加速度を g で表す。回転関節まわりには，重力によるモーメント $(-mgl_c\sin\theta)$ と駆動トルク $\tau(t)$ が作用する。さらに，回転関節まわりに線形の粘性摩擦が作用すると仮定すると，粘性摩擦モーメント $(-b\dot{\theta})$ が作用する。ここで，b は粘性係数である。回転関節まわりの慣性モーメントは，$J = J_c + ml_c^2$ で与えられるので，リンク機構の運動方程式は

$$J\ddot{\theta} = -mgl_c\sin\theta - b\dot{\theta} + \tau \tag{4.7}$$

と表すことができる。常微分方程式の標準形に変換すると

$$\dot{\theta} = \omega$$
$$\dot{\omega} = \frac{1}{J}\{-mgl_c\sin\theta - b\omega + \tau\}$$

を得る。

1 自由度開リンク機構で，時々刻々と変化する角度 $\theta(t)$ を，一定の目標角度 θ^{d} に収束させよう。そのために，現在の角度 $\theta(t)$ を検出できると仮定する。実際，駆動関節にエンコーダを取り付ければ，関節の角度 $\theta(t)$ を得ることができる。比例制御を行った場合に，リンク機構がどのような運動をするかを求めよう。現在の角度と目標角度の間に仮想的な線形の回転バネを仮定し，その回転

バネが発生するトルクをモータの駆動トルクと定める。比例ゲインを K_{p} で表すと

$$\tau(t) = -K_{\mathrm{p}}(\theta(t) - \theta^{\mathrm{d}}) \tag{4.8}$$

となる。比例制御の式 (4.8) をリンクの回転の運動方程式 (4.7) に代入する。得られた式を標準形で表すと

$$\dot{\theta} = \omega$$

$$J\dot{\omega} = -mgl_c \cos\theta - b\omega - K_{\mathrm{p}}(\theta - \theta^{\mathrm{d}})$$

となる。定常状態で角度 θ が目標値 θ^{d} に収束するかどうかを調べよう。収束する場合，$\dot{\theta} = 0$ かつ $\dot{\omega} = 0$ となるので，$\omega = 0$ かつ $-mgl_c \cos\theta - K_{\mathrm{p}}(\theta - \theta^{\mathrm{d}}) = 0$ が得られる。したがって，角度 θ の収束値は目標値 θ^{d} に一致しないことがわかる。

つぎに，積分制御を行った場合に，リンク機構がどのような運動をするかを求めよう。積分ゲインを K_{i} で表すと

$$\tau(t) = -K_{\mathrm{i}} \int_0^t (\theta(\tau) - \theta^{\mathrm{d}})\, \mathrm{d}\tau \tag{4.9}$$

となる。積分制御の式 (4.9) をリンクの回転の運動方程式 (4.7) に代入する。変数

$$s(t) = \int_0^t (\theta(\tau) - \theta^{\mathrm{d}})\, \mathrm{d}\tau$$

を導入し，得られた式を標準形で表すと

$$\dot{s} = \theta - \theta^{\mathrm{d}}$$

$$\dot{\theta} = \omega$$

$$J\dot{\omega} = -mgl_c \cos\theta - b\omega - K_{\mathrm{i}} s$$

を得る。収束する場合，$\dot{\theta} = 0$，$\dot{s} = 0$，$\dot{\omega} = 0$ となるので，$\omega = 0$，$\theta - \theta^{\mathrm{d}} = 0$，$-mgl_c \cos\theta - K_{\mathrm{i}} s = 0$ が得られる。したがって，角度 θ の収束値は目標値

θ^{d} に一致する。パラメータを $l_c = 0.5\,\mathrm{m}$, $m = 6.74\,\mathrm{kg}$, $J = 0.56\,\mathrm{kg{\cdot}m^2}$, $b = 1.0\,\mathrm{N{\cdot}m/(rad/s)}$ と定め，角度 $\theta(t)$ を数値的に求めた結果を**図 4.3** に示す。目標角度が $\sin\theta^{\mathrm{d}} < 0$ を満たすとき，積分ゲイン K_{i} を小さく選ぶと，角度 $\theta(t)$ は図 (a) に示すように収束する。目標角度が $\sin\theta^{\mathrm{d}} < 0$ を満たしていても，積分ゲイン K_{i} が大きい場合は，図 (b) に示すように発散する。目標角度が $\sin\theta^{\mathrm{d}} < 0$ を満たさないときは図 (c) に示すように発散する。

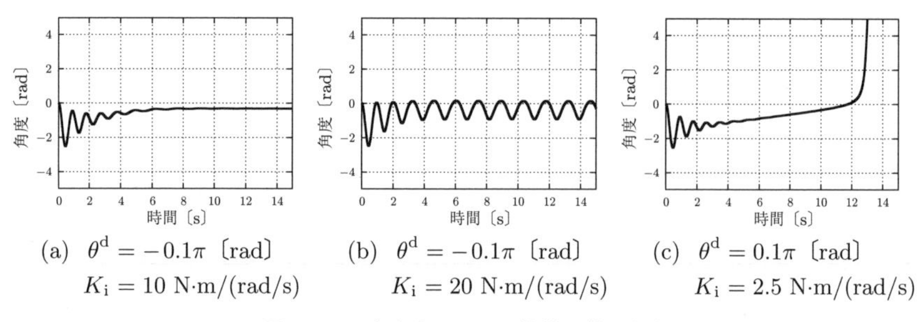

(a)　$\theta^{\mathrm{d}} = -0.1\pi$〔rad〕 $K_{\mathrm{i}} = 10$ N·m/(rad/s)
(b)　$\theta^{\mathrm{d}} = -0.1\pi$〔rad〕 $K_{\mathrm{i}} = 20$ N·m/(rad/s)
(c)　$\theta^{\mathrm{d}} = 0.1\pi$〔rad〕 $K_{\mathrm{i}} = 2.5$ N·m/(rad/s)

図 4.3　1 自由度開リンク機構の積分制御

以上の結果をもとに目標値近傍の安定性を調べよう。目標値 θ^{d} の近傍で $\cos\theta$ を 1 次の項まで展開すると，$\cos\theta = \cos\theta^{\mathrm{d}} - \sin\theta^{\mathrm{d}}(\theta - \theta^{\mathrm{d}})$ を得る。このとき標準形は線形であり，状態変数ベクトル $[\,s,\,\theta,\,\omega\,]^{\mathrm{T}}$ に対する係数行列は

$$A = \begin{bmatrix} & 1 & \\ & & 1 \\ -K_{\mathrm{i}}/J & (mgl_c/J)\sin\theta^{\mathrm{d}} & -b/J \end{bmatrix}$$

と表される。ラウスの安定判別法（5.3 節参照）を用いて，線形の系が安定である条件を求めると

$$\sin\theta^{\mathrm{d}} < 0, \qquad K_{\mathrm{i}} < \frac{mgl_c b}{J}(-\sin\theta^{\mathrm{d}})$$

が得られる。したがって，積分制御の場合，安定性が目標角度に影響される。

積分制御と比例制御を用いると，係数行列の $(3,2)$ 要素 $(mgl_c/J)\sin\theta^{\mathrm{d}}$ に $-K_{\mathrm{p}}/J$ が加わる。したがって，比例ゲインを適切に選ぶと，目標角度によら

ずに安定性が保たれる可能性がある。そこで，比例積分制御（PI 制御）を行った場合の安定性を調べよう。制御則は

$$\tau(t) = -K_{\mathrm{p}}(\theta(t) - \theta^{\mathrm{d}}) - K_{\mathrm{i}} \int_0^t (\theta(\tau) - \theta^{\mathrm{d}})\,\mathrm{d}\tau \tag{4.10}$$

と表される。運動方程式は

$$\begin{aligned} \dot{s} &= \theta - \theta^{\mathrm{d}} \\ \dot{\theta} &= \omega \\ J\dot{\omega} &= -mgl_c \cos\theta - b\omega - K_{\mathrm{p}}(\theta - \theta^{\mathrm{d}}) - K_{\mathrm{i}} s \end{aligned}$$

となる。状態変数ベクトル $[\,s,\,\theta,\,\omega\,]^{\mathrm{T}}$ に対する係数行列は

$$A = \begin{bmatrix} & 1 & \\ & & 1 \\ -K_{\mathrm{i}}/J & -(K_{\mathrm{p}} - mgl_c \sin\theta^{\mathrm{d}})/J & -b/J \end{bmatrix}$$

である。ラウスの安定判別法を用いて，線形の系が安定である条件を求めると

$$K_{\mathrm{p}} > mgl_c \sin\theta^{\mathrm{d}}, \qquad K_{\mathrm{i}} < \frac{b}{J}(K_{\mathrm{p}} - mgl_c \sin\theta^{\mathrm{d}})$$

を得る。したがって

$$K_{\mathrm{p}} > mgl_c, \qquad K_{\mathrm{i}} < \frac{b}{J}(K_{\mathrm{p}} - mgl_c)$$

を満たすように比例ゲインと積分ゲインを選ぶと，目標角度にかかわらず線形の系は安定である。前述の例と同じパラメータの値を定めると，$K_{\mathrm{p}} = 50\,\mathrm{N{\cdot}m/rad}$，$K_{\mathrm{i}} = 20\,\mathrm{N{\cdot}m/(rad/s)}$ は上式を満たす。このとき，角度 $\theta(t)$ を数値的に求めた結果を**図 4.4** に示す。図からわかるように，目標角度にかかわらず系は安定であり，角度は目標角度に収束する。

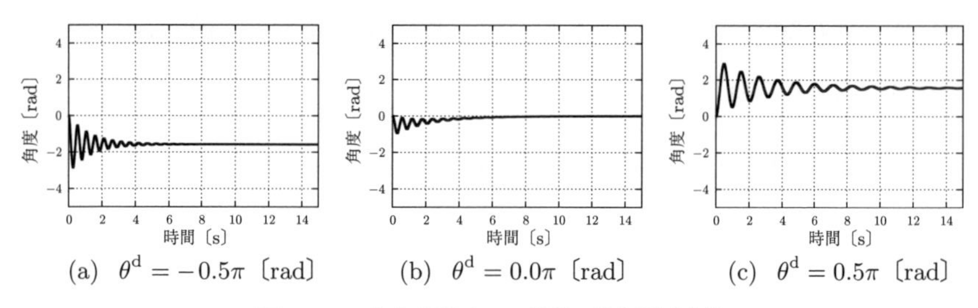

(a)　$\theta^{\mathrm{d}} = -0.5\pi$〔rad〕　(b)　$\theta^{\mathrm{d}} = 0.0\pi$〔rad〕　(c)　$\theta^{\mathrm{d}} = 0.5\pi$〔rad〕

図 4.4　1 自由度開リンク機構の比例積分制御

4.3　2 自由度開リンク機構のフィードバック制御

図 2.11 の 2 自由度開リンク機構の運動を制御しよう。制御の目標は，二つの関節角をそれぞれの目標角度に収束させることである。関節角 θ_1, θ_2 の目標値を，それぞれ $\theta_1^{\mathrm{d}}, \theta_2^{\mathrm{d}}$ で表す。エンコーダやレゾルバなどの角度センサにより各関節の角度を検出できると仮定する。さらに，検出された角度の時間微分により，各関節の角速度を求めることができると仮定する。制御則として関節角の PD 制御

$$\tau_1 = -K_{\mathrm{p1}}(\theta_1 - \theta_1^{\mathrm{d}}) - K_{\mathrm{d1}}\dot{\theta}_1$$

$$\tau_2 = -K_{\mathrm{p2}}(\theta_2 - \theta_2^{\mathrm{d}}) - K_{\mathrm{d2}}\dot{\theta}_2$$

を採用したときの関節角の挙動を調べる。ここで，K_{p1}, K_{p2} は比例ゲイン，$K_{\mathrm{d1}}, K_{\mathrm{d2}}$ は微分ゲインである。式 (2.17) に上式を代入し，状態変数として θ_1, θ_2 と $\omega_1 = \dot{\theta}_1$，$\omega_2 = \dot{\theta}_2$ を導入すると，常微分方程式の標準形

$$\begin{bmatrix} \dot{\theta}_1 \\ \dot{\theta}_2 \end{bmatrix} = \begin{bmatrix} \omega_1 \\ \omega_2 \end{bmatrix},$$

$$\begin{bmatrix} H_{11} & H_{12} \\ H_{12} & H_{22} \end{bmatrix} \begin{bmatrix} \dot{\omega}_1 \\ \dot{\omega}_2 \end{bmatrix}$$

$$
= \begin{bmatrix} h\omega_2^2 + 2h\omega_1\omega_2 - G_1 - G_{12} - b_1\omega_1 - K_{\mathrm{p1}}(\theta_1 - \theta_1^{\mathrm{d}}) - K_{\mathrm{d1}}\omega_1 \\ -h\omega_1^2 - G_{12} - b_2\omega_2 - K_{\mathrm{p2}}(\theta_2 - \theta_2^{\mathrm{d}}) - K_{\mathrm{d2}}\omega_2 \end{bmatrix} \tag{4.11}
$$

を得る。

制御則として関節角の PID 制御

$$
\tau_1 = -K_{\mathrm{p1}}(\theta_1 - \theta_1^{\mathrm{d}}) - K_{\mathrm{d1}}\dot{\theta}_1 - K_{\mathrm{i1}}\int_0^t \{\theta_1(\tau) - \theta_1^{\mathrm{d}}\}\,\mathrm{d}\tau
$$

$$
\tau_2 = -K_{\mathrm{p2}}(\theta_2 - \theta_2^{\mathrm{d}}) - K_{\mathrm{d2}}\dot{\theta}_2 - K_{\mathrm{i2}}\int_0^t \{\theta_2(\tau) - \theta_2^{\mathrm{d}}\}\,\mathrm{d}\tau
$$

を採用したときの関節角の挙動を定式化する。ここで，$K_{\mathrm{i1}}, K_{\mathrm{i2}}$ は積分ゲインである。状態変数として，θ_1, θ_2 および $\omega_1 = \dot{\theta}_1$，$\omega_2 = \dot{\theta}_2$ ならびに

$$
s_1 = \int_0^t \{\theta_1(\tau) - \theta_1^{\mathrm{d}}\}\,\mathrm{d}\tau, \qquad s_2 = \int_0^t \{\theta_2(\tau) - \theta_2^{\mathrm{d}}\}\,\mathrm{d}\tau
$$

を導入すると，常微分方程式の標準形

$$
\begin{bmatrix} \dot{\theta}_1 \\ \dot{\theta}_2 \end{bmatrix} = \begin{bmatrix} \omega_1 \\ \omega_2 \end{bmatrix},
$$

$$
\begin{bmatrix} \dot{s}_1 \\ \dot{s}_2 \end{bmatrix} = \begin{bmatrix} \theta_1 - \theta_1^{\mathrm{d}} \\ \theta_2 - \theta_2^{\mathrm{d}} \end{bmatrix},
$$

$$
\begin{bmatrix} H_{11} & H_{12} \\ H_{12} & H_{22} \end{bmatrix} \begin{bmatrix} \dot{\omega}_1 \\ \dot{\omega}_2 \end{bmatrix}
= \begin{bmatrix} h\omega_2^2 + 2h\omega_1\omega_2 - G_1 - G_{12} - b_1\omega_1 - K_{\mathrm{p1}}(\theta_1 - \theta_1^{\mathrm{d}}) - K_{\mathrm{d1}}\omega_1 - K_{\mathrm{i1}}s_1 \\ -h\omega_1^2 - G_{12} - b_2\omega_2 - K_{\mathrm{p2}}(\theta_2 - \theta_2^{\mathrm{d}}) - K_{\mathrm{d2}}\omega_2 - K_{\mathrm{i2}}s_2 \end{bmatrix} \tag{4.12}
$$

を得る。この常微分方程式を解析することにより，安定性を調べることができる。

章　末　問　題

【1】 式 (4.11) において定常状態を求めよ。

【2】 式 (4.11) を数値的に解き，リンク機構の運動を調べよ。

【3】 2 自由度平面開リンク機構において，各関節に PD 制御則を適用する。定常状態を求めよ。系の方程式は，式 (4.11) で $G_1 = 0$，$G_{12} = 0$ とおくことにより得られる。

【4】 式 (4.12) において定常状態を求めよ。

【5】 式 (4.12) を数値的に解き，リンク機構の運動を調べよ。

5 線形常微分方程式

常微分方程式の標準形では，左辺が状態変数の時間微分，右辺が状態変数の関数である。**線形常微分方程式**（linear ordinary differential equation）とは，右辺が状態変数に関する線形式で与えられる微分方程式である。線形常微分方程式は解析的に解くことができる。本章では，線形常微分方程式の解析解を導き，線形常微分方程式の安定条件について述べる。

5.1 線形常微分方程式の解析解

5.1.1 状態遷移行列による解の表現

一つの状態変数 $x(t)$ に関する線形常微分方程式

$$\frac{\mathrm{d}x}{\mathrm{d}t} = ax \tag{5.1}$$

を解こう。状態変数 $x(t)$ の初期値を $x(0)$ で表すと，この常微分方程式の解は

$$x(t) = e^{at}x(0) \tag{5.2}$$

と書くことができる。時刻 t の経過とともに状態変数 $x(t)$ の値がどのように変化するかを調べる。初期値 $x(0) = 1$ に対する解 (5.2) を**図 5.1** に示す。図 (a) は $a = 0.8$ に対する解，図 (b) は $a = -1.6$ に対する解，図 (c) は $a = 0$ に対する解である。状態変数 $x(t)$ の値は，1) 徐々に大きくなり発散する，2) 徐々に小さくなり 0 に収束する，3) 一定の値を保つ，という 3 通りの挙動を示す。どの挙動を示すかは係数 a の符号で決まる。まとめると

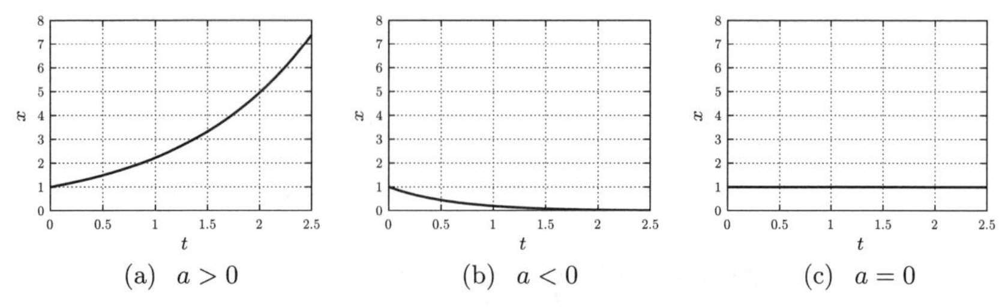

(a)　$a > 0$　(b)　$a < 0$　(c)　$a = 0$

図 5.1　1 変数の線形常微分方程式の解

$$
\begin{cases}
a > 0 & \text{発散} \\
a < 0 & \text{収束} \\
a = 0 & \text{一定}
\end{cases}
$$

である。

二つの状態変数 $x_0(t)$ と $x_1(t)$ に関する線形常微分方程式

$$
\frac{\mathrm{d}x_0}{\mathrm{d}t} = (-2)x_0 + 1x_1
$$
$$
\frac{\mathrm{d}x_1}{\mathrm{d}t} = 1x_0 + (-2)x_1
$$

を解こう。二つの状態変数をまとめて表すために，状態変数ベクトル

$$
\boldsymbol{x}(t) = \begin{bmatrix} x_0(t) \\ x_1(t) \end{bmatrix}
$$

を導入する。さらに係数をまとめて，係数行列

$$
A = \begin{bmatrix} -2 & 1 \\ 1 & -2 \end{bmatrix}
$$

で表す。このとき，上記の微分方程式は簡単に

$$
\frac{\mathrm{d}\boldsymbol{x}}{\mathrm{d}t} = A\boldsymbol{x} \tag{5.3}
$$

と書くことができる。1 変数の線形常微分方程式 (5.1) の状態変数 x と係数 a を，状態変数ベクトル $\boldsymbol{x}$ と係数行列 A で置き換えると，式 (5.3) が得られる。

そこで，1 変数の線形常微分方程式の解 (5.2) を同じように置き換えた式で上式の解を表そう。すなわち，式 (5.3) の解を

$$\boldsymbol{x}(t) = e^{At}\boldsymbol{x}(0) \tag{5.4}$$

と書く。状態変数ベクトル $\boldsymbol{x}(t)$ とその初期値 $\boldsymbol{x}(0)$ は 2 次のベクトルなので，e^{At} は 2×2 の行列である。行列 e^{At} を**状態遷移行列** (state transition matrix) と呼ぶ。

5.1.2 状態遷移行列の計算

本項では状態遷移行列 e^{At} を構成的に示す。まず，対角行列に対して状態遷移行列を導き，つぎに一般の行列に対する状態遷移行列を，対角化を用いて示す。

対角行列 (diagonal matrix)

$$\Lambda = \begin{bmatrix} -1 & 0 \\ 0 & -3 \end{bmatrix} \tag{5.5}$$

に対する状態遷移行列は

$$e^{\Lambda t} = \begin{bmatrix} e^{-t} & 0 \\ 0 & e^{-3t} \end{bmatrix} \tag{5.6}$$

である。式 (5.6) を導こう。式 (5.5) に対応する常微分方程式

$$\begin{bmatrix} \dot{x}_0 \\ \dot{x}_1 \end{bmatrix} = \begin{bmatrix} -1 & 0 \\ 0 & -3 \end{bmatrix} \begin{bmatrix} x_0 \\ x_1 \end{bmatrix}$$

を要素で表すと

$$\dot{x}_0 = (-1)x_0$$

$$\dot{x}_1 = (-3)x_1$$

である。この 2 式はたがいに独立しており，別々に解くことができる。解を求めると

$$x_0(t) = e^{-t} x_0(0)$$

$$x_1(t) = e^{-3t} x_1(0)$$

を得る。まとめると

$$\begin{bmatrix} x_0(t) \\ x_1(t) \end{bmatrix} = \begin{bmatrix} e^{-t} & 0 \\ 0 & e^{-3t} \end{bmatrix} \begin{bmatrix} x_0(0) \\ x_1(0) \end{bmatrix}$$

と書くことができる。上式を式 (5.4) と比較すると，式 (5.6) が得られる。

対角行列 Λ と正則な行列 S から構成される行列

$$A = S\Lambda S^{-1} \tag{5.7}$$

を**対角化行列**（diagonalized matrix）と呼ぶ。このとき，状態遷移行列は

$$e^{At} = Se^{\Lambda t}S^{-1} \tag{5.8}$$

である。例えば

$$A = \begin{bmatrix} -2 & 1 \\ 1 & -2 \end{bmatrix}, \quad S = \begin{bmatrix} 2 & 1 \\ 2 & -1 \end{bmatrix}$$

とおくと

$$A = S \begin{bmatrix} -1 & 0 \\ 0 & -3 \end{bmatrix} S^{-1}$$

である。したがって

$$e^{At} = \begin{bmatrix} 2 & 1 \\ 2 & -1 \end{bmatrix} \begin{bmatrix} e^{-t} & 0 \\ 0 & e^{-3t} \end{bmatrix} \begin{bmatrix} 2 & 1 \\ 2 & -1 \end{bmatrix}^{-1}$$

が得られる。式 (5.8) を導こう。式 (5.7) に対応する常微分方程式

$$\dot{\boldsymbol{x}} = A\boldsymbol{x}$$

に $A = S\Lambda S^{-1}$ を代入すると

$$\dot{\boldsymbol{x}} = S\Lambda S^{-1}\boldsymbol{x}$$

が得られるので

$$S^{-1}\dot{\boldsymbol{x}} = \Lambda S^{-1}\boldsymbol{x}$$

となる。ここで，新しい状態変数ベクトル $\boldsymbol{y} \triangleq S^{-1}\boldsymbol{x}$ を導入すると，上式は

$$\dot{\boldsymbol{y}} = \Lambda\boldsymbol{y}$$

となる。行列 Λ は対角行列なので，この常微分方程式の解は

$$\boldsymbol{y}(t) = e^{\Lambda t}\boldsymbol{y}(0)$$

である。これより

$$S^{-1}\boldsymbol{x}(t) = e^{\Lambda t}S^{-1}\boldsymbol{x}(0)$$

が得られるので，けっきょく

$$\boldsymbol{x}(t) = Se^{\Lambda t}S^{-1}\boldsymbol{x}(0)$$

となる。上式を式 (5.4) と比較すると，式 (5.8) が得られる。

上述のとおり，行列 A を対角化行列に変換できれば，e^{At} を計算することができる。対角化行列を求めることを，**対角化**（diagonalization）と呼ぶ。行列

$$A = \begin{bmatrix} -2 & 1 \\ 1 & -2 \end{bmatrix}$$

を対角化しよう。まず，固有値と固有ベクトルを求める。固有方程式

$$|\lambda I - A| = \begin{vmatrix} \lambda+2 & -1 \\ -1 & \lambda+2 \end{vmatrix} = \lambda^2 + 4\lambda + 3 = 0$$

を解くと，固有値 $\lambda = -1, -3$ を得る。連立方程式 $(\lambda I - A)\boldsymbol{x} = \boldsymbol{0}$ に固有値 $\lambda = -1$ を代入し，$\boldsymbol{0}$ でない解を求める。すると

$$\begin{bmatrix} -1+2 & -1 \\ -1 & -1+2 \end{bmatrix} \begin{bmatrix} 2 \\ 2 \end{bmatrix} = \begin{bmatrix} 0 \\ 0 \end{bmatrix}$$

であるので，$[2, 2]^{\mathrm{T}}$ は固有値 -1 に対応する固有ベクトルである。同様に

$$\begin{bmatrix} -3+2 & -1 \\ -1 & -3+2 \end{bmatrix} \begin{bmatrix} 1 \\ -1 \end{bmatrix} = \begin{bmatrix} 0 \\ 0 \end{bmatrix}$$

であるので，$[1, -1]^{\mathrm{T}}$ は固有値 -3 に対応する固有ベクトルである。固有ベクトルを横に並べて行列を構成すると

$$A \left[\begin{array}{c|c} 2 & 1 \\ 2 & -1 \end{array}\right] = \left[\begin{array}{c|c} 2 & 1 \\ 2 & -1 \end{array}\right] \begin{bmatrix} -1 & 0 \\ 0 & -3 \end{bmatrix}$$

が得られる。右辺の対角行列の成分は二つの固有値である。ここで

$$S = \begin{bmatrix} 2 & 1 \\ 2 & -1 \end{bmatrix}$$

とおくと

$$A = S \begin{bmatrix} -1 & 0 \\ 0 & -3 \end{bmatrix} S^{-1}$$

を得る。したがって

$$e^{At} = S \begin{bmatrix} e^{-t} & 0 \\ 0 & e^{-3t} \end{bmatrix} S^{-1} = \frac{1}{2} \begin{bmatrix} e^{-t}+e^{-3t} & e^{-t}-e^{-3t} \\ e^{-t}-e^{-3t} & e^{-t}+e^{-3t} \end{bmatrix}$$

である。対応する常微分方程式の解は

$$\begin{bmatrix} x_0(t) \\ x_1(t) \end{bmatrix} = e^{At} \begin{bmatrix} x_0(0) \\ x_1(0) \end{bmatrix}$$

すなわち

$$x_0(t) = \frac{1}{2}(e^{-t}+e^{-3t})x_0(0) + \frac{1}{2}(e^{-t}-e^{-3t})x_1(0)$$

$$x_1(t) = \frac{1}{2}(e^{-t} - e^{-3t})x_0(0) + \frac{1}{2}(e^{-t} + e^{-3t})x_1(0)$$

となる。行列 A の固有値が複素数である場合も，上記の方法で行列 A を対角化し状態遷移行列 e^{At} を計算することができる。

5.1.3　2 階の線形常微分方程式の解析解

2 階の線形常微分方程式は，標準形に変換して解析的に解くことができる。典型的な例に対して解析解を求めよう。

例 1（**過減衰**）　微分方程式

$$\ddot{x} + 3\dot{x} + 2x = 0$$

を解く。状態変数を $x_0 \triangleq x$ ならびに $x_1 \triangleq \dot{x}$ とおくと，微分方程式は

$$\dot{x}_0 = x_1$$

$$\dot{x}_1 = -2x_0 - 3x_1$$

となる。すなわち

$$\begin{bmatrix} \dot{x}_0 \\ \dot{x}_1 \end{bmatrix} = \begin{bmatrix} 0 & 1 \\ -2 & -3 \end{bmatrix} \begin{bmatrix} x_0 \\ x_1 \end{bmatrix} \triangleq A\boldsymbol{x}$$

である。係数行列 A を対角化すると

$$A = \begin{bmatrix} 1 & 1 \\ -1 & -2 \end{bmatrix} \begin{bmatrix} -1 & 0 \\ 0 & -2 \end{bmatrix} \begin{bmatrix} 1 & 1 \\ -1 & -2 \end{bmatrix}^{-1}$$

が得られる。したがって

$$\begin{aligned} e^{At} &= \begin{bmatrix} 1 & 1 \\ -1 & -2 \end{bmatrix} \begin{bmatrix} e^{-t} & 0 \\ 0 & e^{-2t} \end{bmatrix} \begin{bmatrix} 1 & 1 \\ -1 & -2 \end{bmatrix}^{-1} \\ &= \begin{bmatrix} 2e^{-t} - e^{-2t} & e^{-t} - e^{-2t} \\ -2e^{-t} + 2e^{-2t} & -e^{-t} + 2e^{-2t} \end{bmatrix} \end{aligned}$$

である。よって

$$\begin{aligned} x(t) &= (2e^{-t} - e^{-2t})x_0(0) + (e^{-t} - e^{-2t})x_1(0) \\ &= (2e^{-t} - e^{-2t})x(0) + (e^{-t} - e^{-2t})\dot{x}(0) \end{aligned}$$

が解である。これは**過減衰**（overdamping）に対応する。

例 2（**単振動**）　微分方程式

$$\ddot{x} + 4x = 0$$

を解く。状態変数を $x_0 \triangleq x$ ならびに $x_1 \triangleq \dot{x}$ とおくと，微分方程式は

$$\begin{bmatrix} \dot{x}_0 \\ \dot{x}_1 \end{bmatrix} = \begin{bmatrix} 0 & 1 \\ -4 & 0 \end{bmatrix} \begin{bmatrix} x_0 \\ x_1 \end{bmatrix} \triangleq A\boldsymbol{x}$$

となる。行列 A の固有値は $\lambda = 2i, -2i$ であり，対応する固有ベクトルは $[1,\ 2i]^{\mathrm{T}}$ と $[1,\ -2i]^{\mathrm{T}}$ である。したがって，行列 A を対角化すると

$$A = \begin{bmatrix} 1 & 1 \\ 2i & -2i \end{bmatrix} \begin{bmatrix} 2i & 0 \\ 0 & -2i \end{bmatrix} \begin{bmatrix} 1 & 1 \\ 2i & -2i \end{bmatrix}^{-1}$$

が得られる。したがって

$$\begin{aligned} e^{At} &= \begin{bmatrix} 1 & 1 \\ 2i & -2i \end{bmatrix} \begin{bmatrix} e^{2it} & 0 \\ 0 & e^{-2it} \end{bmatrix} \begin{bmatrix} 1 & 1 \\ 2i & -2i \end{bmatrix}^{-1} \\ &= \begin{bmatrix} e^{2it}/2 + e^{-2it}/2 & -e^{2it}/4 + e^{-2it}/4 \\ ie^{2it} - je^{-2it} & e^{2it}/2 + e^{-2it}/2 \end{bmatrix} \end{aligned}$$

である。よって

$$\begin{aligned} x(t) &= \left(\frac{1}{2}e^{2it} + \frac{1}{2}e^{-2it}\right)x(0) + \left(-\frac{1}{4}e^{2it} + \frac{1}{4}e^{-2it}\right)\dot{x}(0) \\ &= (\cos 2t)\, x(0) + \left(\frac{1}{2}\sin 2t\right)\dot{x}(0) \end{aligned}$$

が解である。これは**単振動**（simple harmonic oscillation）に対応する。

例 3（減衰振動）　微分方程式

$$\ddot{x} + 2\dot{x} + 4x = 0$$

を解く。状態変数を $x_0 \triangleq x$ ならびに $x_1 \triangleq \dot{x}$ とおくと，微分方程式は

$$\begin{bmatrix} \dot{x}_0 \\ \dot{x}_1 \end{bmatrix} = \begin{bmatrix} 0 & 1 \\ -4 & -2 \end{bmatrix} \begin{bmatrix} x_0 \\ x_1 \end{bmatrix} \triangleq A\boldsymbol{x}$$

となる。行列 A を対角化すると

$$A = S \begin{bmatrix} -1+\sqrt{3}i & 0 \\ 0 & -1-\sqrt{3}i \end{bmatrix} S^{-1}$$

$$S = \begin{bmatrix} 1 & 1 \\ -1+\sqrt{3}i & -1-\sqrt{3}i \end{bmatrix}$$

を得る。したがって

$$e^{At} = S \begin{bmatrix} e^{(-1+\sqrt{3}i)t} & 0 \\ 0 & e^{(-1-\sqrt{3}i)t} \end{bmatrix} S^{-1}$$

である。よって

$$\begin{aligned} x(t) &= \frac{1}{2\sqrt{3}i} \left\{ (1+\sqrt{3}i)e^{(-1+\sqrt{3}i)t} + (-1+\sqrt{3}i)e^{(-1-\sqrt{3}i)t} \right\} x(0) \\ &\quad + \frac{1}{2\sqrt{3}i} \left\{ e^{(-1+\sqrt{3}i)t} - e^{(-1-\sqrt{3}i)t} \right\} \dot{x}(0) \\ &= e^{-t} \left(\cos\sqrt{3}t + \frac{1}{\sqrt{3}} \sin\sqrt{3}t \right) x(0) + e^{-t} \left(\frac{1}{\sqrt{3}} \sin\sqrt{3}t \right) \dot{x}(0) \end{aligned}$$

が解である。これは**減衰振動**（damped oscillation）に対応する。

以上のように，2 階の線形微分方程式は，1 階の微分方程式に変換して解くことができる。行列 A の二つの固有値が実数のときも複素数のときも，解法は同じである。

5.1.4　入力を有する線形常微分方程式

状態変数 $x(t)$ に関する線形常微分方程式に入力 $f(t)$ を印加する。このときの微分方程式

$$\frac{\mathrm{d}x}{\mathrm{d}t} = ax + f(t) \tag{5.9}$$

の解は

$$x(t) = e^{at}x(0) + \int_0^t e^{a(t-\tau)}f(\tau)\,\mathrm{d}\tau \tag{5.10}$$

である。右辺第 2 項は，関数 e^{at} と $f(t)$ の**たたみ込み**（convolution）である。この項は，時刻 t における状態変数 $x(t)$ に，過去の入力の値 $f(\tau)$（$0 \leqq \tau \leqq t$）が影響していることを表す。その影響は重み $e^{a(t-\tau)}$ で与えられる。**図 5.2** に示すように，現在の時刻 t における重みは 1 であり，過去に遡るに従って重みは指数的に小さくなる。すなわち，現在の時刻から離れるに従って，過去の入力の影響が小さくなる。

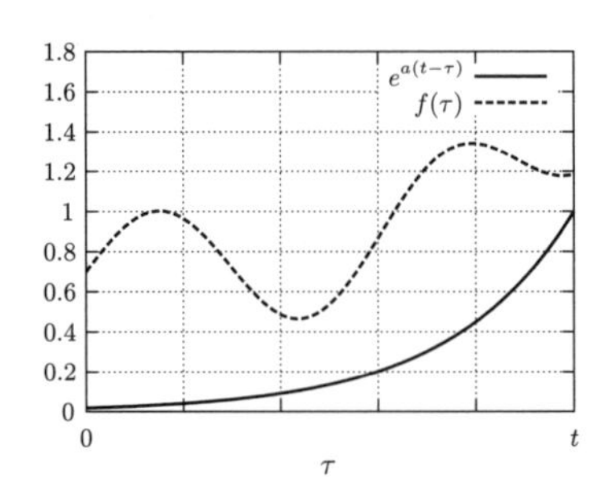

図 5.2　たたみ込みにおける重み関数 $e^{a(t-\tau)}$

例えば，速度に比例する粘性抵抗を受ける質点の自由落下を表す微分方程式

$$\frac{\mathrm{d}v}{\mathrm{d}t} = -cv + g \qquad (c,\ g \text{ は正の定数})$$

の解は

$$v(t) = e^{-ct}v(0) + \int_0^t e^{-c(t-\tau)}g\,\mathrm{d}\tau = e^{-ct}v(0) + \frac{g}{c}\left(1 - e^{-ct}\right)$$

と求められる。時刻 t が十分大きいとき，状態変数 $v(t)$ の値は終端速度 g/c に収束する。

状態変数ベクトル $\boldsymbol{x}(t)$ に関する線形常微分方程式に，入力ベクトル $\boldsymbol{f}(t)$ を印加する。このときの常微分方程式

$$\frac{\mathrm{d}\boldsymbol{x}}{\mathrm{d}t} = A\boldsymbol{x} + \boldsymbol{f}(t) \tag{5.11}$$

の解は，状態遷移行列 e^{At} を用いて

$$\boldsymbol{x}(t) = e^{At}\boldsymbol{x}(0) + \int_0^t e^{A(t-\tau)}\boldsymbol{f}(\tau)\,\mathrm{d}\tau$$

と表すことができる。

5.1.5　固有値が重根の場合の状態遷移行列

5.1.2 項で述べた状態遷移行列の計算では，行列 A の固有値がすべて単根であることを前提としていた。行列 A の固有値が重根を含む場合に，状態遷移行列を計算しよう。

微分方程式

$$\begin{bmatrix} \dot{x}_0 \\ \dot{x}_1 \end{bmatrix} = \begin{bmatrix} -2 & -5 \\ 0 & -2 \end{bmatrix} \begin{bmatrix} x_0 \\ x_1 \end{bmatrix} \triangleq U\boldsymbol{x}$$

を解く。行列 U の固有値は重根であるので，行列 U は対角化できない。上の微分方程式は

$$\dot{x}_0 = -2x_0 - 5x_1$$

$$\dot{x}_1 = -2x_1$$

である。第 2 式を解くと

$$x_1(t) = e^{-2t}x_1(0)$$

を得る。これを第 1 式に代入すると

$$\dot{x}_0 = -2x_0 - 5e^{-2t}x_1(0)$$

である。右辺の第2項は入力と見なせるので，上式を解くと

$$x_0(t) = e^{-2t}x_0(0) + \int_0^t e^{-2(t-\tau)}\left\{-5e^{-2\tau}x_1(0)\right\}\mathrm{d}\tau$$
$$= e^{-2t}x_0(0) + (-5)te^{-2t}x_1(0)$$

を得る。まとめると

$$\begin{bmatrix} x_0(t) \\ x_1(t) \end{bmatrix} = \begin{bmatrix} e^{-2t} & (-5)te^{-2t} \\ 0 & e^{-2t} \end{bmatrix} \begin{bmatrix} x_0(0) \\ x_1(0) \end{bmatrix}$$

であるので

$$e^{Ut} = \begin{bmatrix} e^{-2t} & (-5)te^{-2t} \\ 0 & e^{-2t} \end{bmatrix}$$

が得られる。

例4（**臨界減衰**）　上記の結果を用いて，2階の線形常微分方程式

$$\ddot{x} + 4\dot{x} + 4x = 0$$

を解く。状態変数を $x_0 \triangleq x$ ならびに $x_1 \triangleq \dot{x}$ とおくと，微分方程式は

$$\begin{bmatrix} \dot{x}_0 \\ \dot{x}_1 \end{bmatrix} = \begin{bmatrix} 0 & 1 \\ -4 & -4 \end{bmatrix} \begin{bmatrix} x_0 \\ x_1 \end{bmatrix} \triangleq A\boldsymbol{x}$$

となる。状態遷移行列 A の固有値 (-2) は重根であり，固有ベクトルは $[-1,\ 2]^{\mathrm{T}}$ のみである。そこで，固有ベクトルに直交する別のベクトル $[2,\ 1]^{\mathrm{T}}$ を考える。状態遷移行列 A と二つのベクトルの積を計算すると

$$A\begin{bmatrix} -1 \\ 2 \end{bmatrix} = (-2)\begin{bmatrix} -1 \\ 2 \end{bmatrix}$$
$$A\begin{bmatrix} 2 \\ 1 \end{bmatrix} = (-5)\begin{bmatrix} -1 \\ 2 \end{bmatrix} + (-2)\begin{bmatrix} 2 \\ 1 \end{bmatrix}$$

を得る。まとめると

$$A\left[\begin{array}{c|c} -1 & 2 \\ 2 & 1 \end{array}\right] = \left[\begin{array}{c|c} -1 & 2 \\ 2 & 1 \end{array}\right]\left[\begin{array}{cc} -2 & -5 \\ 0 & -2 \end{array}\right] \triangleq SU$$

である。したがって

$$A = SUS^{-1}$$

となる。上記の結果を使うと

$$\begin{aligned} e^{At} &= Se^{Ut}S^{-1} = S\left[\begin{array}{cc} e^{-2t} & (-5)te^{-2t} \\ 0 & e^{-2t} \end{array}\right]S^{-1} \\ &= \left[\begin{array}{cc} e^{-2t} + 2te^{-2t} & te^{-2t} \\ -4te^{-2t} & e^{-2t} - 2te^{-2t} \end{array}\right] \end{aligned}$$

を得る。よって

$$x(t) = (e^{-2t} + 2te^{-2t})x(0) + (te^{-2t})\dot{x}(0)$$

が解である。これは**臨界減衰**（critical damping）に対応する。

5.2 複　　素　　数

前節で述べたように，2 階の線形常微分方程式の解析解では，複素数の指数関数が現れる。本節では，複素数とその指数関数の意味を述べる。

5.2.1 複　素　平　面

実数とは，ある方向への量とその逆方向への量を，まとめて表すための数である。すべての実数は，実数直線上に表すことができる。このとき，実数は，原点からの移動を表すと見なすことができる。例えば，(+3) は，原点から + 方向へ距離 3 の移動を表す。(−5) は，原点から − 方向へ距離 5 の移動を表す。加算は，移動を続けて行った結果を意味する。例えば，$(+3)+(-5)=(-2)$ は，原点から移動 $(+3)$ と移動 (-5) を続けて行うと，(-2) に対応する位置に到達することを表す。

つぎに，実数 (-1) を掛けるという演算が，どのような操作に対応するかを考える。**図 5.3** (a) のように，点 A の位置を $(+a)$，点 B の位置を $(-a)$ で表す。$(+a)\times(-1)=(-a)$ は，実数 (-1) を掛けることにより，点 A が点 B に移ることを意味する。$(-a)\times(-1)=(+a)$ は，実数 (-1) を掛けることにより，点 B が点 A に移ることを意味する。点 A を点 B に移す操作，点 B を点 A に移す操作は，原点まわりを中心とする角度 π の回転に相当する。したがって，実数 (-1) を掛けるという演算は，角度 π の回転に対応する。演算 $\times(-1)\times(-1)$ は，角度 π の回転を 2 回行うことを意味する。すなわち，原点を中心とする角度 2π の回転であり，演算 $\times 1$ に相当する。

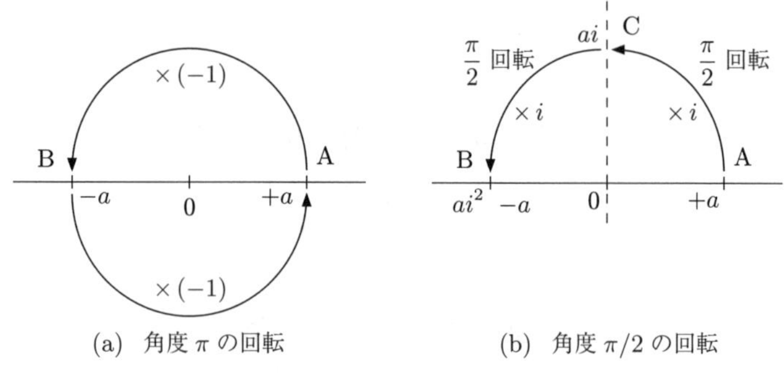

(a)　角度 π の回転　　(b)　角度 $\pi/2$ の回転

図 5.3　原点まわりの回転

実数は，実数直線上の点で表された。つぎに，平面上の点を数で表そう。まず，原点を中心とする角度 $\pi/2$ の回転を，数 i で表す。すなわち，数 i を掛けるという操作を，角度 $\pi/2$ の回転に対応させる。図 5.3 (b) に示すように，点 A を角度 $\pi/2$ だけ回転させた点 C は，数 $a\times i=ai$ に相当する。点 C を角度 $\pi/2$ だけ回転させた点は，数 $ai\times i=ai^2$ に相当する。この点は，点 B に一致しなければならない。点 B は，数 $(-a)$ に相当する。したがって

$$i^2=-1 \tag{5.12}$$

である。数 i を，虚数単位と呼ぶ。数 $+i$, $+2i$, $+3i$, $\cdots$ ならびに $-i$, $-2i$, $-3i$, $\cdots$ は，**図 5.4** に示すように実数直線に垂直な直線上にある。実数直線を実数軸，それに垂直な直線を虚数軸と呼ぶ。数 $+i$, $+2i$, $+3i$, $\cdots$ ならびに $-i$, $-2i$, $-3i$, $\cdots$ は，原点から虚数軸方向への移動を表すと見なすことができる。平面内の任意の点には，原点から実数軸方向に移動し，続けて虚数軸方向への移動を行うことにより，到達することができる。例えば，図中の点 D には，実数軸に沿って $(+3)$，虚数軸に沿って $(-2i)$ の移動を行うことにより到達できる。そこで，点 D に数 $(+3-2i)$ を対応させる。このように，平面内の任意の点には，数 $x+yi$ を対応させることができる。これを複素数と呼ぶ。

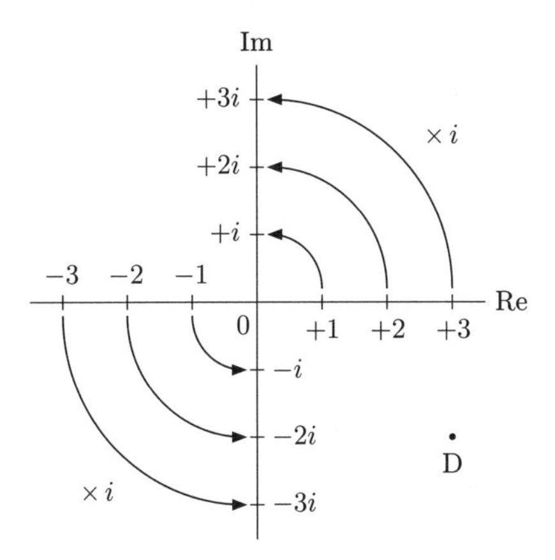

図 5.4　複素数（Re は実数軸，Im は虚数軸を表す）

5.2.2　回転を表す複素数

角度 π, $\pi/2$ の回転は，それぞれ (-1), i を掛けることに相当した。それでは，任意の角度 t の回転は，どのような演算に相当するのであろうか。**図 5.5** に示すように，実数 r を角度 t だけ回転させる。到達した点を P，それに対応する複素数を α で表す。点 P は，原点から実数軸方向に $r\cos t$，虚数軸方向に $r\sin t$ だけ移動した結果と一致する。したがって

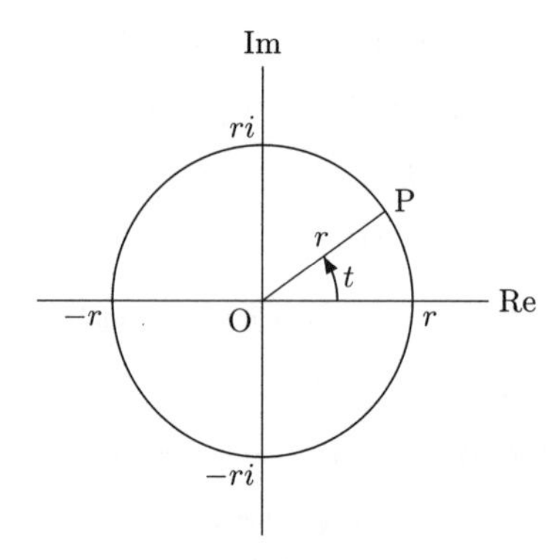

図 5.5　原点まわりの回転を表す複素数

$$
\begin{aligned}
\alpha &= r\cos t + ir\sin t \\
&= r(\cos t + i\sin t)
\end{aligned}
$$

である。ここで

$$e(t) = \cos t + i\sin t$$

と定義すると，数 α は，r に複素数 $e(t)$ を掛けた結果に等しい。数 α は，実数 r を角度 t だけ回転させた結果であるので，複素数 $e(t)$ が，角度 t の回転を表すことがわかる。

つぎに，回転を表す複素数 $e(t)$ を t の関数と見なし，その関数形を導こう。そのために，関数 $e(t)$ が満たす微分方程式を求める。関数 $e(t)$ を微分すると

$$
\begin{aligned}
\frac{\mathrm{d}e(t)}{\mathrm{d}t} &= -\sin t + i\cos t \\
&= i(\cos t + i\sin t) \\
&= ie(t)
\end{aligned}
$$

が得られる。また，$e(0) = 1$ である。よって，関数 $e(t)$ は微分方程式

$$\frac{\mathrm{d}e}{\mathrm{d}t} = ie \quad \text{ただし} \quad e(0) = 1$$

を満たす。これは，変数 $e(t)$ に関する1階の線形常微分方程式であるので，その解は

$$e(t) = e^{it}e(0) = e^{it}$$

である。したがって

$$e^{it} = \cos t + i \sin t \tag{5.13}$$

が得られる。この式は，**図 5.6** に示すように，絶対値1で偏角 t の複素数が e^{it} であることを表す。一般に，絶対値 r で偏角 t の複素数を α とすると

$$\alpha = re^{it}$$

と表すことができる。これを極座標表現と呼ぶ。

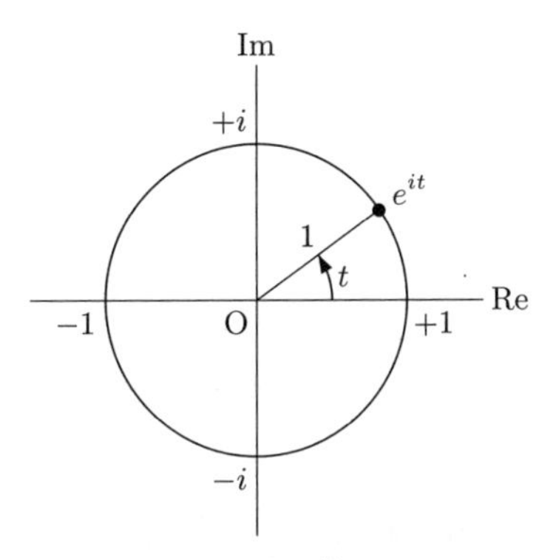

図 5.6　関数 e^{it} の軌跡

式 (5.13) は，以下のように解釈できる。まず，変数 t を時刻と見なし，関数 e^{it} が運動している質点の位置を表すと見なす。時間微分して速度を求めると

$$\frac{\mathrm{d}e^{it}}{\mathrm{d}t} = ie^{it}$$

となる。虚数 i を掛けるという演算は，$\pi/2$ の回転を表す。したがって，上式は，速度 $\mathrm{d}e^{it}/\mathrm{d}t$ が位置 e^{it} に垂直であることを表す。速度が位置に垂直な運動

は，円運動である。したがって，関数 e^{it} は，反時計回りの円軌道を描く。また，$t=0$ のとき $e^{it}=1$ である。これより，関数 e^{it} は，中心が原点で半径 1 の円上を，1 を開始点として反時計回りに動くことがわかる。複素数 e^{it} の絶対値は軌道円の半径に一致し，時刻にかかわらず 1 である。したがって，速度の大きさは

$$\left|\frac{\mathrm{d}e^{it}}{\mathrm{d}t}\right| = |e^{it}| = 1$$

である。すなわち，質点は，円周上を一定の速さ 1 で移動する。結果として，時刻 t において，質点は 1 から円周に沿って距離 t の位置にいる。これは，偏角が t であることを意味する。けっきょく，関数 e^{it} は，大きさ 1，偏角 t の複素数に一致する。

5.2.3　複素数の指数関数

複素数 $a+i\omega$ に対し，指数関数 $e^{(a+i\omega)t}$ の挙動を調べよう。指数関数の性質より

$$e^{(a+i\omega)t} = e^{at}e^{i\omega t}$$

と書くことができるので，e^{at} と $e^{i\omega t}$ の挙動を調べ，その結果を合成すればよい。5.1.1 項で述べたように，e^{at} は，$a>0$ のとき単調に増加し発散する関数，$a<0$ のとき単調に減少し 0 に収束する関数，$a=0$ のとき一定の値 1 をとる関数となる。一方，$e^{i\omega t}=\cos\omega t+i\sin\omega t$ であるので，関数 $e^{i\omega t}$ の実部は角周波数が ω で与えられる余弦関数となる。したがって，複素数 $a+i\omega$ に対して指数関数 $e^{(a+i\omega)t}$ の実部を描くと，**図 5.7** を得る。図からわかるように，複素数 $z=a+i\omega$ の実部 a の値が負のとき，指数関数 e^{zt} は 0 に収束する。実部の値が正のとき，指数関数 e^{zt} は発散する。

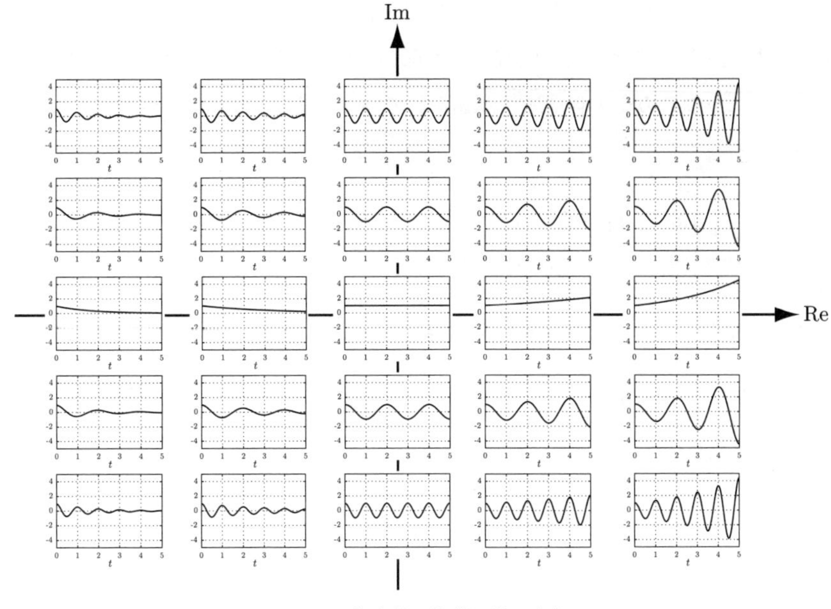

図 **5.7**　複素数の指数関数の実部

5.3　線形システムの安定性

これまでの議論より，線形常微分方程式 (5.3) の解が安定か否かは，係数行列 A の固有値によって定まることがわかる。係数行列 A の固有値は，行列 A の固有方程式 $\det(\lambda I - A) = 0$ の解である。すべての固有値の実部が負のとき，線形常微分方程式は**漸近安定**（asymptotically stable）（7.1 節参照）である。実部が正の固有値がある場合，線形常微分方程式は**不安定**（unstable）である。また，いくつかの固有値の実部が 0 で，それ以外の固有値の実部が負である場合，線形常微分方程式の解は振動的になる。すなわち，安定であるが漸近安定ではない。

係数行列 A の次数を n とし，係数行列 A の固有多項式を

$$\phi(\lambda) = a_0\lambda^n + a_1\lambda^{n-1} + \cdots + a_{n-1}\lambda + a_n$$

で表す。ここで，$a_0 > 0$ と仮定する。固有方程式 $\phi(\lambda) = 0$ の解が固有値である。固有方程式を解くことなく，固有値の実部がすべて負であるか否かを判定する手法として，**ラウスの安定判別法**[6] が知られている。まず，係数 $a_0, a_1, \cdots, a_{n-1}, a_n$ をつぎのように並べる。

$$
\begin{array}{c|ccccc}
s^n & a_0 & a_2 & a_4 & a_6 & \cdots \\
s^{n-1} & a_1 & a_3 & a_5 & a_7 & \cdots
\end{array}
$$

つぎに，s^{n-2} に対応する行の値を計算する。

$$
\begin{array}{c|ccccc}
s^n & a_0 & a_2 & a_4 & a_6 & \cdots \\
s^{n-1} & a_1 & a_3 & a_5 & a_7 & \cdots \\
s^{n-2} & b_2 & b_4 & b_6 & b_8 & \cdots
\end{array}
$$

ここで

$$
b_2 = -\frac{1}{a_1}\begin{vmatrix} a_0 & a_2 \\ a_1 & a_3 \end{vmatrix}, \quad b_4 = -\frac{1}{a_1}\begin{vmatrix} a_0 & a_4 \\ a_1 & a_5 \end{vmatrix}, \quad b_6 = -\frac{1}{a_1}\begin{vmatrix} a_0 & a_6 \\ a_1 & a_7 \end{vmatrix}, \cdots
$$

である。つぎに，s^{n-3} に対応する行の値を計算する。

$$
\begin{array}{c|ccccc}
s^n & a_0 & a_2 & a_4 & a_6 & \cdots \\
s^{n-1} & a_1 & a_3 & a_5 & a_7 & \cdots \\
s^{n-2} & b_2 & b_4 & b_6 & b_8 & \cdots \\
s^{n-3} & b_3 & b_5 & b_7 & b_9 & \cdots
\end{array}
$$

ここで

$$
b_3 = -\frac{1}{b_2}\begin{vmatrix} a_1 & a_3 \\ b_2 & b_4 \end{vmatrix}, \quad b_5 = -\frac{1}{b_2}\begin{vmatrix} a_1 & a_5 \\ b_2 & b_6 \end{vmatrix}, \quad b_7 = -\frac{1}{b_2}\begin{vmatrix} a_1 & a_7 \\ b_2 & b_8 \end{vmatrix}, \cdots
$$

である。つぎに，s^{n-4} と s^{n-5} に対応する行の値を同様に計算する。

$$
\begin{array}{c|ccccc}
s^n & a_0 & a_2 & a_4 & a_6 & \cdots \\
s^{n-1} & a_1 & a_3 & a_5 & a_7 & \cdots \\
s^{n-2} & b_2 & b_4 & b_6 & b_8 & \cdots \\
s^{n-3} & b_3 & b_5 & b_7 & b_9 & \cdots \\
s^{n-4} & c_4 & c_6 & c_8 & c_{10} & \cdots \\
s^{n-5} & c_5 & c_7 & c_9 & c_{11} & \cdots
\end{array}
$$

ここで

$$
c_4 = -\frac{1}{b_3}\begin{vmatrix} b_2 & b_4 \\ b_3 & b_5 \end{vmatrix}, \quad c_6 = -\frac{1}{b_3}\begin{vmatrix} b_2 & b_6 \\ b_3 & b_7 \end{vmatrix}, \quad \cdots
$$

$$
c_5 = -\frac{1}{c_4}\begin{vmatrix} b_3 & b_5 \\ c_4 & c_6 \end{vmatrix}, \quad c_7 = -\frac{1}{c_4}\begin{vmatrix} b_3 & b_7 \\ c_4 & c_8 \end{vmatrix}, \quad \cdots
$$

である。以上の計算を $s^0 = 1$ に対応する行が得られるまで続ける。得られた表の第 1 列の要素 $a_0, a_1, b_2, b_3, c_4, c_5, \cdots$ の値がすべて正であるとき，固有方程式 $\phi(\lambda) = 0$ の解の実部はすべて負である。

例 5（PD 制御の安定性）　係数行列が

$$
A = \begin{bmatrix} & 1 \\ -K_\mathrm{p} & -K_\mathrm{d} \end{bmatrix}
$$

で与えられるとき，固有多項式は $\lambda^2 + K_\mathrm{d}\lambda + K_\mathrm{p}$ である。ラウスの表を作成すると

$$
\begin{array}{c|cc}
s^2 & 1 & K_\mathrm{p} \\
s^1 & K_\mathrm{d} & 0 \\
s^0 & K_\mathrm{p} &
\end{array}
$$

となる。したがって，漸近安定であるための条件は

$$
K_\mathrm{d} > 0, \quad K_\mathrm{p} > 0
$$

である。

例 6（PID 制御の安定性）　係数行列が

$$A = \begin{bmatrix} & 1 & \\ & & 1 \\ -K_\mathrm{i} & -K_\mathrm{p} & -K_\mathrm{d} \end{bmatrix}$$

で与えられるとき，固有多項式は $\lambda^3 + K_\mathrm{d}\lambda^2 + K_\mathrm{p}\lambda + K_\mathrm{i}$ である。ラウスの表を作成すると

$$\begin{array}{c|cc} s^3 & 1 & K_\mathrm{p} \\ s^2 & K_\mathrm{d} & K_\mathrm{i} \\ s^1 & (K_\mathrm{p}K_\mathrm{d} - K_\mathrm{i})/K_\mathrm{d} & \\ s^0 & K_\mathrm{i} & \end{array}$$

となる。したがって，漸近安定であるための条件は

$$K_\mathrm{d} > 0, \quad K_\mathrm{i} < K_\mathrm{p}K_\mathrm{d}, \quad K_\mathrm{i} > 0$$

である。

章　末　問　題

【1】 微分方程式 (5.9) の解が式 (5.10) で表されることを示せ。

【2】 (1) 微分方程式 $\dot{x} = ax$ の解は，式 (5.2) のように $x(t) = e^{at}x(0)$ である。指数部 at は時不変の係数 a の時間積分で，時刻 0 のとき値が 0 となる。時変の係数を有する微分方程式

$$\dot{x} = a(t)\,x$$

の解を求めよう。時不変の微分方程式の解から類推して，時変の係数 $a(t)$ の時間積分で，時刻 0 のとき値が 0 となる関数を $\alpha(t)$ で表す。すなわち

$$\alpha(t) = \int_0^t a(t)\,\mathrm{d}t$$

とする。このとき，微分方程式 $\dot{x} = a(t)\,x$ の解が

$$x(t) = e^{\alpha(t)}x(0) \tag{5.14}$$

で与えられることを示せ。

(2)　微分方程式 (5.9) の解は式 (5.10) で表される。解の第 1 項の指数部は at である。解の第 2 項は，指数関数と入力 $f(t)$ のたたみ込みを表しており，指数部は $a(t-\tau) = at - a\tau$ で与えられている。時変の係数を有する微分方程式

$$\dot{x} = a(t)\,x + f(t)$$

の解を求めよう。上記の設問 (1) の結果から類推して，解の第 1 項の指数部を $\alpha(t)$ で，解の第 2 項の指数部を $\alpha(t) - \alpha(\tau)$ で置き換える。すなわち

$$x(t) = e^{\alpha(t)}x(0) + \int_0^t e^{\alpha(t)-\alpha(\tau)}f(\tau)\,\mathrm{d}\tau \tag{5.15}$$

とする。上式が微分方程式 $\dot{x} = a(t)\,x + f(t)$ の解であることを示せ。

【3】　複素数 z_1 と z_2 が直交するとは，複素平面の原点と z_1 を結ぶ直線と，原点と z_2 を結ぶ直線が直交することである。以下の問に答えよ。

(1)　複素数 z_1 と z_2 が直交するとき

$$z_2 = i\omega z_1$$

を満たす実数 ω が存在することを示せ。

(2)　時間 t に依存する複素数 $z(t)$ とその時間微分 $\dot{z}(t)$ が直交するとき，$z(t)$ が複素平面の原点を中心とする円軌道上を動くことを示せ。

【4】　多項式

$$\phi(\lambda) = a_0\lambda^n + a_1\lambda^{n-1} + \cdots + a_{n-1}\lambda + a_n \quad ただし \quad a_0 > 0$$

において，方程式 $\phi(\lambda) = 0$ の解の実部がすべて負のとき，係数 a_0, a_1, $\cdots$, a_{n-1}, a_n の値がすべて正であることを示せ。

【5】　3 次の多項式 $D(s) = a_0s^3 + a_1s^2 + a_2s + a_3$（$a_0 > 0$）に対してラウスの表を構成すると，以下を得る。

s^3	a_0	a_2
s^2	a_1	a_3
s^1	b_0	
s^0	b_1	

ただし $b_0 = a_2 - a_0 a_3/a_1$，$b_1 = a_3$ である。ここで，$A_3(s) = a_0 s^3 + a_2 s$，$A_2(s) = a_1 s^2 + a_3$，$A_1(s) = b_0 s$，$A_0(s) = b_1$ と定義し，$D_3(s) = A_3(s) + A_2(s)$，$D_2(s) = A_2(s) + A_1(s)$，$D_1(s) = A_1(s) + A_0(s)$ とおく。以下の問に答えよ。

(1)　$F_3(s, \alpha) = D_3(s) - \alpha s A_2(s)$ と定義する。$F_3(s, 0) = D_3(s)$ ならびに $F_3(s, a_0/a_1) = D_2(s)$ を示せ。

(2)　方程式 $D_3(s) = 0$ が虚数解 $i\omega$ を有するとき，その解が $F_3(s, \alpha) = 0$ の解であること，その解が $D_2(s) = 0$ の解であることを示せ。

(3)　パラメータ α の値を 0 から a_0/a_1 へ変化させるとき，$D_3(s) = 0$ の安定解の一つが $-\infty$ に発散するか，$D_3(s) = 0$ の不安定解の一つが ∞ に発散するかのいずれかが生じることを示せ。

(4)　$D_3(s) = 0$ の解がすべて安定であるためには，$D_2(s) = 0$ の解がすべて安定であり，かつ a_0, $a_1 > 0$ を満たす必要があることを示せ。さらに，$D_2(s) = 0$，$D_1(s) = 0$ の解がすべて安定であるという条件より，ラウスの安定条件を導け。

6 変分原理をもとにしたモデリング

変分原理には静力学のものと動力学のものがある。本章では，これらの変分原理をもとにして，リンク機構やビーム，剛体の回転をモデリングする[7)~9)]。

6.1 静力学の変分原理

静力学の変分原理（variational principle in statics）は，系が安定状態にあるとき，かつそのときに限り，幾何学的に可能な任意の仮想変位に対して内部エネルギーの変分が0であると主張する。この原理は，系が安定状態にあるとき，系の内部エネルギーは最小であることを意味している。

図2.1の単振り子を例として，静力学の変分原理を説明しよう。単振り子は，支点Cで支えられており，質量は振り子の先端に集中している。振り子の長さをl，質量をmで表す。振り子の角度をθで表す。支点Cまわりのトルクτが単振り子に作用しているとする。系のポテンシャルエネルギーをP，外トルクがなす仕事をWで表す。これらは

$$P = mgl(1 - \cos\theta), \qquad W = \tau\theta$$

と表される。静力学の変分原理によると，振り子が安定状態にあるとき，**内部エネルギー**（internal energy）$I = P - W$は最小でなくてはならない。したがって，つぎの最小化問題を得る。

$$\text{minimize} \quad I(\theta) = mgl(1 - \cos\theta) - \tau\theta \tag{6.1}$$

関数$I(\theta)$の最小値を求めるためには，方程式

$$\frac{\mathrm{d}I}{\mathrm{d}\theta} = mgl\sin\theta - \tau = 0$$

を解けばよい。これより

$$\tau - mgl\sin\theta = 0 \tag{6.2}$$

を得る。この式は，トルク τ と，重力により支点 C まわりに作用するモーメントとがつり合っていることを表す。

内部エネルギーの変分を計算すると

$$\delta I = \delta P - \delta W = mgl\sin\theta\delta\theta - \tau\delta\theta = (mgl\sin\theta - \tau)\,\delta\theta$$

を得る。静力学の変分原理によると，系が安定状態にあるとき，任意の仮想変位 $\delta\theta$ に対して内部エネルギーの変分 δI が 0 でなくてはならない。このことからも式 (6.2) が得られる。

単振り子の運動を直交座標系 O-xy で定式化しよう。質点 m の位置ベクトルを $\boldsymbol{x} = [\,x,\, y\,]^{\mathrm{T}}$ とし，外力 $\boldsymbol{f} = [\,f_x,\, f_y\,]^{\mathrm{T}}$ が単振り子の質点に作用しているとする。ポテンシャルエネルギー P ならびに外力がなす仕事 W は

$$P = mgy, \qquad W = \boldsymbol{f}^{\mathrm{T}}\boldsymbol{x} = f_x x + f_y y$$

と表される。位置ベクトルの成分 x, y は独立ではなく，制約

$$R(x,y) = \left\{x^2 + (y-l)^2\right\}^{\frac{1}{2}} - l = 0 \tag{6.3}$$

を満たさなくてはならない。この制約のもとで，安定状態において内部エネルギー $I = P - W$ は最小となる。したがって，制約付き最小化問題

$$\begin{aligned} &\text{minimize} \quad I(x,y) = mgy - f_x x - f_y y \\ &\text{subject to} \quad R(x,y) = 0 \end{aligned}$$

が得られる。ラグランジュの未定乗数 λ を導入し，上記の制約付き最小化問題を制約なしの最小化問題に変換する。

$$\text{minimize} \quad J(x, y, \lambda) = I(x, y) - \lambda\, R(x, y) \tag{6.4}$$

関数 $J(x, y, \lambda)$ の最小値を計算するためには

$$\begin{aligned}
\frac{\partial J}{\partial x} &= -f_x - \lambda\, xP(x, y) = 0, \\
\frac{\partial J}{\partial y} &= mg - f_y - \lambda\, (y - l)P(x, y) = 0, \\
\frac{\partial J}{\partial \lambda} &= \left\{x^2 + (y - l)^2\right\}^{\frac{1}{2}} - l = 0
\end{aligned} \tag{6.5}$$

を解けばよい。ここで，$P(x, y) = \left\{x^2 + (y - l)^2\right\}^{-1/2}$ である。上式より

$$f_x(l - y) + f_y x - mgx = 0 \tag{6.6}$$

を得る。この式は，外力 $\boldsymbol{f}$ による支点 C まわりのモーメントと，重力による C まわりのモーメントとがつり合っていることを意味する。したがって，式 (6.6) は式 (6.2) と等価である。

関数 $J(x, y, \lambda)$ を書き換えると

$$J = P - \{\tau\theta + \lambda\, R(x, y)\}$$

を得る。量 R は長さの次元を持つので，ラグランジュの未定乗数 λ は力の次元を持つ。上式より，λ は，質点 m を円 $R(x, y) = 0$ 上に制約するための力を表していると考えられる。このような力を**制約力**（constraint force）と呼ぶ。制約力は制約の法線方向に作用する。制約 R の値は円の外側で正，内側で負である。したがって，λ は制約 $R(x, y) = 0$ に対応する外向き制約力の大きさを表す。

内部エネルギーの変分を座標系 O-xy で計算すると

$$\delta I = \delta P - \delta W = mg\delta y - f_x\delta x - f_y\delta y$$

となる。制約 $R(x, y) = 0$ の変分より，幾何学的に可能な仮想変位に関する条件を得る。制約の変分を計算すると

$$\delta R(x,y) = \frac{\partial R}{\partial x}\delta x + \frac{\partial R}{\partial y}\delta y = xP(x,y)\delta x + (y-l)P(x,y)\delta y$$

を得る。静力学の変分原理によると，系が安定状態にあるとき，$\delta R(x,y)=0$ を満たす任意の変分 δx ならびに δy に対して変分 δI の値は 0 である。仮想変位 δy を消去すると

$$\delta I = \left\{-f_x - \frac{x}{y-l}(mg - f_y)\right\}\delta x$$

となる。任意の δx に対して変分 δI の値は 0 でなくてはならない。これにより，式 (6.6) が得られる。また，制約 $\delta R(x,y)=0$ を有する変分問題 $\delta I = 0$ は，任意の変分 δx ならびに δy に対して変分 $\delta I - \lambda\delta R$ が 0 になるという変分問題に変換できる。ここで，λ はラグランジュの未定乗数である。変分を計算すると

$$\delta I - \lambda\delta R = \{-f_x - \lambda xP(x,y)\}\delta x + \{mg - f_y - \lambda(y-l)P(x,y)\}\delta y$$

である。単振り子が安定状態にあるときには，任意の仮想変位 δx ならびに δy に対して変分 $\delta I - \lambda\delta R$ の値は 0 でなくてはならない。これにより，式 (6.5) ならびに式 (6.6) を得る。

6.2　動力学の変分原理

動力学の変分原理（variational principle in dynamics）は，任意の仮想変位に対して作用積分が 0 になるとき，かつそのときに限り，ホロノミックな系の運動が自然であると主張する。ここで，系の運動は，二つの時刻で定められた配位を結び，幾何学的に可能な運動を対象とする。この原理は，ラグランジュの運動方程式と等価である。

図 2.1 の単振り子を例として，動力学の変分原理を説明しよう。時刻 t において，単振り子には，支点 C まわりにトルク τ が加えられると仮定する。時刻 t における振り子の角度を $\theta(t)$ で表す。系の運動エネルギーを K，ポテンシャルエネルギーを P，トルクによりなされる仕事を W で表す。単振り子の支点

C まわりの慣性モーメントは ml^2 である。エネルギー K と P，仕事 W は

$$K = \frac{1}{2}(ml^2)\dot{\theta}^2, \qquad P = mgl(l - \cos\theta), \qquad W = \tau\theta$$

と表される。系の**ラグランジアン**（Lagrangian）は $\mathcal{L} = K - P + W$ と表される。したがって，単振り子のラグランジアンは

$$\mathcal{L}(\theta, \dot{\theta}) = \frac{1}{2}(ml^2)\dot{\theta}^2 - mgl(l - \cos\theta) + \tau\theta$$

となる。ここで

$$\frac{\partial \mathcal{L}}{\partial \theta} = -mgl\sin\theta + \tau, \qquad \frac{\partial \mathcal{L}}{\partial \dot{\theta}} = (ml^2)\dot{\theta}$$

に注意すると，単振り子の**ラグランジュの運動方程式**（Lagrange equation of motion）

$$\frac{\partial \mathcal{L}}{\partial \theta} - \frac{\mathrm{d}}{\mathrm{d}t}\frac{\partial \mathcal{L}}{\partial \dot{\theta}} = -mgl\sin\theta + \tau - (ml^2)\ddot{\theta} = 0 \tag{6.7}$$

が得られる。この方程式より

$$(ml^2)\ddot{\theta} = \tau - mgl\sin\theta \tag{6.8}$$

を得る。支点 C まわりに作用するトルクの総和は，$\tau - mgl\sin\theta$ に一致する。けっきょく，上式は単振り子の回転に関する運動方程式と等価である。

動力学の変分原理によると，任意の幾何学的に可能な変位に対して，作用積分の変分が 0 になる。作用積分の変分

$$\text{V.I.} = \int_{t_1}^{t_2} \delta\mathcal{L}\,\mathrm{d}t \tag{6.9}$$

を計算しよう。ラグランジアンの変分を計算すると

$$\begin{aligned}
\delta\mathcal{L} &= \frac{1}{2}ml^2\,\delta(\dot{\theta}^2) - mgl\,\delta(l - \cos\theta) + \tau\,\delta\theta \\
&= ml^2\dot{\theta}\,\delta(\dot{\theta}) - mgl\sin\theta\,\delta\theta + \tau\,\delta\theta \\
&= ml^2\dot{\theta}\,\frac{\mathrm{d}}{\mathrm{d}t}\delta\theta + (-mgl\sin\theta + \tau)\,\delta\theta
\end{aligned}$$

である。時刻 $t = t_1$ ならびに $t = t_2$ では，変分 $\delta\theta$ の値が 0 でなくてはならないので

$$\int_{t_1}^{t_2} ml^2\dot{\theta}\,\frac{\mathrm{d}}{\mathrm{d}t}\delta\theta\,\mathrm{d}t = \Big[ml^2\dot{\theta}\,\delta\theta\Big]_{t=t_0}^{t=t_1} - \int_{t_1}^{t_2} ml^2\ddot{\theta}\,\delta\theta\,\mathrm{d}t$$
$$= -\int_{t_1}^{t_2} ml^2\ddot{\theta}\,\delta\theta\,\mathrm{d}t$$

である。したがって

$$\mathrm{V.I.} = \int_{t_1}^{t_2} \Big\{-ml^2\ddot{\theta} - mgl\sin\theta + \tau\Big\}\,\delta\theta\,\mathrm{d}t \tag{6.10}$$

が得られる。上式で表される作用積分の変分は，任意の $\delta\theta$ に対して 0 でなくてはならない。これより，式 (6.8) を得る。

単振り子の運動を直交座標系 O-xy で定式化しよう。質点 m の位置ベクトルを $\boldsymbol{x} = [x,\, y]^{\mathrm{T}}$ とする。外力 $\boldsymbol{f} = [\,f_x,\, f_y\,]^{\mathrm{T}}$ が単振り子の質点に作用している。エネルギー K ならびに P，仕事 W は

$$K = \frac{1}{2}m(\dot{x}^2 + \dot{y}^2), \qquad P = mgy, \qquad W = f_x x + f_y y$$

と表される。位置ベクトルの成分 x ならびに y は，ホロノミック制約

$$R(x, y) = \Big\{x^2 + (y - l)^2\Big\}^{\frac{1}{2}} - l = 0$$

を満たさなくてはならない。ホロノミック制約を有する系のラグランジアンは $\mathcal{L} = K - P + W + \lambda\, R$ と表される。ここで，λ はラグランジュの未定乗数である。したがって，単振り子のラグランジアンは

$$\mathcal{L}(x, y, \dot{x}, \dot{y}) = \frac{1}{2}m(\dot{x}^2 + \dot{y}^2) - mgy + (f_x x + f_y y) + \lambda R(x, y)$$

となる。ここで

$$\frac{\partial \mathcal{L}}{\partial x} = f_x + \lambda x P(x, y), \qquad \frac{\partial \mathcal{L}}{\partial \dot{x}} = m\dot{x}$$
$$\frac{\partial \mathcal{L}}{\partial y} = -mg + f_y + \lambda(y - l)P(x, y), \qquad \frac{\partial \mathcal{L}}{\partial \dot{y}} = m\dot{y}$$

に注意すると，単振り子のラグランジュの運動方程式

$$\frac{\partial \mathcal{L}}{\partial x} - \frac{\mathrm{d}}{\mathrm{d}t}\frac{\partial \mathcal{L}}{\partial \dot{x}} = f_x + \lambda x P(x, y) - m\ddot{x} = 0 \tag{6.11}$$

$$\frac{\partial \mathcal{L}}{\partial y} - \frac{\mathrm{d}}{\mathrm{d}t}\frac{\partial \mathcal{L}}{\partial \dot{y}} = -mg + f_y + \lambda(y - l)P(x, y) - m\ddot{y} = 0 \tag{6.12}$$

が得られる。ラグランジュの未定乗数 λ を消去すると

$$m\{(l-y)\ddot{x} + x\ddot{y}\} = f_x(l-y) + f_y x - mgx \tag{6.13}$$

である。ここで，右辺の $f_x(l-y) + f_y x - mgx$ は，支点 C まわりに作用するトルクの総和に一致する。また，$x = l\sin\theta$ ならびに $y = l(1-\cos\theta)$ から

$$\ddot{x} = l\{\ddot{\theta}\cos\theta - \dot{\theta}^2\sin\theta\}, \qquad \ddot{y} = l\{\ddot{\theta}\sin\theta + \dot{\theta}^2\cos\theta\}$$

を得る。これより $m\{(l-y)\ddot{x} + x\ddot{y}\} = ml^2\ddot{\theta}$ が得られる。したがって，式 (6.13) が式 (6.8) と等価であることがわかる。

作用積分の変分を計算しよう。ラグランジアンの変分を計算すると

$$\delta\mathcal{L} = m\dot{x}\,\frac{\mathrm{d}\delta x}{\mathrm{d}t} + m\dot{y}\frac{\mathrm{d}\delta y}{\mathrm{d}t} - mg\,\delta y + (f_x\,\delta x + f_y\,\delta y) + \lambda\left\{\frac{\partial R}{\partial x}\delta x + \frac{\partial R}{\partial y}\delta y\right\}$$

が得られる。時刻 $t = t_1$ ならびに $t = t_2$ では，変分 δx と δy が 0 でなくてはならないので

$$\int_{t_1}^{t_2} m\dot{x}\,\frac{\mathrm{d}\delta x}{\mathrm{d}t}\,\mathrm{d}t = -\int_{t_1}^{t_2} m\ddot{x}\,\delta x\,\mathrm{d}t, \qquad \int_{t_1}^{t_2} m\dot{y}\,\frac{\mathrm{d}\delta y}{\mathrm{d}t}\,\mathrm{d}t = -\int_{t_1}^{t_2} m\ddot{y}\,\delta y\,\mathrm{d}t$$

が成り立つ。したがって

$$\begin{aligned}\mathrm{V.I.} &= \int_{t_1}^{t_2}\left\{-m\ddot{x} + f_x + \lambda\,\frac{\partial R}{\partial x}\right\}\delta x\,\mathrm{d}t \\ &\quad + \int_{t_1}^{t_2}\left\{-m\ddot{y} - mg + f_y + \lambda\,\frac{\partial R}{\partial y}\right\}\delta y\,\mathrm{d}t\end{aligned} \tag{6.14}$$

を得る。任意の δx ならびに δy に対して，作用積分の変分は 0 でなくてはならない。これより，式 (6.11) ならびに式 (6.12) が得られる。

6.3 リンク機構のモデリング

6.3.1 開リンク機構のモデリング

動力学の変分原理に基づいて，図 2.11 の 2 自由度開リンク機構の運動をモデリングしよう。リンク機構の運動エネルギーと重力ポテンシャルエネルギー，モータにより関節に作用するトルクがなす仕事から系のラグランジアンを求め，ラグランジュの運動方程式を導く。

まず，リンク機構の運動エネルギーを求める。リンク 1 とリンク 2 の重心の座標を $[x_{1G},\ y_{1G}]^{\mathrm{T}}$，$[x_{2G},\ y_{2G}]^{\mathrm{T}}$ で表す。2.3.2 項で導入した記号を用いて各リンクの重心の座標を計算すると

$$\begin{bmatrix} x_{1G} \\ y_{1G} \end{bmatrix} = l_{c1} \begin{bmatrix} C_1 \\ S_1 \end{bmatrix}$$

$$\begin{bmatrix} x_{2G} \\ y_{2G} \end{bmatrix} = l_1 \begin{bmatrix} C_1 \\ S_1 \end{bmatrix} + l_{c2} \begin{bmatrix} C_{1+2} \\ S_{1+2} \end{bmatrix}$$

となる。ここで，$C_1 = \cos\theta_1$，$S_1 = \sin\theta_1$，ならびに $C_{1+2} = \cos(\theta_1 + \theta_2)$，$S_{1+2} = \sin(\theta_1 + \theta_2)$ である。上式を時間微分してリンク 1 とリンク 2 の重心の並進速度を計算すると

$$\begin{bmatrix} \dot{x}_{1G} \\ \dot{y}_{1G} \end{bmatrix} = l_{c1}\omega_1 \begin{bmatrix} -S_1 \\ C_1 \end{bmatrix}$$

$$\begin{bmatrix} \dot{x}_{2G} \\ \dot{y}_{2G} \end{bmatrix} = l_1\omega_1 \begin{bmatrix} -S_1 \\ C_1 \end{bmatrix} + l_{c2}(\omega_1 + \omega_2) \begin{bmatrix} -S_{1+2} \\ C_{1+2} \end{bmatrix}$$

となる。ここで $\omega_1 = \dot{\theta}_1$，$\omega_2 = \dot{\theta}_2$ である。また，リンク 1 の角速度は ω_1，リンク 2 の角速度は $\omega_1 + \omega_2$ である。リンク機構の運動エネルギー K は，リンク 1 の運動エネルギー K_1 とリンク 2 の運動エネルギー K_2 の和で与えられる。各リンクの運動エネルギーは，重心の並進運動による運動エネルギーと回転運

動による運動エネルギーの和で表されるので

$$K_1 = \frac{1}{2}m_1(\dot{x}_{1G}^2 + \dot{y}_{1G}^2) + \frac{1}{2}J_1\omega_1^2$$

$$K_2 = \frac{1}{2}m_2(\dot{x}_{2G}^2 + \dot{y}_{2G}^2) + \frac{1}{2}J_2(\omega_1 + \omega_2)^2$$

となる。けっきょく，運動エネルギー K は，角速度 ω_1, ω_2 の二次形式で表される。

$$K = K_1 + K_2 = \frac{1}{2}\begin{bmatrix} \omega_1 & \omega_2 \end{bmatrix}\begin{bmatrix} H_{11} & H_{12} \\ H_{12} & H_{22} \end{bmatrix}\begin{bmatrix} \omega_1 \\ \omega_2 \end{bmatrix} \tag{6.15}$$

ここで

$$H_{11} = J_1 + m_1 l_{c1}^2 + J_2 + m_2(l_1^2 + l_{c2}^2 + 2l_1 l_{c2} C_2)$$

$$H_{12} = J_2 + m_2(l_{c2}^2 + l_1 l_{c2} C_2)$$

$$H_{22} = J_2 + m_2 l_{c2}^2$$

である。要素 H_{11} と H_{12} は θ_2 の関数であり，時間とともに変わる。したがって，$h_{12} = m_2 l_1 l_{c2} S_2$ とおくと，$\dot{H}_{11} = -2h_{12}\omega_2$，$\dot{H}_{12} = -h_{12}\omega_2$ と表される。また，運動エネルギー K は θ_2 に依存し，$\partial K/\partial\theta_2 = -h_{12}\omega_1^2 - h_{12}\omega_1\omega_2$ である。

つぎに，リンク機構の重力ポテンシャルエネルギーを求める。リンク機構の重力ポテンシャルエネルギー P は，リンク 1 のポテンシャルエネルギー P_1 とリンク 2 のポテンシャルエネルギー P_2 の和で与えられる。

$$P = P_1 + P_2,$$

$$P_1 = m_1 g\, y_{1G} = m_1 g l_{c1} S_1,$$

$$P_2 = m_2 g\, y_{2G} = m_2 g\{l_1 S_1 + l_{c2} S_{1+2}\} \tag{6.16}$$

モータにより関節に作用するトルクがなす仕事は，回転関節 1 に作用するトルク τ_1 がなす仕事 $\tau_1\theta_1$ と回転関節 2 に作用するトルク τ_2 がなす仕事 $\tau_2\theta_2$ の和で与えられる。すなわち

$$W = \tau_1\theta_1 + \tau_2\theta_2 \tag{6.17}$$

である。リンク機構のラグランジアン $\mathcal{L} = K - P + W$ は，角度 θ_1, θ_2 と角速度 ω_1, ω_2 の関数で与えられる。ラグランジュの運動方程式は

$$\frac{\partial \mathcal{L}}{\partial \theta_1} - \frac{\mathrm{d}}{\mathrm{d}t}\frac{\partial \mathcal{L}}{\partial \omega_1} = 0$$
$$\frac{\partial \mathcal{L}}{\partial \theta_2} - \frac{\mathrm{d}}{\mathrm{d}t}\frac{\partial \mathcal{L}}{\partial \omega_2} = 0$$

である。上式を計算すると

$$-G_1 - G_{12} + \tau_1 - H_{11}\dot{\omega}_1 - H_{12}\dot{\omega}_2 + h_{12}\omega_2^2 + 2h_{12}\omega_1\omega_2 = 0$$
$$-G_{12} + \tau_2 - H_{22}\dot{\omega}_2 - H_{12}\dot{\omega}_1 - h_{12}\omega_1^2 = 0$$

を得る。ここで

$$G_1 = (m_1 l_{c1} + m_2 l_1)\, gC_1$$
$$G_{12} = m_2 l_{c2}\, gC_{1+2}$$

である。したがって，運動方程式は

$$H_{11}\dot{\omega}_1 + H_{12}\dot{\omega}_2 - h_{12}\omega_2^2 - 2h_{12}\omega_1\omega_2 + G_1 + G_{12} = \tau_1 \tag{6.18}$$
$$H_{22}\dot{\omega}_2 + H_{12}\dot{\omega}_1 + h_{12}\omega_1^2 + G_{12} = \tau_2 \tag{6.19}$$

となる。常微分方程式の標準形に変換し，ベクトル形式で表すと

$$\begin{bmatrix} \dot{\theta}_1 \\ \dot{\theta}_2 \end{bmatrix} = \begin{bmatrix} \omega_1 \\ \omega_2 \end{bmatrix}$$
$$\begin{bmatrix} H_{11} & H_{12} \\ H_{12} & H_{22} \end{bmatrix} \begin{bmatrix} \dot{\omega}_1 \\ \dot{\omega}_2 \end{bmatrix} = \begin{bmatrix} h_{12}\omega_2^2 + 2h_{12}\omega_1\omega_2 - G_1 - G_{12} + \tau_1 \\ -h_{12}\omega_1^2 - G_{12} + \tau_2 \end{bmatrix}$$

である。

6.3.2　閉リンク機構のモデリング

図 2.12 の 2 自由度閉リンク機構の運動をモデリングする。閉リンク機構を，リンク 1 とリンク 2 からなる開リンク機構と，リンク 3 とリンク 4 からなる開リンク機構に仮想的に分解する。左側の開リンク機構のラグランジアンを $\mathcal{L}_{\rm left}$，右側の開リンク機構のラグランジアンを $\mathcal{L}_{\rm right}$ で表す。このとき，閉リンク機構のラグランジアンは

$$\mathcal{L} = \mathcal{L}_{\rm left} + \mathcal{L}_{\rm right} + \lambda_x \, X + \lambda_y \, Y \tag{6.20}$$

で表される。ラグランジュの運動方程式は

$$\begin{aligned}
&\frac{\partial \mathcal{L}}{\partial \theta_1} - \frac{\rm d}{{\rm d}t}\frac{\partial \mathcal{L}}{\partial \omega_1} = 0 \\
&\frac{\partial \mathcal{L}}{\partial \theta_2} - \frac{\rm d}{{\rm d}t}\frac{\partial \mathcal{L}}{\partial \omega_2} = 0 \\
&\frac{\partial \mathcal{L}}{\partial \theta_3} - \frac{\rm d}{{\rm d}t}\frac{\partial \mathcal{L}}{\partial \omega_3} = 0 \\
&\frac{\partial \mathcal{L}}{\partial \theta_4} - \frac{\rm d}{{\rm d}t}\frac{\partial \mathcal{L}}{\partial \omega_4} = 0
\end{aligned}$$

である。

ラグランジアン $\mathcal{L}_{\rm left}$ は，$\theta_1, \theta_2, \omega_1, \omega_2$ のみに依存し，$\theta_3, \theta_4, \omega_3, \omega_4$ を含まない。したがって，上記の運動方程式へのラグランジアン $\mathcal{L}_{\rm left}$ の寄与は，それぞれ

$$\begin{aligned}
&- G_1 - G_{12} + \tau_1 - H_{11}\dot{\omega}_1 - H_{12}\dot{\omega}_2 + h_{12}\omega_2^2 + 2h_{12}\omega_1\omega_2 \\
&- G_{12} - H_{22}\dot{\omega}_2 - H_{12}\dot{\omega}_1 - h_{12}\omega_1^2 \\
&0 \\
&0
\end{aligned}$$

で与えられる。ここで

$$H_{11} = J_1 + m_1 l_{c1}^2 + J_2 + m_2(l_1^2 + l_{c2}^2 + 2l_1 l_{c2} C_2)$$

$$H_{12} = J_2 + m_2(l_{c2}^2 + l_1 l_{c2} C_2), \qquad H_{22} = J_2 + m_2 l_{c2}^2$$

$$h_{12} = m_2 l_1 l_{c2} S_2$$

$$G_1 = (m_1 l_{c1} + m_2 l_1)\, g C_1, \qquad G_{12} = m_2 l_{c2}\, g C_{1+2}$$

である。また，回転関節 2 は駆動関節ではないので，τ_2 は現れない。一方，ラグランジアン $\mathcal{L}_{\mathrm{right}}$ は，$\theta_3, \theta_4, \omega_3, \omega_4$ のみに依存し，$\theta_1, \theta_2, \omega_1, \omega_2$ を含まない。したがって，上記の運動方程式へのラグランジアン $\mathcal{L}_{\mathrm{right}}$ の寄与は，それぞれ

$$0$$

$$0$$

$$-G_3 - G_{34} + \tau_3 - H_{33}\dot{\omega}_3 - H_{34}\dot{\omega}_4 + h_{34}\omega_4^2 + 2h_{34}\omega_3\omega_4$$

$$-G_{34} - H_{44}\dot{\omega}_4 - H_{34}\dot{\omega}_3 - h_{34}\omega_3^2$$

で与えられる。ここで

$$H_{33} = J_3 + m_3 l_{c3}^2 + J_4 + m_4(l_3^2 + l_{c4}^2 + 2 l_3 l_{c4} C_4)$$

$$H_{34} = J_4 + m_4(l_{c4}^2 + l_3 l_{c4} C_4), \qquad H_{44} = J_4 + m_4 l_{c4}^2$$

$$h_{34} = m_4 l_3 l_{c4} S_4$$

$$G_3 = (m_3 l_{c3} + m_4 l_3)\, g C_3, \qquad G_{34} = m_4 l_{c4}\, g C_{3+4}$$

である。また，回転関節 4 は駆動関節ではないので，τ_4 は現れない。制約を表す項 $\lambda_x X + \lambda_y Y$ の運動方程式への寄与は，それぞれ

$$\begin{aligned}
\lambda_x(-l_1 S_1 - l_2 S_{1+2}) + \lambda_y(l_1 C_1 + l_2 C_{1+2}) &\triangleq \lambda_x J_{x1} + \lambda_y J_{y1} \\
\lambda_x(-l_2 S_{1+2}) + \lambda_y l_2 C_{1+2} &\triangleq \lambda_x J_{x2} + \lambda_y J_{y2} \\
\lambda_x(l_3 S_3 + l_4 S_{3+4}) + \lambda_y(-l_3 C_3 - l_4 C_{3+4}) &\triangleq -\lambda_x J_{x3} - \lambda_y J_{y3} \\
\lambda_x l_4 S_{3+4} + \lambda_y(-l_4 C_{3+4}) &\triangleq -\lambda_x J_{x4} - \lambda_y J_{y4}
\end{aligned}$$

で与えられる。なお

$$J_{\mathrm{left}} = \begin{bmatrix} J_{x1} & J_{x2} \\ J_{y1} & J_{y2} \end{bmatrix}, \quad J_{\mathrm{right}} = \begin{bmatrix} J_{x3} & J_{x4} \\ J_{y3} & J_{y4} \end{bmatrix}$$

はそれぞれ，左側 2 リンク機構のヤコビ行列，右側 2 リンク機構のヤコビ行列である。以上をまとめると，ラグランジュの運動方程式

$$\begin{bmatrix} H_{11} & H_{12} & 0 & 0 & -J_{x1} & -J_{y1} \\ H_{12} & H_{22} & 0 & 0 & -J_{x2} & -J_{y2} \\ 0 & 0 & H_{33} & H_{34} & J_{x3} & J_{y3} \\ 0 & 0 & H_{34} & H_{44} & J_{x4} & J_{y4} \end{bmatrix} \begin{bmatrix} \dot{\omega}_1 \\ \dot{\omega}_2 \\ \dot{\omega}_3 \\ \dot{\omega}_4 \\ \lambda_x \\ \lambda_y \end{bmatrix} = \begin{bmatrix} f_1 \\ f_2 \\ f_3 \\ f_4 \end{bmatrix} \tag{6.21}$$

を得る。ここで

$$f_1 = h_{12}\omega_2^2 + 2h_{12}\omega_1\omega_2 - G_1 - G_{12} + \tau_1, \quad f_2 = -h_{12}\omega_1^2 - G_{12}$$

$$f_3 = h_{34}\omega_4^2 + 2h_{34}\omega_3\omega_4 - G_3 - G_{34} + \tau_3, \quad f_4 = -h_{34}\omega_3^2 - G_{34}$$

である。ホロノミック制約 $X = 0$ ならびに $Y = 0$ に対する制約安定化法

$$\ddot{X} + 2\nu\dot{X} + \nu^2 X = 0$$

$$\ddot{Y} + 2\nu\dot{Y} + \nu^2 Y = 0$$

を計算すると

$$\begin{bmatrix} -J_{x1} & -J_{x2} & J_{x3} & J_{x4} \\ -J_{y1} & -J_{y2} & J_{y3} & J_{y4} \end{bmatrix} \begin{bmatrix} \dot{\omega}_1 \\ \dot{\omega}_2 \\ \dot{\omega}_3 \\ \dot{\omega}_4 \end{bmatrix} = \begin{bmatrix} g_x \\ g_y \end{bmatrix} \tag{6.22}$$

を得る。ここで

$$g_x = g_{x2} + 2\nu g_{x1} + \nu^2 X$$

$$
\begin{aligned}
g_y &= g_{y2} + 2\nu g_{y1} + \nu^2 Y \\
g_{x1} &= J_{x1}\omega_1 + J_{x2}\omega_2 - J_{x3}\omega_3 - J_{x4}\omega_4 \\
g_{y1} &= J_{y1}\omega_1 + J_{y2}\omega_2 - J_{y3}\omega_3 - J_{y4}\omega_4 \\
g_{x2} &= -\left(J_{y1}\omega_1^2 + J_{y2}\omega_2^2 + 2J_{y2}\omega_1\omega_2\right) \\
&\quad + \left(J_{y3}\omega_3^2 + J_{y4}\omega_4^2 + 2J_{y4}\omega_3\omega_4\right) \\
g_{y2} &= \left(J_{x1}\omega_1^2 + J_{x2}\omega_2^2 + 2J_{x2}\omega_1\omega_2\right) - \left(J_{x3}\omega_3^2 + J_{x4}\omega_4^2 + 2J_{x4}\omega_3\omega_4\right)
\end{aligned}
$$

である。ラグランジュの運動方程式と制約安定化の式をまとめると，最終的に

$$
\begin{bmatrix}
H_{11} & H_{12} & 0 & 0 & -J_{x1} & -J_{y1} \\
H_{12} & H_{22} & 0 & 0 & -J_{x2} & -J_{y2} \\
0 & 0 & H_{33} & H_{34} & J_{x3} & J_{y3} \\
0 & 0 & H_{34} & H_{44} & J_{x4} & J_{y4} \\
-J_{x1} & -J_{x2} & J_{x3} & J_{x4} & 0 & 0 \\
-J_{y1} & -J_{y2} & J_{y3} & J_{y4} & 0 & 0
\end{bmatrix}
\begin{bmatrix}
\dot{\omega}_1 \\ \dot{\omega}_2 \\ \dot{\omega}_3 \\ \dot{\omega}_4 \\ \lambda_x \\ \lambda_y
\end{bmatrix}
=
\begin{bmatrix}
f_1 \\ f_2 \\ f_3 \\ f_4 \\ g_x \\ g_y
\end{bmatrix}
\tag{6.23}
$$

を得る。上式は，状態変数 $\theta_1, \cdots, \theta_4$，$\omega_1, \cdots, \omega_4$ から時間微分 $\dot{\omega}_1, \cdots, \dot{\omega}_4$ を計算する過程と見なすことができる。したがって，$\dot{\theta}_i = \omega_i$（$i = 1, 2, 3, 4$）と合わせて，常微分方程式の標準形をなす。

6.4　ビームのモデリング

変分原理は，連続体の運動と変形の定式化に用いることができる。本節では変分原理に基づいて，ビームの伸縮変形を定式化する。

6.4.1　静力学モデル

図 6.1 に示すビームの一次元変形に，静力学の変分原理を適用しよう。ビームの長さは L であり，左端から距離 x の点を $\mathrm{P}(x)$ で表す。左端 $\mathrm{P}(0)$ は空間に固定されている。点 $\mathrm{P}(x)$ の変位を $u(x)$ で表す。このとき，ビームの変形

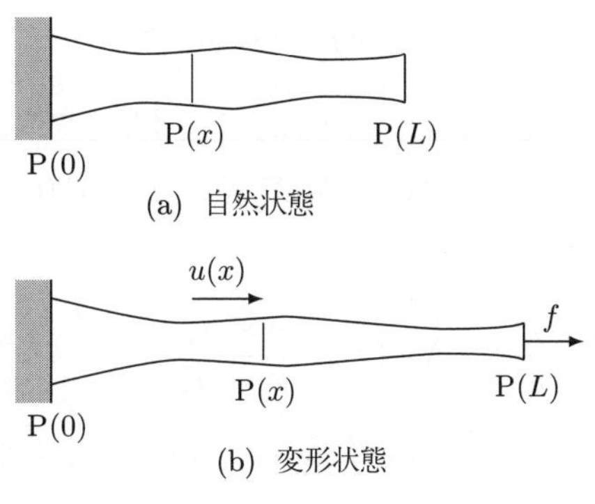

(a)　自然状態

(b)　変形状態

図 6.1　ビームの静的な変形

は，関数 $u(x)$（$0 \leqq x \leqq L$）で表すことができる。点 $\mathrm{P}(x)$ におけるヤング率を $E(x)$，断面積を $A(x)$ で表す。右端 $\mathrm{P}(L)$ に外力 f が作用する。弾性ポテンシャルエネルギー P と，外力 f による仕事 W は

$$P = \int_0^L \frac{1}{2} EA \left(\frac{\mathrm{d}u}{\mathrm{d}x} \right)^2 \mathrm{d}x \tag{6.24}$$

$$W = f\, u(L) \tag{6.25}$$

と表される。弾性ポテンシャルエネルギーと外力による仕事は関数 $u(x)$ に依存する量であり，**汎関数**（functional）と呼ばれる。静力学の変分原理に基づくと，静的な平衡状態では制約 $u(0) = 0$ のもとで内部エネルギー $I = P - W$ が最小になる。したがって，つぎの問題を解くことにより，平衡状態における変位を求めることができる。

$$\begin{aligned} &\text{minimize} \quad I = P - W, \\ &\text{subject to} \quad u(0) = 0 \end{aligned} \tag{6.26}$$

つぎに，未知関数 $u(x)$ を区分線形補間し，有限個の変数で表そう。区間 $[\,0,\, L\,]$ を有限個，例えば 6 個の小区間に等分する。各小区間の幅は $h = L/6$ である。区間の境界を定める点を**節点**（nodal point）と呼ぶ。ここで，節点を $x_0 = 0$, $x_1 = h$, $x_2 = 2h$, $\cdots$, $x_6 = L$ で表す。小区間 $[\,x_i,\, x_j\,]$ における関数 $u(x)$ の区分線形補間は

$$u(x) = u_i\, N_{i,j}(x) + u_j\, N_{j,i}(x) \quad (x_i \leqq x \leqq x_j) \tag{6.27}$$

と表される。ここで，u_i, u_j は節点 x_i, x_j における変位である。関数 $N_{i,j}(x)$ は x_i で 1，x_j で 0 となる一次式，関数 $N_{j,i}(x)$ は x_i で 0，x_j で 1 となる一次式であり，次式で表される。

$$N_{i,j}(x) = \frac{x_j - x}{x_j - x_i}, \qquad N_{j,i}(x) = \frac{x - x_i}{x_j - x_i}$$

区分線形補間は関数 $u(x)$ を 7 個の変数 $u_0, u_1, \cdots, u_6$ で近似することに相当する。節点における変位をまとめて節点変位ベクトル

$$\boldsymbol{u}_{\mathrm{N}} = \begin{bmatrix} u_0 \\ u_1 \\ \vdots \\ u_6 \end{bmatrix}$$

で表す。区分線形補間 (6.27) を式 (6.24) に代入し，弾性ポテンシャルエネルギーを 7 個の変数 $u_0, u_1, \cdots, u_6$ で表そう。ここでは，ヤング率 E と断面積 A が定数であると仮定する。積分区間 $[\,0,\,L\,]$ を小区間に分割すると

$$P = \int_{x_0}^{x_1} \frac{1}{2} EA \left(\frac{\mathrm{d}u}{\mathrm{d}x} \right)^2 \mathrm{d}x + \int_{x_1}^{x_2} \frac{1}{2} EA \left(\frac{\mathrm{d}u}{\mathrm{d}x} \right)^2 \mathrm{d}x + \cdots + \int_{x_5}^{x_6} \frac{1}{2} EA \left(\frac{\mathrm{d}u}{\mathrm{d}x} \right)^2 \mathrm{d}x$$

と表される。積分区間 $[\,x_i,\,x_j\,]$ において関数 $u(x)$ は式 (6.27) で表される。区間 $[\,x_i,\,x_j\,]$ における積分を計算すると

$$\int_{x_i}^{x_j} \frac{1}{2} EA \left(\frac{\mathrm{d}u}{\mathrm{d}x} \right)^2 \mathrm{d}x = \frac{1}{2} \begin{bmatrix} u_i & u_j \end{bmatrix} \frac{EA}{h} \begin{bmatrix} 1 & -1 \\ -1 & 1 \end{bmatrix} \begin{bmatrix} u_i \\ u_j \end{bmatrix}$$

が成り立つことがわかる。したがって

$$P = \frac{1}{2} \begin{bmatrix} u_0 & u_1 \end{bmatrix} \frac{EA}{h} \begin{bmatrix} 1 & -1 \\ -1 & 1 \end{bmatrix} \begin{bmatrix} u_0 \\ u_1 \end{bmatrix}$$

$$
+\frac{1}{2}\begin{bmatrix} u_1 & u_2 \end{bmatrix}\frac{EA}{h}\begin{bmatrix} 1 & -1 \\ -1 & 1 \end{bmatrix}\begin{bmatrix} u_1 \\ u_2 \end{bmatrix}+\cdots
$$

$$
+\frac{1}{2}\begin{bmatrix} u_5 & u_6 \end{bmatrix}\frac{EA}{h}\begin{bmatrix} 1 & -1 \\ -1 & 1 \end{bmatrix}\begin{bmatrix} u_5 \\ u_6 \end{bmatrix}
$$

であり，まとめると

$$
P=\frac{1}{2}\begin{bmatrix} u_0 & u_1 & \cdots & u_5 & u_6 \end{bmatrix}\frac{EA}{h}\begin{bmatrix} 1 & -1 & & & \\ -1 & 2 & -1 & & \\ & \ddots & \ddots & \ddots & \\ & & -1 & 2 & -1 \\ & & & -1 & 1 \end{bmatrix}\begin{bmatrix} u_0 \\ u_1 \\ \vdots \\ u_5 \\ u_6 \end{bmatrix}
$$

を得る。**剛性行列**（stiffness matrix）

$$
K=\frac{EA}{h}\begin{bmatrix} 1 & -1 & & & \\ -1 & 2 & -1 & & \\ & \ddots & \ddots & \ddots & \\ & & -1 & 2 & -1 \\ & & & -1 & 1 \end{bmatrix}
$$

を導入すると，弾性ポテンシャルエネルギーは，二次形式

$$
P=\frac{1}{2}\,\boldsymbol{u}_{\mathrm{N}}^{\mathrm{T}}\,K\,\boldsymbol{u}_{\mathrm{N}}
$$

で表される。外力 f による仕事 W は

$$
W=\boldsymbol{f}^{\mathrm{T}}\boldsymbol{u}_{\mathrm{N}} \quad \text{ただし} \quad \boldsymbol{f}=[\,0,\,\cdots,\,0,\,f\,]^{\mathrm{T}}
$$

と表される。また，制約 $u(0)=0$ は

$$
\boldsymbol{a}^{\mathrm{T}}\boldsymbol{u}_{\mathrm{N}}=0 \quad \text{ただし} \quad \boldsymbol{a}=[\,1,\,0,\,\cdots,\,0\,]^{\mathrm{T}}
$$

と表される。したがって，関数 $u(x)$ に関する最小化問題 (6.26) は

$$\text{minimize} \quad I(\boldsymbol{u}_\text{N}) = \frac{1}{2}\,\boldsymbol{u}_\text{N}^\text{T}\,K\,\boldsymbol{u}_\text{N} - \boldsymbol{f}^\text{T}\boldsymbol{u}_\text{N}$$

$$\text{subject to} \quad \boldsymbol{a}^\text{T}\boldsymbol{u}_\text{N} = 0$$

と書き換えることができる。

上式は，変数ベクトル $\boldsymbol{u}_\text{N}$ に関する制約付き最小化問題である。ラグランジュの未定乗数 λ を導入して，制約付き最小化問題を制約なし最小化問題に変換する。

$$\text{minimize} \quad J(\boldsymbol{u}_\text{N}, \lambda) = I(\boldsymbol{u}_\text{N}) - \lambda\boldsymbol{a}^\text{T}\boldsymbol{u}_\text{N}$$

極値になる条件は

$$\frac{\partial J}{\partial \boldsymbol{u}_\text{N}} = K\boldsymbol{u}_\text{N} - \boldsymbol{f} - \lambda\boldsymbol{a} = \boldsymbol{0}$$

$$\frac{\partial J}{\partial \lambda} = -\boldsymbol{a}^\text{T}\boldsymbol{u}_\text{N} = 0$$

であるので，ベクトル形式にまとめると

$$\left[\begin{array}{c|c} K & -\boldsymbol{a} \\ \hline -\boldsymbol{a}^\text{T} & 0 \end{array}\right] \left[\begin{array}{c} \boldsymbol{u}_\text{N} \\ \hline \lambda \end{array}\right] = \left[\begin{array}{c} \boldsymbol{f} \\ \hline 0 \end{array}\right] \tag{6.28}$$

を得る。左辺の係数行列は正則であるので，上式を数値的に解き，$\boldsymbol{u}_\text{N}$ と λ の値を求めることができる。こうして，ビームの変形の計算を，連立一次方程式 (6.28) に帰着させることができた。以上の計算過程を**有限要素法**（finite element method; 略して FEM）と呼ぶ。

6.4.2　動力学モデル

図 6.2 に示すビームの一次元変形に，動力学の変分原理を適用しよう。時刻 t における点 P(x) の変位を $u(x,t)$ で表す。点 P(x) におけるヤング率を $E(x)$，断面積を $A(x)$，密度を $\rho(x)$ で表す。時刻 t において右端 P(L) に作用する外力を $f(t)$ で表す。時刻 t における弾性ポテンシャルエネルギー P と，外力 f による仕事 W は

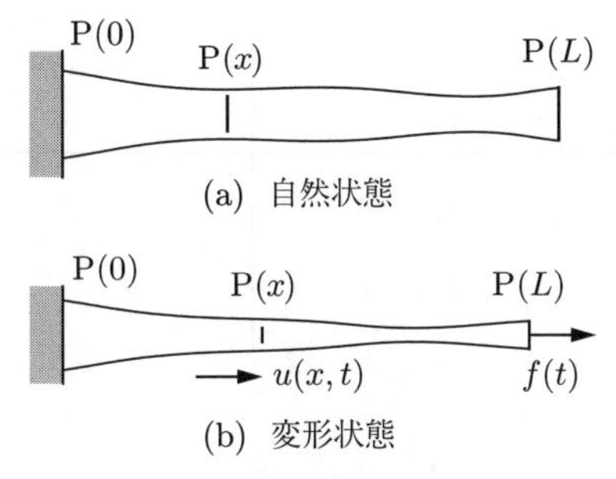

図 6.2 ビームの動的な変形

$$P = \int_0^L \frac{1}{2} EA \left(\frac{\partial u}{\partial x} \right)^2 \mathrm{d}x \tag{6.29}$$

$$W = f(t)\, u(L, t) \tag{6.30}$$

で表され，運動エネルギーは

$$K = \int_0^L \frac{1}{2} \rho A \left(\frac{\partial u}{\partial t} \right)^2 \mathrm{d}x \tag{6.31}$$

と表される。

区間 $[0,\, L]$ を 6 個の小区間に等分し，未知関数 $u(x)$ を区分線形補間で表す。小区間 $[x_i,\, x_j]$ における関数 $u(x,t)$ の区分線形補間は

$$u(x,t) = u_i(t)\, N_{i,j}(x) + u_j(t)\, N_{j,i}(x)$$

と表される。したがって，関数 $u(x,t)$ の時間微分は

$$\dot{u}(x,t) = \dot{u}_i(t)\, N_{i,j}(x) + \dot{u}_j(t)\, N_{j,i}(x)$$

となる。区間 $[x_i,\, x_j]$ における運動エネルギーを計算すると

$$\int_{x_i}^{x_j} \frac{1}{2} \rho A \left(\frac{\partial u}{\partial t} \right)^2 \mathrm{d}x = \frac{1}{2} \begin{bmatrix} \dot{u}_i & \dot{u}_j \end{bmatrix} \frac{\rho A h}{6} \begin{bmatrix} 2 & 1 \\ 1 & 2 \end{bmatrix} \begin{bmatrix} \dot{u}_i \\ \dot{u}_j \end{bmatrix}$$

が成り立つことがわかる。**慣性行列**（inertia matrix）

$$M = \frac{\rho A h}{6}\begin{bmatrix} 2 & 1 & & & \\ 1 & 4 & 1 & & \\ & \ddots & \ddots & \ddots & \\ & & 1 & 4 & 1 \\ & & & 1 & 2 \end{bmatrix}$$

を導入すると，運動エネルギーは二次形式

$$K = \frac{1}{2}\dot{\boldsymbol{u}}_{\mathrm{N}}{}^{\mathrm{T}} M \dot{\boldsymbol{u}}_{\mathrm{N}}$$

で表される。また，制約 $u(0) = 0$ を

$$R(\boldsymbol{u}_{\mathrm{N}}) \stackrel{\triangle}{=} \boldsymbol{a}^{\mathrm{T}}\boldsymbol{u}_{\mathrm{N}} = 0$$

と表す。

ホロノミック制約を有する系のラグランジアンは

$$\begin{aligned} \mathcal{L}(\boldsymbol{u}_{\mathrm{N}}, \dot{\boldsymbol{u}}_{\mathrm{N}}) &= K - P + W + \lambda R \\ &= \frac{1}{2}\dot{\boldsymbol{u}}_{\mathrm{N}}{}^{\mathrm{T}} M \dot{\boldsymbol{u}}_{\mathrm{N}} - \frac{1}{2}\boldsymbol{u}_{\mathrm{N}}{}^{\mathrm{T}} K \boldsymbol{u}_{\mathrm{N}} + \boldsymbol{F}^{\mathrm{T}}\boldsymbol{u}_{\mathrm{N}} + \lambda \boldsymbol{a}^{\mathrm{T}}\boldsymbol{u}_{\mathrm{N}} \end{aligned}$$

となる。ラグランジュの未定乗数 λ は，左端における制約力の大きさを表す。ラグランジュの運動方程式は

$$\frac{\partial \mathcal{L}}{\partial \boldsymbol{u}_{\mathrm{N}}} - \frac{\mathrm{d}}{\mathrm{d}t}\frac{\partial \mathcal{L}}{\partial \dot{\boldsymbol{u}}_{\mathrm{N}}} = -K\boldsymbol{u}_{\mathrm{N}} + \boldsymbol{F} + \lambda \boldsymbol{a} - M\ddot{\boldsymbol{u}}_{\mathrm{N}} = \boldsymbol{0} \tag{6.32}$$

と表される。ここで，$\lambda \boldsymbol{a}$ は制約 $\boldsymbol{a}^{\mathrm{T}}\boldsymbol{u}_{\mathrm{N}} = 0$ に起因する制約力を表す。したがって，上式は，弾性力（$-K\boldsymbol{u}_{\mathrm{N}}$），外力（$\boldsymbol{F}$），制約力（$\lambda \boldsymbol{a}$），慣性力（$-M\ddot{\boldsymbol{u}}_{\mathrm{N}}$）の四つの力がつり合っていることを意味する。

制約安定化法により，制約を運動方程式に組み込む。制約の臨界減衰を

$$\ddot{R} + 2\nu\dot{R} + \nu^2 R = 0 \tag{6.33}$$

で表す。ここで，ν は正の定数である。上式より，微分方程式

$$\boldsymbol{a}^{\mathrm{T}}\ddot{\boldsymbol{u}}_{\mathrm{N}} + \boldsymbol{a}^{\mathrm{T}}(2\nu\dot{\boldsymbol{u}}_{\mathrm{N}} + \nu^2\boldsymbol{u}_{\mathrm{N}}) = 0$$

を得る。節点速度ベクトル $\boldsymbol{v}_{\mathrm{N}} = \dot{\boldsymbol{u}}_{\mathrm{N}}$ を導入し，ラグランジュの運動方程式と制約安定化の式を書き換えると

$$\begin{aligned}
\dot{\boldsymbol{u}}_{\mathrm{N}} &= \boldsymbol{v}_{\mathrm{N}}, \\
M\dot{\boldsymbol{v}}_{\mathrm{N}} - \boldsymbol{a}\lambda &= -K\boldsymbol{u}_{\mathrm{N}} + \boldsymbol{f}, \\
-\boldsymbol{a}^{\mathrm{T}}\dot{\boldsymbol{v}}_{\mathrm{N}} &= \boldsymbol{a}^{\mathrm{T}}(2\nu\boldsymbol{v}_{\mathrm{N}} + \nu^2\boldsymbol{u}_{\mathrm{N}})
\end{aligned} \tag{6.34}$$

となり，ベクトル形式にまとめると

$$\begin{gathered}
\dot{\boldsymbol{u}}_{\mathrm{N}} = \boldsymbol{v}_{\mathrm{N}}, \\
\begin{bmatrix} M & -\boldsymbol{a} \\ -\boldsymbol{a}^{\mathrm{T}} & \end{bmatrix} \begin{bmatrix} \dot{\boldsymbol{v}}_{\mathrm{N}} \\ \lambda \end{bmatrix} = \begin{bmatrix} -K\boldsymbol{u}_{\mathrm{N}} + \boldsymbol{f} \\ \boldsymbol{a}^{\mathrm{T}}(2\nu\boldsymbol{v}_{\mathrm{N}} + \nu^2\boldsymbol{u}_{\mathrm{N}}) \end{bmatrix}
\end{gathered} \tag{6.35}$$

を得る。第 2 式左辺の係数行列は正則であるので，第 2 式は数値的に解くことができる。したがって，第 2 式を解いて，$\dot{\boldsymbol{v}}_{\mathrm{N}}$ の値を求めることができる。すなわち，$\boldsymbol{u}_{\mathrm{N}}$, $\boldsymbol{v}_{\mathrm{N}}$ の値を与えると，$\dot{\boldsymbol{u}}_{\mathrm{N}}$, $\dot{\boldsymbol{v}}_{\mathrm{N}}$ の値を計算することができる。この計算過程は，常微分方程式の標準形である。このように，常微分方程式の数値解法を用いて，$\boldsymbol{u}_{\mathrm{N}}$ と $\boldsymbol{v}_{\mathrm{N}}$ の数値解を計算することができる。

6.5 剛 体 の 回 転

剛体の回転に関する運動方程式をラグランジュの手法で求めよう。空間座標に座標系 O-xyz を設定し，剛体に座標系 C-$\xi\eta\zeta$ を固定する。物体座標系の原点 C は空間座標系の原点 O に一致し，剛体は点 C まわりに任意の回転が可能であると仮定する。座標軸 ξ に沿う単位ベクトルを $\boldsymbol{a}$，座標軸 η に沿う単位ベクトルを $\boldsymbol{b}$，座標軸 ζ に沿う単位ベクトルを $\boldsymbol{c}$ で表す。空間座標系 O-xyz でベクトル $\boldsymbol{a}$, $\boldsymbol{b}$, $\boldsymbol{c}$ を表す。

$$\boldsymbol{a} = \begin{bmatrix} a_x \\ a_y \\ a_z \end{bmatrix}, \quad \boldsymbol{b} = \begin{bmatrix} b_x \\ b_y \\ b_z \end{bmatrix}, \quad \boldsymbol{c} = \begin{bmatrix} c_x \\ c_y \\ c_z \end{bmatrix}$$

剛体が回転すると，ベクトル $\boldsymbol{a}, \boldsymbol{b}, \boldsymbol{c}$ の空間座標成分が変化する。また，ベクトル $\boldsymbol{a}, \boldsymbol{b}, \boldsymbol{c}$ を指定すると，剛体の姿勢が一意に定まる。したがって，ベクトル $\boldsymbol{a}, \boldsymbol{b}, \boldsymbol{c}$ の空間座標成分により，剛体の姿勢を表すことができる。ただし，ベクトル $\boldsymbol{a}, \boldsymbol{b}, \boldsymbol{c}$ は大きさが 1 の単位ベクトルであり，たがいに直交する。したがって，ベクトル $\boldsymbol{a}, \boldsymbol{b}, \boldsymbol{c}$ は制約

$$\begin{aligned} &R_1 \triangleq \boldsymbol{a}^{\mathrm{T}}\boldsymbol{a} - 1 = 0, \quad R_2 \triangleq \boldsymbol{b}^{\mathrm{T}}\boldsymbol{b} - 1 = 0, \quad R_3 \triangleq \boldsymbol{c}^{\mathrm{T}}\boldsymbol{c} - 1 = 0, \\ &Q_1 \triangleq \boldsymbol{b}^{\mathrm{T}}\boldsymbol{c} = 0, \quad Q_2 \triangleq \boldsymbol{c}^{\mathrm{T}}\boldsymbol{a} = 0, \quad Q_3 \triangleq \boldsymbol{a}^{\mathrm{T}}\boldsymbol{b} = 0 \end{aligned} \tag{6.36}$$

を満たさなくてはならない。けっきょく，剛体の回転運動は，6 個の制約を伴う 9 個の一般化座標 $a_x, a_y, \cdots, c_z$ で表すことができる。ベクトル $\boldsymbol{a}, \boldsymbol{b}, \boldsymbol{c}$ を列とする 3×3 行列

$$R = \begin{bmatrix} \boldsymbol{a} & \boldsymbol{b} & \boldsymbol{c} \end{bmatrix}$$

を**回転行列**（rotation matrix）と呼ぶ。制約 (6.36) は，回転行列 R が直交行列であることを意味する。

上記の制約を時間微分し，変数

$$\omega_\xi \triangleq \dot{\boldsymbol{b}}^{\mathrm{T}}\boldsymbol{c}, \quad \omega_\eta \triangleq \dot{\boldsymbol{c}}^{\mathrm{T}}\boldsymbol{a}, \quad \omega_\zeta \triangleq \dot{\boldsymbol{a}}^{\mathrm{T}}\boldsymbol{b} \tag{6.37}$$

を導入すると，ベクトル $\boldsymbol{a}, \boldsymbol{b}, \boldsymbol{c}$ の時間微分は

$$\begin{aligned} \dot{\boldsymbol{a}} &= \qquad\quad \omega_\zeta\boldsymbol{b} - \omega_\eta\boldsymbol{c}, \\ \dot{\boldsymbol{b}} &= -\omega_\zeta\boldsymbol{a} \qquad\quad + \omega_\xi\boldsymbol{c}, \\ \dot{\boldsymbol{c}} &= \omega_\eta\boldsymbol{a} - \omega_\xi\boldsymbol{b} \end{aligned} \tag{6.38}$$

と表される。上式はつぎのように解釈できる。剛体が ξ 軸まわりに角速度 ω_ξ で回転すると，η 軸上で $\eta = 1$ に対応する点（$\boldsymbol{b}$）は ζ 軸の正の方向（$\boldsymbol{c}$）に速度

ω_ξ を持ち，ζ 軸上で $\zeta = 1$ に対応する点（$\boldsymbol{c}$）は η 軸の負の方向（$-\boldsymbol{b}$）に速度 ω_ξ を持つ。したがって，ξ 軸まわりの角速度 ω_ξ は，速度ベクトル $\dot{\boldsymbol{b}}$ に $\omega_\xi \boldsymbol{c}$，速度ベクトル $\dot{\boldsymbol{c}}$ に $-\omega_\xi \boldsymbol{b}$ だけ寄与する。同様に，η 軸まわりの角速度 ω_η の回転による寄与と，ζ 軸まわりの角速度 ω_ζ の回転による寄与とを足し合わせると，上式が得られる。

剛体は有限個の質点から構成されていると考え，第 i 番目の質点 m_i の物体座標を (ξ_i, η_i, ζ_i) とする。この座標 (ξ_i, η_i, ζ_i) は時間に依存しないことに注意する。質点 m_i の空間座標は

$$\boldsymbol{x}_i = \boldsymbol{a}\xi_i + \boldsymbol{b}\eta_i + \boldsymbol{c}\zeta_i \tag{6.39}$$

と表される。上式を時間微分すると，質点 m_i の速度ベクトル

$$\boldsymbol{v}_i = \dot{\boldsymbol{a}}\xi_i + \dot{\boldsymbol{b}}\eta_i + \dot{\boldsymbol{c}}\zeta_i \tag{6.40}$$

を得る。回転による剛体の運動エネルギーは

$$K_{\mathrm{rot}} = \sum_i \frac{1}{2} m_i \boldsymbol{v}_i^{\mathrm{T}} \boldsymbol{v}_i$$

である。上式に式 (6.40) を代入し，式 (6.38) より $\dot{\boldsymbol{a}}^{\mathrm{T}}\dot{\boldsymbol{a}} = \omega_\eta^2 + \omega_\zeta^2$，$\dot{\boldsymbol{b}}^{\mathrm{T}}\dot{\boldsymbol{b}} = \omega_\zeta^2 + \omega_\xi^2$，$\dot{\boldsymbol{c}}^{\mathrm{T}}\dot{\boldsymbol{c}} = \omega_\xi^2 + \omega_\eta^2$，$\dot{\boldsymbol{b}}^{\mathrm{T}}\dot{\boldsymbol{c}} = -\omega_\eta\omega_\zeta$，$\dot{\boldsymbol{c}}^{\mathrm{T}}\dot{\boldsymbol{a}} = -\omega_\zeta\omega_\xi$，$\dot{\boldsymbol{a}}^{\mathrm{T}}\dot{\boldsymbol{b}} = -\omega_\xi\omega_\eta$ が成り立つことに注意すると

$$\begin{aligned} K_{\mathrm{rot}} = \frac{1}{2} \Bigg\{ & (\omega_\eta^2 + \omega_\zeta^2) \sum_i m_i \xi_i^2 + (\omega_\zeta^2 + \omega_\xi^2) \sum_i m_i \eta_i^2 + (\omega_\xi^2 + \omega_\eta^2) \sum_i m_i \zeta_i^2 \\ & -\omega_\eta\omega_\zeta \sum_i 2 m_i \eta_i \zeta_i - \omega_\zeta\omega_\xi \sum_i 2 m_i \zeta_i \xi_i - \omega_\xi\omega_\eta \sum_i 2 m_i \xi_i \eta_i \Bigg\} \end{aligned}$$

を得る。上式は $\omega_\xi, \omega_\eta, \omega_\zeta$ に関する二次式である。2 次の項の係数を

$$J_{\xi\xi} = \sum_i m_i(\eta_i^2 + \zeta_i^2), \quad J_{\eta\eta} = \sum_i m_i(\zeta_i^2 + \xi_i^2), \quad J_{\zeta\zeta} = \sum_i m_i(\xi_i^2 + \eta_i^2)$$

$$J_{\eta\zeta} = -\sum_i m_i \eta_i \zeta_i, \quad J_{\zeta\xi} = -\sum_i m_i \zeta_i \xi_i, \quad J_{\xi\eta} = -\sum_i m_i \xi_i \eta_i$$

と表す。さらに

$$\boldsymbol{\omega} = \begin{bmatrix} \omega_\xi \\ \omega_\eta \\ \omega_\zeta \end{bmatrix}, \quad J = \begin{bmatrix} J_{\xi\xi} & J_{\xi\eta} & J_{\xi\zeta} \\ J_{\xi\eta} & J_{\eta\eta} & J_{\eta\zeta} \\ J_{\xi\zeta} & J_{\eta\zeta} & J_{\zeta\zeta} \end{bmatrix}$$

とする。このとき，剛体の回転による運動エネルギーは

$$K_{\mathrm{rot}} = \frac{1}{2}\boldsymbol{\omega}^{\mathrm{T}} J \boldsymbol{\omega} \tag{6.41}$$

と表せる。行列 J を慣性行列と呼ぶ。質量 m_i と位置ベクトル $[\,\xi_i,\,\eta_i,\,\zeta_i\,]^{\mathrm{T}}$ は定数であるので，慣性行列の各要素は定数である。すなわち，慣性行列 J は時間に依存しない定行列である。質点 m_i と ξ 軸との距離の 2 乗は $(\eta_i^2 + \zeta_i^2)$ で与えられるので，慣性行列の対角要素 $J_{\xi\xi}$ は ξ 軸まわりの慣性モーメントに一致する。同様に，対角要素 $J_{\eta\eta}$, $J_{\zeta\zeta}$ は，それぞれ η, ζ 軸まわりの慣性モーメントに一致する。

制約 (6.36) を考慮するとラグランジアンは

$$\mathcal{L} = K_{\mathrm{rot}} + (\lambda_1 R_1 + \lambda_2 R_2 + \lambda_3 R_3) + (\mu_1 Q_1 + \mu_2 Q_2 + \mu_3 Q_3)$$

と表される。ここで，λ_1, λ_2, λ_3 ならびに μ_1, μ_2, μ_3 は，ラグランジュの未定乗数である。一般化座標 $\boldsymbol{a}$ に関するラグランジュの運動方程式を導こう。まず，運動エネルギー K_{rot} の $\boldsymbol{a}$ に関する偏微分を計算する。運動エネルギー K_{rot} は，角速度 ω_ξ, ω_η, ω_ζ の関数であるので

$$\frac{\partial K_{\mathrm{rot}}}{\partial \boldsymbol{a}} = \frac{\mathrm{d}K_{\mathrm{rot}}}{\mathrm{d}\omega_\xi}\frac{\partial \omega_\xi}{\partial \boldsymbol{a}} + \frac{\mathrm{d}K_{\mathrm{rot}}}{\mathrm{d}\omega_\eta}\frac{\partial \omega_\eta}{\partial \boldsymbol{a}} + \frac{\mathrm{d}K_{\mathrm{rot}}}{\mathrm{d}\omega_\zeta}\frac{\partial \omega_\zeta}{\partial \boldsymbol{a}}$$

が成り立つ。式 (6.37) より

$$\frac{\partial \omega_\xi}{\partial \boldsymbol{a}} = \mathbf{0}, \quad \frac{\partial \omega_\eta}{\partial \boldsymbol{a}} = \dot{\boldsymbol{c}}, \quad \frac{\partial \omega_\zeta}{\partial \boldsymbol{a}} = \mathbf{0}$$

である。さらに $\mathrm{d}K_{\mathrm{rot}}/\mathrm{d}\boldsymbol{\omega} \triangleq [\,\mathrm{d}K_{\mathrm{rot}}/\mathrm{d}\omega_\xi,\,\mathrm{d}K_{\mathrm{rot}}/\mathrm{d}\omega_\eta,\,\mathrm{d}K_{\mathrm{rot}}/\mathrm{d}\omega_\zeta\,]^{\mathrm{T}} = J\boldsymbol{\omega}$ に注意すると，運動エネルギー K_{rot} の $\boldsymbol{a}$ に関する偏微分は

$$\frac{\partial K_{\mathrm{rot}}}{\partial \boldsymbol{a}} = \begin{bmatrix} \boldsymbol{0} & \dot{\boldsymbol{c}} & \boldsymbol{0} \end{bmatrix} J\boldsymbol{\omega}$$

と表すことができる。同様に

$$\frac{\partial \omega_\xi}{\partial \dot{\boldsymbol{a}}} = \boldsymbol{0}, \qquad \frac{\partial \omega_\eta}{\partial \dot{\boldsymbol{a}}} = \boldsymbol{0}, \qquad \frac{\partial \omega_\zeta}{\partial \dot{\boldsymbol{a}}} = \boldsymbol{b}$$

に注意すると，運動エネルギー K_{rot} の $\dot{\boldsymbol{a}}$ に関する偏微分は

$$\frac{\partial K_{\mathrm{rot}}}{\partial \dot{\boldsymbol{a}}} = \begin{bmatrix} \boldsymbol{0} & \boldsymbol{0} & \boldsymbol{b} \end{bmatrix} J\boldsymbol{\omega}$$

と表すことができる。上式を時間微分すると

$$\frac{\mathrm{d}}{\mathrm{d}t}\frac{\partial K_{\mathrm{rot}}}{\partial \dot{\boldsymbol{a}}} = \begin{bmatrix} \boldsymbol{0} & \boldsymbol{0} & \boldsymbol{b} \end{bmatrix} J\dot{\boldsymbol{\omega}} + \begin{bmatrix} \boldsymbol{0} & \boldsymbol{0} & \dot{\boldsymbol{b}} \end{bmatrix} J\boldsymbol{\omega}$$

である。したがって，一般化座標 $\boldsymbol{a}$ に関するラグランジュの運動方程式を計算すると

$$\begin{bmatrix} \boldsymbol{0} & \boldsymbol{0} & \boldsymbol{b} \end{bmatrix} J\dot{\boldsymbol{\omega}} + \begin{bmatrix} \boldsymbol{0} & \boldsymbol{0} & \dot{\boldsymbol{b}} \end{bmatrix} J\boldsymbol{\omega} - \begin{bmatrix} \boldsymbol{0} & \dot{\boldsymbol{c}} & \boldsymbol{0} \end{bmatrix} J\boldsymbol{\omega} \\ - 2\lambda_1\boldsymbol{a} - \mu_2\boldsymbol{c} - \mu_3\boldsymbol{b} = \boldsymbol{0} \tag{6.42}$$

を得る。同様に，一般化座標 $\boldsymbol{b}$ に関するラグランジュの運動方程式と一般化座標 $\boldsymbol{c}$ に関するラグランジュの運動方程式を導くと

$$\begin{bmatrix} \boldsymbol{c} & \boldsymbol{0} & \boldsymbol{0} \end{bmatrix} J\dot{\boldsymbol{\omega}} + \begin{bmatrix} \dot{\boldsymbol{c}} & \boldsymbol{0} & \boldsymbol{0} \end{bmatrix} J\boldsymbol{\omega} - \begin{bmatrix} \boldsymbol{0} & \boldsymbol{0} & \dot{\boldsymbol{a}} \end{bmatrix} J\boldsymbol{\omega} \\ - 2\lambda_2\boldsymbol{b} - \mu_3\boldsymbol{a} - \mu_1\boldsymbol{c} = \boldsymbol{0} \tag{6.43}$$

$$\begin{bmatrix} \boldsymbol{0} & \boldsymbol{a} & \boldsymbol{0} \end{bmatrix} J\dot{\boldsymbol{\omega}} + \begin{bmatrix} \boldsymbol{0} & \dot{\boldsymbol{a}} & \boldsymbol{0} \end{bmatrix} J\boldsymbol{\omega} - \begin{bmatrix} \dot{\boldsymbol{b}} & \boldsymbol{0} & \boldsymbol{0} \end{bmatrix} J\boldsymbol{\omega} \\ - 2\lambda_3\boldsymbol{c} - \mu_1\boldsymbol{b} - \mu_2\boldsymbol{a} = \boldsymbol{0} \tag{6.44}$$

が得られる。ベクトル $\boldsymbol{c}$ と式 (6.43) との内積，ベクトル $\boldsymbol{b}$ と式 (6.44) との内積を計算すると

$$\begin{bmatrix} 1 & 0 & 0 \end{bmatrix} J\dot{\boldsymbol{\omega}} - \begin{bmatrix} 0 & 0 & -\omega_\eta \end{bmatrix} J\boldsymbol{\omega} - \mu_1 = 0$$

$$\begin{bmatrix} 0 & \omega_\zeta & 0 \end{bmatrix} J\boldsymbol{\omega} - \mu_1 = 0$$

となり，この2式より未定乗数 μ_1 を消去すると

$$\begin{bmatrix} 1 & 0 & 0 \end{bmatrix} J\dot{\boldsymbol{\omega}} + \begin{bmatrix} 0 & -\omega_\zeta & \omega_\eta \end{bmatrix} J\boldsymbol{\omega} = 0$$

が得られる。同様に，ベクトル $\boldsymbol{a}$ と式 (6.44) との内積，ベクトル $\boldsymbol{c}$ と式 (6.42) との内積を計算し，未定乗数 μ_2 を消去すると

$$\begin{bmatrix} 0 & 1 & 0 \end{bmatrix} J\dot{\boldsymbol{\omega}} + \begin{bmatrix} \omega_\zeta & 0 & -\omega_\xi \end{bmatrix} J\boldsymbol{\omega} = 0$$

が得られ，ベクトル $\boldsymbol{b}$ と式 (6.42) との内積，ベクトル $\boldsymbol{a}$ と式 (6.43) との内積を計算し，未定乗数 μ_3 を消去すると

$$\begin{bmatrix} 0 & 0 & 1 \end{bmatrix} J\dot{\boldsymbol{\omega}} + \begin{bmatrix} -\omega_\eta & \omega_\xi & 0 \end{bmatrix} J\boldsymbol{\omega} = 0$$

が得られる。得られた3式を並べると

$$\begin{bmatrix} 1 & 0 & 0 \\ 0 & 1 & 0 \\ 0 & 0 & 1 \end{bmatrix} J\dot{\boldsymbol{\omega}} + \begin{bmatrix} 0 & -\omega_\zeta & \omega_\eta \\ \omega_\zeta & 0 & -\omega_\xi \\ -\omega_\eta & \omega_\xi & 0 \end{bmatrix} J\boldsymbol{\omega} = \begin{bmatrix} 0 \\ 0 \\ 0 \end{bmatrix}$$

となる。左辺第2項は外積 $\boldsymbol{\omega} \times J\boldsymbol{\omega}$ に一致する。けっきょく，剛体の回転運動を定式化すると，角速度ベクトル $\boldsymbol{\omega}$ に関する1階の微分方程式

$$J\dot{\boldsymbol{\omega}} + \boldsymbol{\omega} \times J\boldsymbol{\omega} = \boldsymbol{0} \tag{6.45}$$

を得る。上式を**オイラーの運動方程式**（Euler's equations of motion）と呼ぶ。剛体に作用する ξ, η, ζ 軸まわりのモーメントをそれぞれ $\tau_\xi, \tau_\eta, \tau_\zeta$ で表す。このとき，モーメントベクトルを $\boldsymbol{\tau} = [\,\tau_\xi, \tau_\eta, \tau_\zeta\,]^{\mathrm{T}}$ と定めると，オイラーの運動方程式は

$$J\dot{\boldsymbol{\omega}} + \boldsymbol{\omega} \times J\boldsymbol{\omega} = \boldsymbol{\tau} \tag{6.46}$$

となる。

式 (6.45) を解くことにより，角速度 ω_ξ, ω_η, ω_ζ を計算することができる。角速度 ω_ξ, ω_η, ω_ζ が求まれば，式 (6.38) で与えられる 1 階の微分方程式を式 (6.36) で与えられる制約のもとで解くことにより，剛体の姿勢を表すベクトル $\boldsymbol{a}$, $\boldsymbol{b}$, $\boldsymbol{c}$ を求めることができる。制約のもとで微分方程式を解くために，制約安定化法を用いる。微分方程式 (6.38) はそれぞれ $\dot{\boldsymbol{a}}$, $\dot{\boldsymbol{b}}$, $\dot{\boldsymbol{c}}$ に関する式であるので，ベクトル $\boldsymbol{a}$, $\boldsymbol{b}$, $\boldsymbol{c}$ が制約を満たすよう，各式の右辺に以下の安定化項を加える。

$$\lambda_1 \frac{\partial R_1}{\partial \boldsymbol{a}} + \cdots + \mu_3 \frac{\partial Q_3}{\partial \boldsymbol{a}} = 2\lambda_1 \boldsymbol{a} + \mu_2 \boldsymbol{c} + \mu_3 \boldsymbol{b}$$
$$\lambda_1 \frac{\partial R_1}{\partial \boldsymbol{b}} + \cdots + \mu_3 \frac{\partial Q_3}{\partial \boldsymbol{b}} = 2\lambda_2 \boldsymbol{b} + \mu_3 \boldsymbol{a} + \mu_1 \boldsymbol{c}$$
$$\lambda_1 \frac{\partial R_1}{\partial \boldsymbol{c}} + \cdots + \mu_3 \frac{\partial Q_3}{\partial \boldsymbol{c}} = 2\lambda_3 \boldsymbol{c} + \mu_1 \boldsymbol{b} + \mu_2 \boldsymbol{a}$$

したがって，式 (6.38) の右辺に制約安定化項を加えた式は

$$\begin{aligned}
\dot{\boldsymbol{a}} &= \omega_\zeta \boldsymbol{b} - \omega_\eta \boldsymbol{c} + 2\lambda_1 \boldsymbol{a} + \mu_2 \boldsymbol{c} + \mu_3 \boldsymbol{b}, \\
\dot{\boldsymbol{b}} &= \omega_\xi \boldsymbol{c} - \omega_\zeta \boldsymbol{a} + 2\lambda_2 \boldsymbol{b} + \mu_3 \boldsymbol{a} + \mu_1 \boldsymbol{c}, \\
\dot{\boldsymbol{c}} &= \omega_\eta \boldsymbol{a} - \omega_\xi \boldsymbol{b} + 2\lambda_3 \boldsymbol{c} + \mu_1 \boldsymbol{b} + \mu_2 \boldsymbol{a}
\end{aligned} \tag{6.47}$$

である。微分方程式 (6.38) はベクトル $\boldsymbol{a}$, $\boldsymbol{b}$, $\boldsymbol{c}$ に関する 1 階の微分方程式であるので，これらをパフィアン制約と見なし，制約安定化法として

$$\dot{R}_1 = -\gamma R_1, \quad \dot{R}_2 = -\gamma R_2, \quad \dot{R}_3 = -\gamma R_3$$
$$\dot{Q}_1 = -\gamma Q_1, \quad \dot{Q}_2 = -\gamma Q_2, \quad \dot{Q}_3 = -\gamma Q_3$$

を用いる。ここで，γ は正の定数である。これらの式を計算すると

$$\begin{aligned}
&-2\boldsymbol{a}^{\mathrm{T}}\dot{\boldsymbol{a}} = \gamma(\boldsymbol{a}^{\mathrm{T}}\boldsymbol{a} - 1), \quad -2\boldsymbol{b}^{\mathrm{T}}\dot{\boldsymbol{b}} = \gamma(\boldsymbol{b}^{\mathrm{T}}\boldsymbol{b} - 1), \quad -2\boldsymbol{c}^{\mathrm{T}}\dot{\boldsymbol{c}} = \gamma(\boldsymbol{c}^{\mathrm{T}}\boldsymbol{c} - 1), \\
&-\boldsymbol{c}^{\mathrm{T}}\dot{\boldsymbol{b}} - \boldsymbol{b}^{\mathrm{T}}\dot{\boldsymbol{c}} = \gamma \boldsymbol{b}^{\mathrm{T}}\boldsymbol{c}, \quad -\boldsymbol{a}^{\mathrm{T}}\dot{\boldsymbol{c}} - \boldsymbol{c}^{\mathrm{T}}\dot{\boldsymbol{a}} = \gamma \boldsymbol{c}^{\mathrm{T}}\boldsymbol{a}, \quad -\boldsymbol{b}^{\mathrm{T}}\dot{\boldsymbol{a}} - \boldsymbol{a}^{\mathrm{T}}\dot{\boldsymbol{b}} = \gamma \boldsymbol{a}^{\mathrm{T}}\boldsymbol{b}
\end{aligned} \tag{6.48}$$

を得る。けっきょく，微分方程式 (6.47) と式 (6.48) を解くことにより，制約を満たすベクトル $\boldsymbol{a}$, $\boldsymbol{b}$, $\boldsymbol{c}$ を計算することができる。

なお，慣性行列 J を対角化すると，慣性主軸を得る。慣性主軸を物体座標系の軸に選び，$J = \mathrm{diag}\{ J_\xi, J_\eta, J_\zeta \}$ と表すと，オイラーの運動方程式 (6.46) は簡単に

$$
\begin{aligned}
&J_\xi \dot{\omega}_\xi - (J_\eta - J_\zeta)\omega_\eta \omega_\zeta = \tau_\xi, \\
&J_\eta \dot{\omega}_\eta - (J_\zeta - J_\xi)\omega_\zeta \omega_\xi = \tau_\eta, \\
&J_\zeta \dot{\omega}_\zeta - (J_\xi - J_\eta)\omega_\xi \omega_\eta = \tau_\zeta
\end{aligned}
\tag{6.49}
$$

と表される。

章　末　問　題

【1】 2 個の一般化座標 q_1, q_2 で表される系において，運動エネルギー K は一般化速度 $\dot{q}_1, \dot{q}_2$ の二次形式で与えられる。

$$
K = \frac{1}{2} \begin{bmatrix} \dot{q}_1 & \dot{q}_2 \end{bmatrix} \begin{bmatrix} H_{11} & H_{12} \\ H_{21} & H_{22} \end{bmatrix} \begin{bmatrix} \dot{q}_1 \\ \dot{q}_2 \end{bmatrix} = \sum_{i=1}^{2} \sum_{j=1}^{2} \frac{1}{2} H_{ij} \dot{q}_i \dot{q}_j
$$

慣性行列要素 $H_{11}, H_{22}, H_{12}, H_{21}$ は，一般化座標 q_1, q_2 の関数である。このとき，一般化座標 q_k に関するラグランジュの運動方程式への運動エネルギー K の寄与は

$$
-\sum_{i=1}^{2} H_{ki} \ddot{q}_i - \sum_{i=1}^{2} \sum_{j=1}^{2} c_{ijk} \dot{q}_i \dot{q}_j
$$

と表されることを示せ。ここで

$$
c_{ijk} = \frac{1}{2} \left\{ \frac{\partial H_{kj}}{\partial q_i} + \frac{\partial H_{ki}}{\partial q_j} - \frac{\partial H_{ij}}{\partial q_k} \right\}
$$

を**クリストッフェル記号**（Christoffel symbol）と呼ぶ。

【2】 質点 m が重力加速度 g のもとで落下する。鉛直上方向を x 軸の正の向きと設定し，時刻 t における質点の位置を $x(t)$ で表す。初期条件を $x(0) = 0$，$\dot{x}(0) = 0$ とし，質点の運動を求める。質点の運動エネルギーとポテンシャルエネルギーは，$K = (1/2)m\dot{x}^2$，$P = mgx$ で与えられる。簡単化のため $m = 2$，$g = 1$ とすると，作用積分は

$$I = \int_0^{t_f} \left(\dot{x}^2 - 2x\right) \, \mathrm{d}t$$

で与えられる。初期条件を考慮して，$x(t) = at^2$ と仮定すると，$\dot{x} = 2at$ であるので

$$I = \int_0^{t_f} (4a^2 - 2a)t^2 \, \mathrm{d}t = (4a^2 - 2a)\frac{t_f^3}{3}$$

となる。作用積分が最小になるのは $a = 1/4$ のときである。したがって，質点の運動は $x(t) = (1/4)t^2$ で与えられ，質点は鉛直上方向に運動する。

この議論はどこが誤っているのか。また，小説 10) におけるフェルマーの定理と変分原理に関する議論について考察せよ。

【３】 式 (6.38) を導け。すなわち，角速度 $\omega_\xi, \omega_\eta, \omega_\zeta$ は，以下の式で求められることを示せ。

$$\begin{bmatrix} & -\omega_\zeta & \omega_\eta \\ \omega_\zeta & & -\omega_\xi \\ -\omega_\eta & \omega_\xi & \end{bmatrix} = R^{\mathrm{T}}\dot{R}$$

【４】 微分方程式 (6.47), (6.48) を解き

$$\begin{aligned}
\dot{\boldsymbol{a}} &= \left\{-\frac{\gamma}{2}(\boldsymbol{a}^{\mathrm{T}}\boldsymbol{a} - 1)\right\}\boldsymbol{a} + \left\{\omega_\zeta - \frac{\gamma}{2}(\boldsymbol{a}^{\mathrm{T}}\boldsymbol{b})\right\}\boldsymbol{b} + \left\{-\omega_\eta - \frac{\gamma}{2}(\boldsymbol{a}^{\mathrm{T}}\boldsymbol{c})\right\}\boldsymbol{c} \\
\dot{\boldsymbol{b}} &= \left\{-\omega_\zeta - \frac{\gamma}{2}(\boldsymbol{b}^{\mathrm{T}}\boldsymbol{a})\right\}\boldsymbol{a} + \left\{-\frac{\gamma}{2}(\boldsymbol{b}^{\mathrm{T}}\boldsymbol{b} - 1)\right\}\boldsymbol{b} + \left\{\omega_\xi - \frac{\gamma}{2}(\boldsymbol{b}^{\mathrm{T}}\boldsymbol{c})\right\}\boldsymbol{c} \\
\dot{\boldsymbol{c}} &= \left\{\omega_\eta - \frac{\gamma}{2}(\boldsymbol{c}^{\mathrm{T}}\boldsymbol{a})\right\}\boldsymbol{a} + \left\{-\omega_\xi - \frac{\gamma}{2}(\boldsymbol{c}^{\mathrm{T}}\boldsymbol{b})\right\}\boldsymbol{b} + \left\{-\frac{\gamma}{2}(\boldsymbol{c}^{\mathrm{T}}\boldsymbol{c} - 1)\right\}\boldsymbol{c}
\end{aligned}$$

を示せ。常微分方程式の数値解法を上式に適用することにより，剛体の姿勢を表すベクトル $\boldsymbol{a}, \boldsymbol{b}, \boldsymbol{c}$ を計算し，剛体の回転運動を求めることができる。

【５】 回転行列 R を 4 個のパラメータ q_0, q_1, q_2, q_3 を用いて

$$R = \begin{bmatrix} 2(q_0^2 + q_1^2) - 1 & 2(q_1q_2 - q_0q_3) & 2(q_1q_3 + q_0q_2) \\ 2(q_1q_2 + q_0q_3) & 2(q_0^2 + q_2^2) - 1 & 2(q_2q_3 - q_0q_1) \\ 2(q_1q_3 - q_0q_2) & 2(q_2q_3 + q_0q_1) & 2(q_0^2 + q_3^2) - 1 \end{bmatrix}$$

と表す。ただし，$\boldsymbol{q} \triangleq [\,q_0,\, q_1,\, q_2,\, q_3\,]^{\mathrm{T}}$ は制約

$$Q \triangleq q_0^2 + q_1^2 + q_2^2 + q_3^2 - 1 = 0$$

を満たさなくてはならない。回転運動のこのような表現法を，**四元数**（quaternion）と呼ぶ。この方法は，1) パラメータの数が少ない，2) 二次式で表され，

三角関数を含まない，3) 特異点を持たないという特徴を持ち，飛翔体の制御やコンピュータグラフィックスにおける剛体運動の計算などに広く用いられている。以下の問に答えよ。

(1) 上記の行列 R が直交行列であることを示せ。

(2) 行列

$$H \triangleq \begin{bmatrix} -q_1 & q_0 & q_3 & -q_2 \\ -q_2 & -q_3 & q_0 & q_1 \\ -q_3 & q_2 & -q_1 & q_0 \end{bmatrix}$$

を用いると，角速度ベクトル $\boldsymbol{\omega} = [\omega_\xi, \omega_\eta, \omega_\zeta]^{\mathrm{T}}$ と四元数の時間微分 $\dot{\boldsymbol{q}} = [\dot{q}_0, \dot{q}_1, \dot{q}_2, \dot{q}_3]^{\mathrm{T}}$ の関係が

$$\boldsymbol{\omega} = 2H\dot{\boldsymbol{q}}$$

と表されることを示せ。

(3) 剛体が物体座標系の原点まわりに自由に回転する。剛体の姿勢を四元数を用いて表す。剛体の慣性行列を J で表す。剛体の回転の運動方程式は，2 階の常微分方程式

$$\ddot{\boldsymbol{q}} = -r(\boldsymbol{q}, \dot{\boldsymbol{q}})\,\boldsymbol{q} - 2H^{\mathrm{T}}J^{-1}\{(H\dot{\boldsymbol{q}}) \times (JH\dot{\boldsymbol{q}})\}$$

で与えられることを示せ。ただし

$$r(\boldsymbol{q}, \dot{\boldsymbol{q}}) \triangleq \dot{\boldsymbol{q}}^{\mathrm{T}}\dot{\boldsymbol{q}} + 2\nu\boldsymbol{q}^{\mathrm{T}}\dot{\boldsymbol{q}} + \frac{1}{2}\nu^2(\boldsymbol{q}^{\mathrm{T}}\boldsymbol{q} - 1)$$

であり，ν は制約 Q の安定化のための正の定数である。

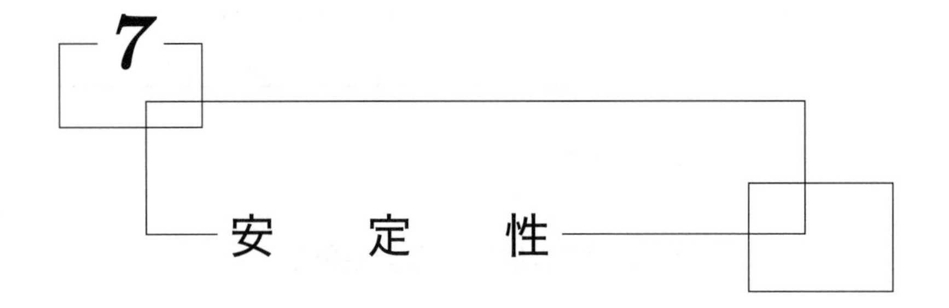

7 安　定　性

5.3 節では，線形常微分方程式の安定性について述べた。本章では，一般の常微分方程式の安定性について述べる†。

7.1　安定と漸近安定

微分方程式 $\dot{\boldsymbol{x}} = \boldsymbol{f}(t, \boldsymbol{x})$ の挙動を $\boldsymbol{x}^*$ の近傍で調べよう。そのために，$\boldsymbol{x}^*$ の近傍に初期値 $\boldsymbol{x}(0)$ をおき，その初期値から始まる微分方程式の解 $\boldsymbol{x}(t)$ の挙動を調べる。解 $\boldsymbol{x}(t)$ は，$\boldsymbol{x}^*$ の近傍内に留まるか留まらないかのどちらかの挙動を示す。初期値 $\boldsymbol{x}(0)$ を $\boldsymbol{x}^*$ の近傍においたとき，解 $\boldsymbol{x}(t)$ が $\boldsymbol{x}^*$ の近傍内に留まる場合，解 $\boldsymbol{x}(t)$ は**安定**（stable）であるという。すなわち

$$\forall \epsilon > 0, \quad \exists \delta > 0, \quad \| \boldsymbol{x}(0) - \boldsymbol{x}^* \| < \delta \quad \text{ならば} \quad \| \boldsymbol{x}(t) - \boldsymbol{x}^* \| < \epsilon \tag{7.1}$$

であり，これは，初期値を $\boldsymbol{x}^*$ に近づけると解 $\boldsymbol{x}(t)$ が $\boldsymbol{x}^*$ に近づくことを意味する。安定でないとき，解は**不安定**（unstable）であるという。

ある初期値 $\boldsymbol{x}(0)$ に対応する安定な解 $\boldsymbol{x}(t)$ は，$\boldsymbol{x}^*$ の近傍に留まるが，$\boldsymbol{x}^*$ に収束するとは限らない。安定な解 $\boldsymbol{x}(t)$ が $\boldsymbol{x}^*$ に収束するとき，安定な解は**漸近安定**（asymptotically stable）であるという。すなわち

---

† 本章は文献 11) を参考にしている。

$$\forall \epsilon > 0, \quad \exists \delta, R > 0, \quad \| \boldsymbol{x}(0) - \boldsymbol{x}^* \| < \delta, \quad t > R \quad \text{ならば}$$
$$\| \boldsymbol{x}(t) - \boldsymbol{x}^* \| < \epsilon \qquad (7.2)$$

が満たされるとき，解 $\boldsymbol{x}(t)$ は漸近安定である。

7.2　線形化による安定解析

微分方程式の安定性を調べる一つの方法は，定常状態の近傍で微分方程式を線形化し，5.3 節で述べた線形常微分方程式の安定判別を用いる方法である。図 2.1 の単振り子の運動において，粘性モーメントが作用する場合，状態変数 (θ, ω) は $(0, 0)$ に収束し定常状態に至る。定常状態近傍の安定性を解析しよう。式 (2.6) の右辺を定常状態 $(0, 0)$ の近傍で展開すると

$$\dot{\theta} = \omega$$
$$\dot{\omega} = -\frac{g}{l}\theta - \frac{b}{J}\omega$$

を得る。ベクトル形式で表すと

$$\begin{bmatrix} \dot{\theta} \\ \dot{\omega} \end{bmatrix} = \begin{bmatrix} 0 & 1 \\ -g/l & -b/J \end{bmatrix} \begin{bmatrix} \theta \\ \omega \end{bmatrix}$$

となる。上式右辺の係数行列の固有多項式は

$$\begin{vmatrix} \lambda & -1 \\ g/l & \lambda + b/J \end{vmatrix} = \lambda^2 + \frac{b}{J}\lambda + \frac{g}{l}$$

である。この固有多項式の 2 根の実部はともに正である。したがって，単振り子は定常状態 $(0, 0)$ の近傍で安定である。

図 2.1 の単振り子の運動において，粘性モーメントが作用し，支点まわりに一定のトルク τ が作用しているとする。このとき，運動方程式は

$$\dot{\theta} = \omega$$

$$\dot{\omega} = -\frac{g}{l}\sin\theta - \frac{b}{J}\omega + \frac{\tau}{J}$$

となる。定常状態では $\dot{\theta}=0$，$\dot{\omega}=0$ を満たすので，定常状態 (θ^*, ω^*) は

$$\omega^* = 0$$

$$\sin\theta^* = \frac{l\tau}{gJ}$$

を満たす。これより，$-1 \leqq l\tau/(gJ) \leqq 1$ すなわち $-gJ/l \leqq \tau \leqq gJ/l$ のとき定常状態が存在することがわかる。定常状態の近傍で運動方程式の右辺を展開すると

$$\dot{\theta} = \omega$$

$$\dot{\omega} = -\frac{g}{l}\left\{\sin\theta^* + (\theta - \theta^*)\cos\theta^*\right\} - \frac{b}{J}\omega + \frac{\tau}{J}$$

を得る。ベクトル形式で表すと

$$\begin{bmatrix} \dot{\theta} \\ \dot{\omega} \end{bmatrix} = \begin{bmatrix} 0 & 1 \\ -(g/l)\cos\theta^* & -b/J \end{bmatrix} \begin{bmatrix} \theta \\ \omega \end{bmatrix} + \begin{bmatrix} 0 \\ (g/l)\theta^*\cos\theta^* \end{bmatrix}$$

となる。上式右辺の係数行列の固有多項式は

$$\begin{vmatrix} \lambda & -1 \\ (g/l)\cos\theta^* & \lambda + b/J \end{vmatrix} = \lambda^2 + \frac{b}{J}\lambda + \frac{g}{l}\cos\theta^*$$

である。この固有多項式の 2 根の実部がともに正であるための条件は, $\cos\theta^* > 0$ すなわち $\pi/2 < \theta^* < \pi/2$ である。この条件より，$-1 < l\tau/(gJ) < 1$ すなわち $-gJ/l < \tau < gJ/l$ が得られる。したがって，トルク τ の大きさが gJ/l より小さいとき，定常状態 (θ^*, ω^*) の近傍で安定である。

以上のように，系を支配する微分方程式を定常状態の近傍で線形化することにより，定常状態の近傍における安定性を判別することができる。

7.3　単振り子の運動の安定性

前節で述べたように，線形化により定常状態近傍における安定性を判別することができる。しかし，大域的な安定性を判別することはできない。本節では，大域的な安定性を解析する。

図 2.1 の単振り子の運動において，粘性モーメントが作用する場合，状態変数 (θ, ω) は $(0,0)$ に収束し，安定な状態に至る。このような安定性をエネルギーの観点から解析しよう。単振り子が持つ力学的エネルギー E は，運動エネルギーと重力ポテンシャルエネルギーの和である。運動エネルギー K と重力ポテンシャルエネルギー P はそれぞれ

$$K = \frac{1}{2}J\omega^2$$
$$P = mgl(1 - \cos\theta)$$

と表すことができる。したがって，力学的エネルギーは状態変数 θ と ω の関数

$$E(\theta, \omega) = \frac{1}{2}J\omega^2 + mgl(1 - \cos\theta)$$

で与えられる。振れ角 θ の範囲を $-\pi < \theta < \pi$ とする。このとき，$E(\theta, \omega) \geqq 0$ であり，安定状態 $(\theta, \omega) = (0, 0)$ においてのみ $E = 0$ が成り立つ。力学的エネルギーが時間とともにどのように変化するかを調べるために，力学的エネルギーの時間微分を計算すると

$$\begin{aligned} \dot{E}(\theta, \omega) &= J\omega\dot{\omega} + mgl(\sin\theta)\dot{\theta} \\ &= \omega(J\dot{\omega} + mgl\sin\theta) \end{aligned}$$

を得る。この式に式 (2.5)，すなわち $J\dot{\omega} = -mgl\sin\theta - b\omega$ を代入すると

$$\dot{E}(\theta, \omega) = -b\omega^2$$

となる。もし $\omega \neq 0$ ならば $\dot{E} < 0$ なので，力学的エネルギー E は減少する。

もし$\omega = 0$で$\sin\theta \neq 0$ならば，$\dot{\omega} = -mgl\sin\theta \neq 0$なので，現在の角速度0の状態には留まらず$\omega \neq 0$となる。けっきょく$\dot{E} < 0$となり，力学的エネルギー$E$は減少する。以上の考察より，$(\theta, \omega) \neq (0, 0)$のとき，力学的エネルギー$E$は減少することがわかる。すなわち，安定状態以外では非負の力学的エネルギーEは減少するので，時間の経過とともに力学的エネルギーEは0に至る。これは，状態変数(θ, ω)が$(0, 0)$に収束することを意味する。以上の解析では，単振り子の運動方程式を解くことなく安定性を証明することができる。その鍵は，状態変数θ, ωの関数$E(\theta, \omega)$が安定状態以外では正，安定状態では0であること，安定状態以外では関数Eが減少することにある。力学的エネルギーに限らずこのような関数を構成できれば，運動方程式を解くことなく安定性を示すことができる。

上述の解析では，$\theta \neq 0$かつ$\omega = 0$の場合に関数の時間微分が負ではないので，$\omega \neq 0$の場合とは議論を分ける必要がある。別のアプローチとして，安定状態以外で時間微分が負となる関数を構成してみよう。すなわち

$$\text{安定状態 } (\theta, \omega) = (0, 0) \text{ において，} V(\theta, \omega) = 0 \tag{7.3}$$

$$\text{安定状態以外 } (\theta, \omega) \neq (0, 0) \text{ において，} V(\theta, \omega) > 0 \text{ かつ } \dot{V}(\theta, \omega) < 0 \tag{7.4}$$

を満たす関数$V(\theta, \omega)$を構成できれば，単振り子の運動が安定であることを証明できる。このような関数を構成しよう。

なぜ$\omega = 0$のとき$\dot{E} = 0$であるかを考察しよう。関数$E(\theta, \omega)$の等高線はθ軸と直交する。実際，関数$E(\theta, \omega)$を最低次の項で近似すると

$$E(\theta, \omega) \approx \frac{1}{2}J\omega^2 + \frac{1}{2}M\theta^2$$

が得られる。ここで$M = mgl$である。右辺の等高線は，**図 7.1** (a) に示すような位相平面上の長円であり，その主軸はθ軸とω軸に一致する。したがって，等高線はθ軸と直交する。一方，$\omega = 0$のとき$\dot{\theta} = 0$であるので，運動方程式の解軌道はθ軸と直交する。したがって，$\omega = 0$のとき，解は関数$E(\theta, \omega)$の

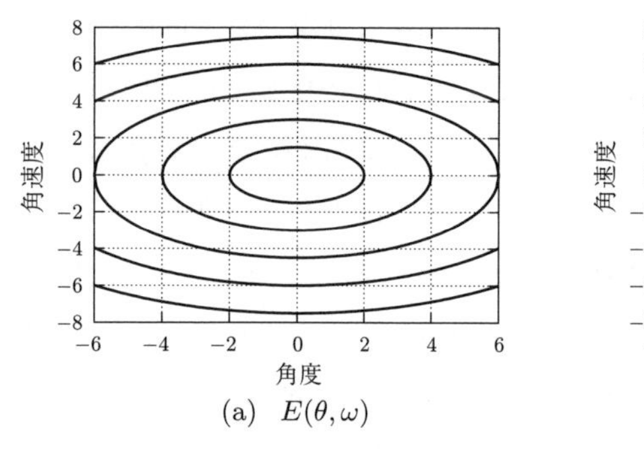

(a) $E(\theta, \omega)$

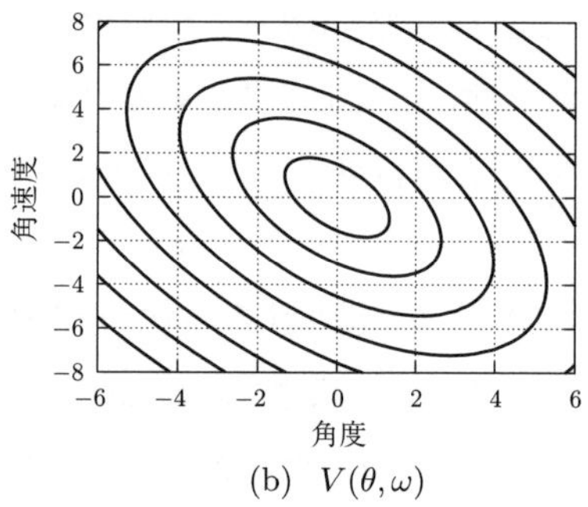

(b) $V(\theta, \omega)$

図 7.1　等高線（関数は $(\theta, \omega) = (0, 0)$ で最小値 0 を持ち，原点から離れるほど大きな値を持つ）

等高線に沿って遷移することになり，関数 E の値は増減しない。結果として，$\dot{E} = 0$ となる。一方，関数 $V(\theta, \omega)$ の等高線が θ 軸と直交せず，図 (b) に示すように左方向に傾斜しながら θ 軸と交差すると，$\omega = 0$ のとき $\dot{V} < 0$ となる。そのためには，θ と ω のカップリング項が必要である。すなわち

$$V(\theta, \omega) \approx \frac{1}{2}J\omega^2 + \frac{1}{2}M\theta^2 + J\alpha\omega\theta$$

となる必要がある。ここで，α は定数である。関数 $\sin\theta$ の近似が θ であることに注意すると，関数 $V(\theta, \omega)$ の候補として

$$V(\theta, \omega) = \frac{1}{2}J\omega^2 + M(1 - \cos\theta) + J\alpha\omega\sin\theta$$

を得る。

上式が式 (7.4) を満たすかどうかを調べよう。角速度 ω に関して二次式であるので，上式を変形すると

$$V(\theta, \omega) = \frac{1}{2}J(\omega + \alpha\sin\theta)^2 + P(\theta)$$
$$P(\theta) = -\frac{1}{2}J\alpha^2\sin^2\theta + M(1 - \cos\theta)$$

となる。関数 $V(\theta, \omega)$ の式で右辺の第 1 項は非負である。右辺第 2 項が非負であるか否かを調べる。関数 $P(\theta)$ の導関数は $P'(\theta) = (M - J\alpha^2\cos\theta)\sin\theta$ である。ここで $\alpha^2 < M/J$ となるように α を選ぶと，$-\pi < \theta < 0$ で $P'(\theta) < 0$，

$0 < \theta < \pi$ で $P'(\theta) > 0$ となる。さらに，$P(0) = 0$ であることに注意すると，$-\pi < \theta < \pi$ で $P(\theta) \geqq 0$ であり，$\theta = 0$ のときに限り $P(\theta) = 0$ であることがわかる。したがって，$V(\theta,\omega) \geqq 0$ であり，$(\theta,\omega) = (0,0)$ のときに限り $V(\theta,\omega) = 0$ となる。関数 $V(\theta,\omega)$ の時間微分を計算し，式 (2.5) を代入すると

$$\begin{aligned}\dot{V} &= J(\omega + \alpha\sin\theta)(\dot{\omega} + \alpha\omega\cos\theta) + P'(\theta)\omega \\ &= -(b - \alpha J\cos\theta)\left\{\omega + \frac{\alpha b\sin\theta}{2(b - \alpha J\cos\theta)}\right\}^2 + Q(\theta)\end{aligned}$$

を得る。ただし

$$Q(\theta) = \frac{(\alpha b\sin\theta)^2}{4(b - \alpha J\cos\theta)} - \alpha M\sin^2\theta$$

である。条件 $\alpha < b/J$ を満たすように α を選ぶと，$b - \alpha J\cos\theta > 0$ となる。さらに，$1/(b - \alpha J\cos\theta) \leqq 1/(b - \alpha J)$ に注意すると

$$Q(\theta) \leqq \frac{(\alpha b\sin\theta)^2}{4(b - \alpha J)} - \alpha M\sin^2\theta = \frac{\alpha\{(4MJ + b^2)\alpha - 4Mb\}}{4(b - \alpha J)}\sin^2\theta$$

を得る（等号は $\theta = 0$ のときに限る）。条件 $0 < \alpha < 4Mb/(4MJ + b^2)$ を満たすように α を選ぶと，$\alpha\{(4MJ + b^2)\alpha - 4Mb\} < 0$ であるので $Q(\theta) \leqq 0$ であり，さらに $\theta = 0$ の場合に限り $Q(\theta) = 0$ となることがわかる。したがって，$\dot{V}(\theta,\omega) \leqq 0$ であり，$(\theta,\omega) = (0,0)$ のときに限り $\dot{V}(\theta,\omega) = 0$ となる。けっきょく

$$0 < \alpha < \min\left\{\sqrt{\frac{M}{J}},\ \frac{b}{J},\ \frac{4Mb}{4MJ + b^2}\right\}$$

を満たすように α を選ぶと，関数 $V(\theta,\omega)$ は式 (7.4) を満たすので，単振り子の運動が安定であることを証明できた。このような関数を**リアプノフ関数**（Lyapunov function）と呼ぶ。

7.4 リアプノフの安定定理とラサールの安定定理

前節で述べた安定性の証明を定式化しよう。系を支配する常微分方程式を $\dot{\boldsymbol{x}} = \boldsymbol{f}(t, \boldsymbol{x})$ で表す。安定点を $\boldsymbol{x}^*$ で表す。リアプノフ関数 $V(\boldsymbol{x})$ は

- 安定点 $\boldsymbol{x}^*$ において $V = 0$
- 安定点以外 $\boldsymbol{x} \neq \boldsymbol{x}^*$ において $V > 0$ かつ $\dot{V} < 0$

を満たす。このようなリアプノフ関数 $V(\boldsymbol{x})$ が構成できるとき，常微分方程式 $\dot{\boldsymbol{x}} = \boldsymbol{f}(t, \boldsymbol{x})$ の解 $\boldsymbol{x}(t)$ は漸近安定である。これを**リアプノフの安定定理**と呼ぶ。

また，関数 $E(\boldsymbol{x})$ が

- 安定点 $\boldsymbol{x}^*$ において $E = 0$
- 安定点以外 $\boldsymbol{x} \neq \boldsymbol{x}^*$ において $E > 0$ かつ $\dot{E} \leqq 0$
- 安定点以外で $\dot{E} = 0$ となった解 $\boldsymbol{x}(t)$ はそれ以降で $\dot{E} \equiv 0$ とはならない

を満たすとする。このとき，常微分方程式 $\dot{\boldsymbol{x}} = \boldsymbol{f}(t, \boldsymbol{x})$ の解 $\boldsymbol{x}(t)$ は，漸近安定である。これを**ラサールの安定定理**と呼ぶ。3 番目の条件は，$\boldsymbol{x}(t)$ が集合 $\{\boldsymbol{x} \mid \dot{E}(\boldsymbol{x}) = 0, \boldsymbol{x} \neq \boldsymbol{x}^*\}$，すなわち安定点以外で $\dot{E}$ の値が 0 となる $\boldsymbol{x}$ の集合に入っても，そこから脱出することを意味する。脱出すると $\dot{E} < 0$ となるので E の値は減少する。

ラサールの安定定理を用いて，前節で述べた単振り子の運動の安定性を示そう。関数として力学的エネルギー

$$E(\theta, \omega) = \frac{1}{2}J\omega^2 + mgl(1 - \cos\theta)$$

を用いる。このとき

$$\dot{E}(\theta, \omega) = -b\omega^2 \leqq 0$$

である。ここで $-\pi \leqq \theta \leqq \pi$ とする。安定点以外で $\dot{E} = 0$ となるのは，$\theta = \alpha$ $(\neq 0)$，$\omega = 0$ のときである。そこで，初期値 $(\theta(0), \omega(0)) = (\alpha, 0)$ からの解を求めよう。初期値において

$$\dot{\theta} = \omega = 0$$

$$\dot{\omega} = \frac{1}{J}\{-mgl\sin\theta - b\omega\} = -\frac{mgl\sin\alpha}{J}$$

が成り立つので

$$\theta(t) = \theta(0) + \dot{\theta}(0)t = \alpha$$

$$\omega(t) = \omega(0) + \dot{\omega}(0)t = -\frac{mgl\sin\alpha}{J}t$$

である。これより

$$\dot{E}(\theta(t), \omega(t)) = -b\left(-\frac{mgl\sin\alpha}{J}t\right)^2 < 0$$

を得る。すなわち，$\alpha \neq 0$ で $\dot{E} < 0$ である。したがって，安定点以外で $\dot{E} = 0$ となった解は，それ以降で $\dot{E} \equiv 0$ とはならないことがわかる。したがって，ラサールの安定定理より，単振り子の運動が安定であることを証明できた。

7.5 リニアテーブルの位置制御の安定性

リアプノフ関数を構成することにより，ポテンシャル力が作用するリニアテーブルに比例積分微分制御を適用した場合の安定性を証明しよう。状態方程式は式 (4.6) で表される。

ポテンシャル力 $(-g(x))$ のポテンシャルエネルギーを $U(x)$ で表す。このとき，$U'(x) = g(x)$ が成り立つ。テーブルの位置 x が目標位置 x^{d} に収束することを示したいので，リアプノフ関数には，$x = x^{\mathrm{d}}$ で極小値 0 を持つ項が必要である。現在の位置と目標位置におけるポテンシャルエネルギーの差 $U(x) - U(x^{\mathrm{d}})$ がその候補であるかを検討する。差 $U(x) - U(x^{\mathrm{d}})$ は，$x = x^{\mathrm{d}}$ で値が 0 となる。しかし，差の時間微分は $g(x)v$ となり，一般にこの時間微分の値は $x = x^{\mathrm{d}}$ で 0 ではない。そこで，$-g(x^{\mathrm{d}})(x - x^{\mathrm{d}})$ を追加し，項

$$P(x) = U(x) - U(x^{\mathrm{d}}) - g(x^{\mathrm{d}})(x - x^{\mathrm{d}}) \tag{7.5}$$

を構成すると

$$P'(x) = g(x) - g(x^{\mathrm{d}})$$

であるので，$P(x^{\mathrm{d}}) = 0$ かつ $P'(x^{\mathrm{d}}) = 0$ が成り立つ。関数 $g(x) - g(x^{\mathrm{d}})$ は，唯一の零点 x^{d} を持ち，$x < x^{\mathrm{d}}$ で負，$x > x^{\mathrm{d}}$ で正であると仮定する。このとき $g(x) - g(x^{\mathrm{d}}) = (x - x^{\mathrm{d}})h(x)$ と表され，$h(x)$ は全領域で正である。したがって，項 $P(x)$ は，$x = x^{\mathrm{d}}$ で極小値 0 を持ち，リアプノフ関数の項になる。また

$$\dot{P} = P'(x)\dot{x} = \{g(x) - g(x^{\mathrm{d}})\}v$$

である。

7.3 節の議論を参考にして，変数 $x - x^{\mathrm{d}}$ と v に関する二次形式を導入しよう。運動エネルギーが $(1/2)mv^2$，比例項 $-K_{\mathrm{p}}(x - x^{\mathrm{d}})$ のポテンシャルが $(1/2)K_{\mathrm{p}}(x - x^{\mathrm{d}})^2$ で与えられるので，二次形式

$$Q(x - x^{\mathrm{d}}, v) = \frac{1}{2}\begin{bmatrix} x - x^{\mathrm{d}} & v \end{bmatrix}\begin{bmatrix} K_{\mathrm{p}} & \alpha m \\ \alpha m & m \end{bmatrix}\begin{bmatrix} x - x^{\mathrm{d}} \\ v \end{bmatrix} \tag{7.6}$$

を導入する。非対角項に現れる α は未知パラメータである。二次形式 Q の時間微分を計算し，状態方程式 (4.6) を代入すると

$$\begin{aligned}\dot{Q} &= K_{\mathrm{p}}(x - x^{\mathrm{d}})v + \alpha m v^2 \\ &\quad + \alpha\{-g(x) - K_{\mathrm{p}}(x - x^{\mathrm{d}}) - K_{\mathrm{d}}v - K_{\mathrm{i}}\xi\}(x - x^{\mathrm{d}}) \\ &\quad + \{-g(x) - K_{\mathrm{p}}(x - x^{\mathrm{d}}) - K_{\mathrm{d}}v - K_{\mathrm{i}}\xi\}v \\ &= -(K_{\mathrm{d}} - \alpha m)v^2 - \alpha K_{\mathrm{p}}(x - x^{\mathrm{d}})^2 - \alpha K_{\mathrm{d}}v(x - x^{\mathrm{d}}) \\ &\quad - \alpha g(x)(x - x^{\mathrm{d}}) - \alpha K_{\mathrm{i}}\xi(x - x^{\mathrm{d}}) - g(x)v - K_{\mathrm{i}}\xi v\end{aligned}$$

を得る。

定常状態における状態変数 ξ の値は $-K_{\mathrm{i}}^{-1}g(x^{\mathrm{d}})$ である。そこで，状態変数

ξ の代わりに，$\hat{\xi} \triangleq \xi + K_{\mathrm{i}}^{-1} g(x^{\mathrm{d}})$ を導入する。二次形式 Q に現れる状態変数には，変数 $(x - x^{\mathrm{d}})$ を時間微分すると変数 v に一致するという関係がある。同様の関係は，変数 $(x - x^{\mathrm{d}})$ と $\hat{\xi}$ の間に成り立つ。すなわち，変数 $\hat{\xi}$ を時間微分すると変数 $(x - x^{\mathrm{d}})$ に一致する。そこで，変数 $(x - x^{\mathrm{d}})$ と $\hat{\xi}$ に関する二次形式

$$R(\hat{\xi}, x - x^{\mathrm{d}}) = \frac{1}{2} \begin{bmatrix} \hat{\xi} & x - x^{\mathrm{d}} \end{bmatrix} \begin{bmatrix} \gamma & \beta \\ \beta & 0 \end{bmatrix} \begin{bmatrix} \hat{\xi} \\ x - x^{\mathrm{d}} \end{bmatrix} \tag{7.7}$$

を導入しよう。ここで，β ならびに γ は未知パラメータである。なお，$(x - x^{\mathrm{d}})^2$ に対応する項は二次形式 Q に含まれるので，この二次形式 R には $(x - x^{\mathrm{d}})^2$ に対応する項を含めない。二次形式 R の時間微分を計算し，状態方程式 (4.6) を代入すると

$$\dot{R} = \gamma \hat{\xi}(x - x^{\mathrm{d}}) + \beta (x - x^{\mathrm{d}})^2 + \beta \hat{\xi} v$$

を得る。ここで $\beta = K_{\mathrm{i}}$ と選ぶと，$\beta \hat{\xi} v = K_{\mathrm{i}} \xi v + g(x^{\mathrm{d}}) v$ である。

関数 $V = P + Q + R$ をリアプノフ関数の候補として，その時間微分を計算すると

$$\begin{aligned}
\dot{V} &= g(x)v - g(x^{\mathrm{d}})v \\
&\quad - (K_{\mathrm{d}} - \alpha m)v^2 - \alpha K_{\mathrm{p}}(x - x^{\mathrm{d}})^2 - \alpha K_{\mathrm{d}} v (x - x^{\mathrm{d}}) \\
&\quad - \alpha g(x)(x - x^{\mathrm{d}}) - \alpha K_{\mathrm{i}} \xi (x - x^{\mathrm{d}}) - g(x)v - K_{\mathrm{i}} \xi v \\
&\quad + \gamma \hat{\xi}(x - x^{\mathrm{d}}) + K_{\mathrm{i}}(x - x^{\mathrm{d}})^2 + K_{\mathrm{i}} \xi v + g(x^{\mathrm{d}})v \\
&= -(K_{\mathrm{d}} - \alpha m)v^2 - (\alpha K_{\mathrm{p}} - K_{\mathrm{i}})(x - x^{\mathrm{d}})^2 - \alpha K_{\mathrm{d}} v (x - x^{\mathrm{d}}) \\
&\quad - \alpha g(x)(x - x^{\mathrm{d}}) + \gamma \hat{\xi}(x - x^{\mathrm{d}}) - \alpha K_{\mathrm{i}} \xi (x - x^{\mathrm{d}})
\end{aligned}$$

となる。ここで $\gamma = \alpha K_{\mathrm{i}}$ と選ぶと，$\gamma \hat{\xi}(x - x^{\mathrm{d}}) - \alpha K_{\mathrm{i}} \xi (x - x^{\mathrm{d}}) = \alpha g(x^{\mathrm{d}})(x - x^{\mathrm{d}})$ であるので

$$\dot{V} = -\frac{1}{2}\begin{bmatrix} x - x^{\mathrm{d}} & v \end{bmatrix}\begin{bmatrix} 2(\alpha K_{\mathrm{p}} - K_{\mathrm{i}}) & \alpha K_{\mathrm{d}} \\ \alpha K_{\mathrm{d}} & 2(K_{\mathrm{d}} - \alpha m) \end{bmatrix}\begin{bmatrix} x - x^{\mathrm{d}} \\ v \end{bmatrix} - \alpha(x - x^{\mathrm{d}})\{g(x) - g(x^{\mathrm{d}})\} \tag{7.8}$$

を得る。ここで，$g(x) - g(x^{\mathrm{d}}) = (x - x^{\mathrm{d}})h(x)$ と表されることに注意すると

$$-\alpha(x - x^{\mathrm{d}})\{g(x) - g(x^{\mathrm{d}})\} = -\alpha(x - x^{\mathrm{d}})^2 h(x) \leqq 0$$

であることがわかる。この項が 0 になるのは，$x = x^{\mathrm{d}}$ のときに限られる。式 (7.8) 右辺の第 1 項が負定であるためには

$$\alpha K_{\mathrm{p}} - K_{\mathrm{i}} > 0$$

$$\phi(\alpha) \overset{\triangle}{=} -\{4(\alpha K_{\mathrm{p}} - K_{\mathrm{i}})(K_{\mathrm{d}} - \alpha m) - (\alpha K_{\mathrm{d}})^2\} < 0$$

が成り立たなくてはならない。第 1 式より $\alpha > K_{\mathrm{i}}/K_{\mathrm{p}}$ を得る。二次方程式 $\phi(\alpha) = 0$ の判別式は $(K_{\mathrm{p}}K_{\mathrm{d}} + mK_{\mathrm{i}})^2 - K_{\mathrm{d}}K_{\mathrm{i}}(4mK_{\mathrm{p}} + K_{\mathrm{d}}^2)$ である。この判別式は K_{p} に関する二次式であり，K_{p}^2 の係数は正である。したがって，K_{p} の値を十分に大きく選ぶと，判別式の値は正である。さらに，二次方程式 $\phi(\alpha) = 0$ の 2 根の和と積はともに正であるので，二次方程式は正の実根 α_1 と α_2（$> \alpha_1$）を持つ。このとき，$\alpha_1 < \alpha < \alpha_2$ ならば $\phi(\alpha) < 0$ である。ここで，$K_{\mathrm{i}} \to 0$ のとき，$\alpha_1 \to 0$，$\alpha_2 \to 4K_{\mathrm{p}}K_{\mathrm{d}}/(K_{\mathrm{d}}^2 + 4mK_{\mathrm{p}})$ である。したがって，K_{i} を十分に小さく選ぶと，$\alpha > K_{\mathrm{i}}/K_{\mathrm{p}}$ と $\alpha_1 < \alpha < \alpha_2$ を満たす α が存在する。このような α を選ぶと，式 (7.8) 右辺の第 1 項が負定となり，結果として $\dot{V} < 0$ となる。

関数 V が正定であることを示そう。関数 V は

$$V(\hat{\xi}, x - x^{\mathrm{d}}, v) = \frac{1}{2}\begin{bmatrix} \hat{\xi} & x - x^{\mathrm{d}} & v \end{bmatrix}\begin{bmatrix} \alpha K_{\mathrm{i}} & K_{\mathrm{i}} & \\ K_{\mathrm{i}} & K_{\mathrm{p}} & \alpha m \\ & \alpha m & m \end{bmatrix}\begin{bmatrix} \hat{\xi} \\ x - x^{\mathrm{d}} \\ v \end{bmatrix} + P(x) \tag{7.9}$$

と表される。関数 $P(x)$ は $x = x^{\mathrm{d}}$ で極小値 0 を持ち，$P(x) > 0$（$x \neq x^{\mathrm{d}}$）を満たす。上式右辺の二次形式が正定であるためには

$$\alpha K_{\mathrm{p}} - K_{\mathrm{i}} > 0$$

$$\alpha K_{\mathrm{p}} - K_{\mathrm{i}} - \alpha^3 m K_{\mathrm{i}} > 0$$

を満たさなくてはならない。第 2 式が満たされれば第 1 式は成り立つ。第 2 式左辺は K_{p} に関する一次式であり，K_{p} の係数は正である。したがって，比例ゲイン K_{p} の値を十分に大きく選ぶと，第 2 式が満たされる。けっきょく，関数 $V(\hat{\xi}, x - x^{\mathrm{d}}, v)$ はリアプノフ関数であり，ポテンシャル力が作用するリニアテーブルに比例積分微分制御を適用した場合の安定性が証明できた。さらに，上記の議論より，比例ゲイン K_{p} を十分に大きく，積分ゲイン K_{i} を十分に小さく選ぶと，系が漸近安定であることがわかる。

章　末　問　題

【1】 図 2.1 の単振り子の運動において，粘性モーメントが作用する場合，振り子の運動をデカルト座標系で定式化すると

$$m\ddot{x} = \lambda\, R_x(x, y) - c\dot{x}$$

$$m\ddot{y} = \lambda\, R_y(x, y) - c\dot{y} - mg$$

を得る。ここで c（> 0）は粘性係数である。

(1) 定常状態 (x^*, y^*) を求めよ。

(2) 定常状態 (x^*, y^*) 近傍の安定性を調べよ。

【2】 2 自由度平面リンク機構が自由運動する。運動方程式は，式 (2.16) で $G_1 = 0$, $G_{12} = 0$，$\tau_1 = 0$，$\tau_2 = 0$ とおくことにより得られる。すなわち

$$\begin{bmatrix} H_{11} & H_{12} \\ H_{12} & H_{22} \end{bmatrix} \begin{bmatrix} \dot{\omega}_1 \\ \dot{\omega}_2 \end{bmatrix} = \begin{bmatrix} h_{12}\omega_2^2 + 2h_{12}\omega_1\omega_2 \\ -h_{12}\omega_1^2 \end{bmatrix}$$

である。このとき，運動エネルギー

$$K = \frac{1}{2}\begin{bmatrix} \omega_1 & \omega_2 \end{bmatrix}\begin{bmatrix} H_{11} & H_{12} \\ H_{12} & H_{22} \end{bmatrix}\begin{bmatrix} \omega_1 \\ \omega_2 \end{bmatrix}$$

の時間微分 $\dot{K}$ が 0 に等しいことを示せ。

【3】 鉛直面内で 2 自由度リンク機構が自由運動する。運動方程式は，式 (2.16) で $\tau_1 = 0$，$\tau_2 = 0$ とおくことにより得られる。すなわち

$$\begin{bmatrix} H_{11} & H_{12} \\ H_{12} & H_{22} \end{bmatrix}\begin{bmatrix} \dot{\omega}_1 \\ \dot{\omega}_2 \end{bmatrix} = \begin{bmatrix} h_{12}\omega_2^2 + 2h_{12}\omega_1\omega_2 - G_1 - G_{12} \\ -h_{12}\omega_1^2 - G_{12} \end{bmatrix}$$

である。このとき，力学的エネルギー

$$E = K + P$$

の時間微分 $\dot{E}$ が 0 に等しいことを示せ。

【4】 2 自由度平面リンク機構に関節 PD 制御を適用する。すなわち

$$\begin{bmatrix} H_{11} & H_{12} \\ H_{12} & H_{22} \end{bmatrix}\begin{bmatrix} \dot{\omega}_1 \\ \dot{\omega}_2 \end{bmatrix} = \begin{bmatrix} h_{12}\omega_2^2 + 2h_{12}\omega_1\omega_2 + \tau_1 \\ -h_{12}\omega_1^2 + \tau_2 \end{bmatrix}$$

$$\tau_1 = -K_{\mathrm{p1}}(\theta_1 - \theta_1^{\mathrm{d}}) - K_{\mathrm{d1}}\omega_1$$

$$\tau_2 = -K_{\mathrm{p2}}(\theta_2 - \theta_2^{\mathrm{d}}) - K_{\mathrm{d2}}\omega_2$$

とする。このとき

$$V = K + \frac{1}{2}K_{\mathrm{p1}}(\theta_1 - \theta_1^{\mathrm{d}})^2 + \frac{1}{2}K_{\mathrm{p2}}(\theta_2 - \theta_2^{\mathrm{d}})^2$$

を用いて系の安定性を解析せよ。

【5】 7.5 節でポテンシャル力（$-g(x)$）に関して，関数 $g(x) - g(x^{\mathrm{d}})$ は，唯一の零点 x^{d} を持ち，$x < x^{\mathrm{d}}$ で負，$x > x^{\mathrm{d}}$ で正であると仮定した。弾性ポテンシャルはこの仮定を満たす。しかし，万有引力ポテンシャルや静電ポテンシャルでは，$x < x^{\mathrm{d}}$ で正，$x > x^{\mathrm{d}}$ で負となり，この仮定が成り立たない。そこで，関数 $g(x) - g(x^{\mathrm{d}})$ は，唯一の零点 x^{d} を持ち，$x < x^{\mathrm{d}}$ で正，$x > x^{\mathrm{d}}$ で負であり，さらに $g(x) - g(x^{\mathrm{d}})$ が有界であると仮定し，7.5 節における安定性を議論せよ。

【6】 章末問題【1】で扱った単振り子の運動において，力学的エネルギー

$$E = \frac{1}{2}m(\dot{x}^2 + \dot{y}^2) + mgy$$

の時間微分 $\dot{E}$ が 0 より小さいことを示せ。

【7】 運動エネルギー K が一般化速度 $\dot{q}_i$ の二次形式として

$$K = \frac{1}{2}\sum_{j}\sum_{k} H_{jk}\dot{q}_j\dot{q}_k$$

と与えられるとする。ラグランジアンが運動エネルギーのみからなるとき，一般化座標 q_k に対応する運動方程式は

$$\sum_{j} H_{kj}\ddot{q}_j + \sum_{i}\sum_{j} c_{ijk}\dot{q}_i\dot{q}_j = 0$$

となる（6 章の章末問題【1】）。このとき，$\dot{K} = 0$ であることを示せ。

8 宇宙機の姿勢運動の制御

本章では，**宇宙機**（spacecraft）の姿勢制御について述べる。宇宙機とは，人工衛星に加えて宇宙探査機を含む概念である。近年，長い時間と莫大な開発費を要した宇宙機の製作技術を，身近でアクセス容易な技術とする動きが国内外で見られる。例えば，小型人工衛星の開発が大学の工学教育の一環として試みられている。本章では，このような時代の要請に応えられるよう，宇宙機の力学と姿勢制御の基礎を述べる。

8.1 宇宙機の分類と構造

8.1.1 宇宙機の軌道

地球上空には何千機もの人工衛星が打ち上げられ，さまざまな任務を果たしている。人工衛星は，利用分野の観点からつぎのように分類できる。

- 通信衛星（CS）・放送衛星（BS）
- 地球観測衛星（気象衛星「ひまわり」，リモートセンシング衛星など）
- 測位・航法衛星（GPS 衛星，GLONASS 衛星など）
- 科学観測衛星（ハッブル望遠鏡衛星，月探査衛星「かぐや」など）
- 有人飛行衛星（国際宇宙ステーション ISS，スペースシャトルなど）
- 技術試験衛星

衛星の軌道は，その任務に緊密に結び付いている[12),13)]。CS や BS は，地球の自転に同期した軌道をとり，静止軌道を飛行する。この軌道は地球上の高度約 36 000 km の円軌道に限られており，実用人工衛星の中では最も外側の軌道をとる。GPS 衛星はこれにつぐ高度約 20 000 km の円軌道にあり，合計 24 個の衛星で全地球表面をカバーしている。一般的な科学衛星や有人宇宙機は，打ち上げ費用が比較的安い数十度の軌道面傾斜角を持つ高度 200〜1 000 km の低中高度の軌道をとる。通常の円軌道以外に，観測目的によって高い離心率の長楕円軌道がとられる場合がある。地球観測衛星は，太陽同期軌道と呼ばれる傾斜角が 90° に近い軌道をとる。この軌道は軌道面と太陽方向のなす角がほぼ一定となり，ソーラーパネルによって太陽エネルギーを獲得するのに適している。惑星探査用の宇宙機は，地球脱出軌道をとる[13),14)]。

地球を周回する軌道に乗せるには，衛星には約 7.9 km/s 以上の速度が必要である。この速度は地球上のビークルに比べると桁違いに速い。宇宙機はロケットにより射場（日本の場合，鹿児島県種子島または内之浦）から鉛直方向に打ち上げられる。その後，パーキング軌道，トランスファ軌道，ドリフト軌道を経て，所定の衛星軌道に乗せられる[12),13)]。宇宙機が所定の周回軌道に乗った状態ではほぼ無重力であり，外乱のきわめて低い状態が実現している。外乱が無視できない場合，宇宙機の姿勢制御が行われる。例えば，トランスファ軌道においては，切り離されたロケットと搭載された宇宙機にスピンを与えることにより受動的な姿勢の安定化を図り，軌道を正確に制御する。

8.1.2　スピン衛星と三軸制御衛星

宇宙機は姿勢制御の方式において，スピン衛星と三軸制御衛星に大別される。

スピン衛星では，宇宙機本体を機体軸まわりに速度 100 rpm 程度で回転させる。機体は円筒形をなし，円筒面には太陽電池セルが貼り付けられている。スピン衛星の姿勢は，機体の回転によるジャイロ作用により受動的に安定である。CS や BS ではアンテナの電波放射効率を重んじるので，電波放射面はつねに地球の特定な方向を指向しなければならない。そのために，スピン回転の逆回転をアンテナに与えて，アンテナを特定の方向に向ける。このような機構を二重スピンと呼ぶ。スピン衛星は構造が比較的簡単であり，従来の通信衛星，気象観測衛星，各種の天文衛星などに利用されてきた。しかし，その姿勢安定原理から姿勢精度の限界が低く，また発電量にも制約があるので，大電力を要する衛星には適さない。

三軸制御衛星は，各軸まわりの偶力を生み出すための一対のスラスタ（トルカと呼ぶ）を有しており，宇宙機本体の回転を必要としない。そのため，外形は円筒形である必要がなく任意であり，箱形が多い。さらに，できるだけ大きな電力を確保するために，太陽電池を貼り付けた広いソーラーパネルを機体の両端に展開した構造が可能である。姿勢安定および姿勢制御は，フィードバック制御によって行われる。

8.1.3 宇宙機のセンサ

宇宙機の姿勢を制御するためには，姿勢を検出するセンサが必要である。宇宙機の中心軸を地球の中心方向に指向させるために，地球センサを用いて指向誤差を検出する。地球センサは，地表面から放出される赤外線を検出することによって，宇宙機から見た地球の中心方向と宇宙機の中心軸との間の角度誤差を測定する。複数個の温度センサから地球中心を定める熱平衡型と，プリズムや反射鏡を用いて地平線を求める光学的な走査型がある。いずれの方式でも，地平線の温度勾配の不確かさのため，測定精度は 0.1° である。地球センサが検出するのは，中心軸の向きを表すロール角とピッチ角だけである。中心軸まわりのヨー角を検出するために，光学センサが用いられる。この光学センサは，中心軸に垂直上向きに取り付けられており，これによりヨー角を検出する。太陽を基準としてヨー角を検出するセンサを，サンセンサと呼ぶ。太陽は最も明るい星なので，広い範囲にわたって 0.01° の精度で姿勢角を検出できるとされている。一方，さらに視野角の小さい恒星を対象として姿勢角を検出する恒星センサを用いれば，測定精度 0.001° を期待できる。ただし，高感度の光検出器が必要となる[12)]。

宇宙機の姿勢角の変動速度を検出するジャイロセンサは慣性センサと呼ばれ，計測のすべてを宇宙機の内部で完結でき，取り扱いが容易で応答も速い。ただし，姿勢角を測定するには積分計算が必要であり，バイアス誤差を生じやすい。積分計算の代わりに，カルマンフィルタなどの推定アルゴリズムを適用すれば，高精度な計測が可能である。ジャイロセンサを長時間適用する場合に生じるバイアス誤差は，サンセンサなどを用いて解消する。

8.2 受動制御による安定化

スピン衛星は宇宙開発の初期に最もよく利用された機種であり，一方で姿勢制御の精度は 0.1° 程度で，三軸制御衛星で得られる精度に比べて 10 倍程度粗い。本節では，スピン衛星の受動制御による安定化について述べる。

8.2.1 軸対称な剛体のスピン運動の安定性

宇宙開発の初期には，ほぼ軸対称の形状を持つ多くのスピン衛星が軌道に投入された。このようなスピン衛星を軸対称の剛体でモデル化する。以下では，6.5 節を参照しつつ下記のように定式化する。回転軸ならびに回転軸に直交する 2 軸は，慣性主軸に一致するので，これらの軸を機体座標系の軸とする。回転軸の方向に機体座標系の $\boldsymbol{b}_3$ を定める。この剛体の受動安定性に注目するために，外力モーメントなしの状態における回転運動を調べる。回転軸に直交する 2 軸に関する慣性主軸モーメントは等しいので，$J_1 = J_2 \equiv J_0$ とおくと，オイラーの運動方程式は式 (6.49) において $J_\xi = J_1$，$J_\eta = J_2$，$J_\zeta = J_3$ および $\omega_1 = \omega_\xi$，$\omega_2 = \omega_\eta$，$\omega_3 = \omega_\zeta$ とおき，$\tau_\xi = \tau_\eta = \tau_\zeta = 0$ を用いると

$$J_0\dot{\omega}_1 - (J_0 - J_3)\omega_3\omega_2 = 0 \tag{8.1}$$

$$J_0\dot{\omega}_2 + (J_0 - J_3)\omega_1\omega_3 = 0 \tag{8.2}$$

$$J_3\dot{\omega}_3 = 0 \tag{8.3}$$

と表される。式 (8.3) より ω_3 は一定値となることがわかる。この一定値を n と表し，対称軸となる $\boldsymbol{b}_3$ まわりのスピン速度（spin angular velocity）と呼ぶ。

相対スピン速度を

$$\lambda = \frac{J_0 - J_3}{J_0} n$$

で定義する。このとき，式 (8.1), (8.2) は

$$\begin{bmatrix} \dot{\omega}_1 \\ \dot{\omega}_2 \end{bmatrix} = \begin{bmatrix} 0 & \lambda \\ -\lambda & 0 \end{bmatrix} \begin{bmatrix} \omega_1 \\ \omega_2 \end{bmatrix}$$

と表される。相対スピン速度 λ は一定なので，上式の解は

$$\begin{bmatrix} \omega_1 \\ \omega_2 \end{bmatrix} = \begin{bmatrix} \cos\lambda t & \sin\lambda t \\ -\sin\lambda t & \cos\lambda t \end{bmatrix} \begin{bmatrix} \omega_1(0) \\ \omega_2(0) \end{bmatrix}$$

と表される。これより

$$\omega_1^2 + \omega_2^2 = \omega_T^2 \quad （定数） \tag{8.4}$$

を得る。この ω_T を横角速度（transverse angular velocity）と呼ぶ。ここで，$\omega_3 = n$ と式 (8.4) より

$$|\boldsymbol{\omega}|^2 = \omega_1^2 + \omega_2^2 + \omega_3^2 = \omega_T^2 + n^2$$

を得るので，角速度ベクトルの大きさ $\omega = |\boldsymbol{\omega}|$ は一定であることがわかる。

宇宙機に作用する外力トルクが $\mathbf{0}$ の場合を考えているので，角運動量ベクトル $\boldsymbol{H}$ の時間微分 $\dot{\boldsymbol{H}}$ は $\mathbf{0}$ に一致し，宇宙機の角運動量ベクトルは一定である。ここで，$\boldsymbol{H} = J\boldsymbol{\omega}$ に $J_\xi = J_\eta = J_0$，$J_\zeta = J_3$ を代入して

$$\boldsymbol{H} = H_1\boldsymbol{b}_1 + H_2\boldsymbol{b}_2 + H_3\boldsymbol{b}_3 = J_0(\omega_1\boldsymbol{b}_1 + \omega_2\boldsymbol{b}_2) + J_3 n\boldsymbol{b}_3 \tag{8.5}$$

が成り立つ。これより，角運動量ベクトルの大きさ $H = |\boldsymbol{H}|$ は

$$H = \sqrt{(J_0\omega_T)^2 + (J_3 n)^2}$$

で与えられることがわかる。ベクトル $\boldsymbol{H}$ と回転軸となる単位ベクトル $\boldsymbol{b}_3$ がなす角度 θ_n をニューテーション角（nutation angle）と呼ぶ。この場合，ニューテーション角は次式に示すように一定である。

$$\cos\theta_n = \frac{\boldsymbol{H}\cdot\boldsymbol{b}_3}{H} = \frac{J_3 n}{\sqrt{(J_0\omega_T)^2 + (J_3 n)^2}}$$

$$\tan\theta_n = \frac{\sqrt{H_1^2 + H_2^2}}{H_3} = \frac{J_0\omega_T}{J_3 n}$$

ベクトル $\boldsymbol{b}_3$ とベクトル $\boldsymbol{\omega}$ がなす角を γ とすると

$$\tan\gamma = \frac{\sqrt{\omega_1^2 + \omega_2^2}}{\omega_3} = \frac{\omega_T}{n}$$

となる。したがって，角度 γ は定数である。角度 θ_n と γ は

$$\tan\theta_n = \left(\frac{J_0}{J_3}\right)\tan\gamma$$

を満たす。これより，条件 $J_3 > J_0$ を満たす円板状物体では $\gamma > \theta_n$ であり，条件 $J_3 < J_0$ を満たす棒状物体では $\gamma < \theta_n$ であることがわかる。式 (8.5) および $\boldsymbol{H} = J_1\omega_1\boldsymbol{b}_1 + J_2\omega_2\boldsymbol{b}_2 + J_3 n\boldsymbol{b}_3$ を用いて

$$\begin{aligned}\boldsymbol{H} &= J_0(\omega_1\boldsymbol{b}_1 + \omega_2\boldsymbol{b}_2 + n\boldsymbol{b}_3) + (J_3 - J_0)n\boldsymbol{b}_3 \\ &= J_0\boldsymbol{\omega} + (J_3 - J_0)n\boldsymbol{b}_3\end{aligned}$$

を得る。これは，3 個の三次元ベクトル $\boldsymbol{H}$, $\boldsymbol{\omega}$, $\boldsymbol{b}_3$ が線形関係を持つことを表している。すなわち，この 3 個のベクトルは，つねに共通の平面の中に閉じ込められている。これらの 3 個のベクトルは，機体座標系と慣性座標系に共通な原点 C を始点とするベクトルである。慣性座標系から見れば，$\boldsymbol{H}$ は固定されているから，$\boldsymbol{b}_3$ と $\boldsymbol{\omega}$ が平面をなしたまま，$\boldsymbol{H}$ のまわりに回転していることになる。

宇宙機の姿勢は，**図 8.1** に示すように，慣性空間に置く基準座標系 A と機体に固定された機体座標系 B との変換関係で表される。基準座標系の各軸に沿う単位ベクトルを $\{\boldsymbol{a}_1, \boldsymbol{a}_2, \boldsymbol{a}_3\}$ で表し，機体座標系の各軸に沿う単位ベクトルを $\{\boldsymbol{b}_1, \boldsymbol{b}_2, \boldsymbol{b}_3\}$ で表す。これらはいずれも右手系のベクトルで構成する。相互の変換関係を

$$\begin{bmatrix} \boldsymbol{b}_1 & \boldsymbol{b}_2 & \boldsymbol{b}_3 \end{bmatrix}^{\mathrm{T}} = R\begin{bmatrix} \boldsymbol{a}_1 & \boldsymbol{a}_2 & \boldsymbol{a}_3 \end{bmatrix}^{\mathrm{T}}$$

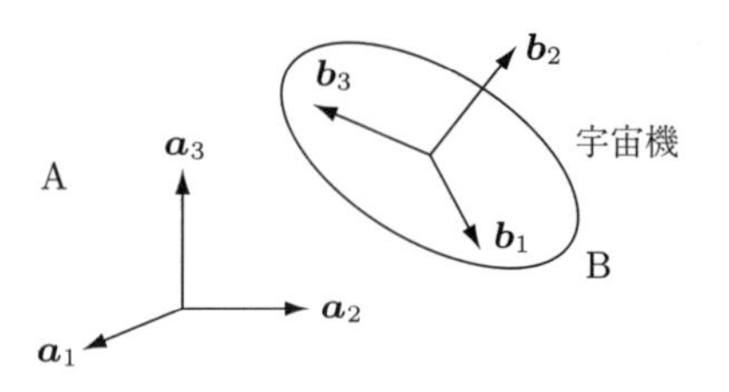

図 8.1　基準座標系と機体座標系の
三つの単位ベクトル

と表す。ここに R は後に示すような変換行列である。

以下では，軸対称物体の回転運動を基準座標系から機体座標系への変換関係を用いて描写する。このときの座標変換の一例を，**図 8.2** に示す (c) → (b) → (a) の組合せで示す。最初は $(i_3 = i_3^{'})$ 軸に沿って回転角度 θ_3 をとり，$(\boldsymbol{i} \to \boldsymbol{i}^{'})$ による変換 (c) を行う。つぎは，$(i_2^{'} = i_2^{''})$ 軸に沿って回転角度 θ_2 をとり，$(\boldsymbol{i}^{'} \to \boldsymbol{i}^{''})$ による変換 (b) を行う。最後は，$(i_1^{''} = b_1)$ 軸に沿って回転角度 θ_1 をとり，$(\boldsymbol{i}^{''} \to \boldsymbol{b})$ による変換 (a) を行う。これらの座標変換は，方向余弦を用

コーヒーブレイク

剛体の姿勢を座標変換行列で表す

6.5 節で述べたように，剛体の運動を記述するために回転角を指定することは，座標系を定めて座標変換行列 R を定めることと同一である。図 8.2 に示すように，R の要素を回転角の方向余弦で構成すれば，基準座標系の単位ベクトル $\{\boldsymbol{i}_1\ \boldsymbol{i}_2\ \boldsymbol{i}_3\}$ と機体に固定する座標系の単位ベクトル $\{\boldsymbol{b}_1\ \boldsymbol{b}_2\ \boldsymbol{b}_3\}$ で定める一組の回転角 $[\theta_1\ \theta_2\ \theta_3]$ を指定することになる。なお，θ_k $(k = 1, 2, 3)$ は $\boldsymbol{i}_k$ から $\boldsymbol{b}_j$ への回転角度である。その際，「オイラー角」が用いられる。$\boldsymbol{i}_k$ と $\boldsymbol{b}_j$ の添え字 k, j は必ずしも同一でなくてもよく，つぎの規則に従えばよい。1) 任意のどれかの座標軸の組をとる。これを $\phi = \theta_i$ で表し i は 1, 2, 3 のどれでもよい。2) 残りの 2 個のいずれかの軸をとり回転角を θ で表す。3) 直前の軸と異なるどちらかの軸をとり回転角を ψ とする。この回転角の組合せ $\phi \to \theta \to \psi$ を「オイラー角」と呼ぶ。規則に従えば，この組合せは $3 \times 2 \times 2 = 12$ 通りありうる。なお，機体座標系を構成する $\{\boldsymbol{b}_1\ \boldsymbol{b}_2\ \boldsymbol{b}_3\}$ は「右手系」を構成し，宇宙機でも自動車や船と同様にそれぞれ順番に「ロール角」「ピッチ角」「ヨー角」と呼ばれている。

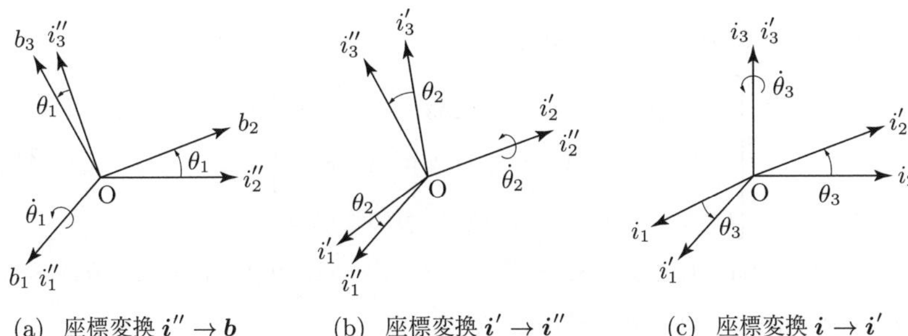

(a)　座標変換 $\boldsymbol{i}'' \to \boldsymbol{b}$　(b)　座標変換 $\boldsymbol{i}' \to \boldsymbol{i}''$　(c)　座標変換 $\boldsymbol{i} \to \boldsymbol{i}'$

図 8.2　座標変換と回転角度

いてつぎのように表される。

$$\begin{bmatrix} i_1' \\ i_2' \\ i_3' \end{bmatrix} = C_3(\theta_3) \begin{bmatrix} i_1 \\ i_2 \\ i_3 \end{bmatrix}; \qquad C_3(\theta_3) = \begin{bmatrix} 1 & 0 & 0 \\ 0 & c_3 & s_3 \\ 0 & -s_3 & c_3 \end{bmatrix} \tag{8.6a}$$

$$\begin{bmatrix} i_1'' \\ i_2'' \\ i_3'' \end{bmatrix} = C_2(\theta_2) \begin{bmatrix} i_1' \\ i_2' \\ i_3' \end{bmatrix}; \qquad C_2(\theta_2) = \begin{bmatrix} c_2 & 0 & -s_2 \\ 0 & 1 & 0 \\ s_2 & 0 & c_2 \end{bmatrix} \tag{8.6b}$$

$$\begin{bmatrix} b_1 \\ b_2 \\ b_3 \end{bmatrix} = C_1(\theta_1) \begin{bmatrix} i_1'' \\ i_2'' \\ i_3'' \end{bmatrix}; \qquad C_1(\theta_1) = \begin{bmatrix} c_1 & s_1 & 0 \\ -s_1 & c_1 & 0 \\ 0 & 0 & 1 \end{bmatrix} \tag{8.6c}$$

これらの変換 $(\boldsymbol{i} \to \boldsymbol{b})$ をまとめて

$$\begin{bmatrix} b_1 \\ b_2 \\ b_3 \end{bmatrix} = C_1(\theta_1) \begin{bmatrix} i_1'' \\ i_2'' \\ i_3'' \end{bmatrix} = C_1(\theta_1)C_2(\theta_2) \begin{bmatrix} i_1' \\ i_2' \\ i_3' \end{bmatrix}$$

$$= C_1(\theta_1)C_2(\theta_2)C_3(\theta_3) \begin{bmatrix} i_1 \\ i_2 \\ i_3 \end{bmatrix}$$

と書き，$C^{\mathrm{B/A}}$ で表せば，以下の変換行列が得られる。

$$C^{\mathrm{B/A}} \equiv C_1(\theta_1)C_2(\theta_2)C_3(\theta_3)$$
$$= \begin{bmatrix} c_2c_3 & c_2s_3 & -s_2 \\ s_1s_2c_3 - c_1s_3 & s_1s_2s_3 + c_1c_3 & s_1c_2 \\ c_1s_2c_3 + s_1s_3 & c_1s_2s_3 - s_1c_3 & c_1c_2 \end{bmatrix} \tag{8.7}$$

これらの式 (8.6a), (8.6b), (8.6c) における $c_k = \cos(\theta_k)$，$s_k = \sin(\theta_k)$（$k = 1, 2, 3$）の略記号を以下でも断りなく使用する。

以下では，軸対称物体の回転運動を空間座標系の一つである「慣性座標系」において描写する。上に述べたように，角運動量 $\boldsymbol{H}$ は地球慣性系に固定されている。いまベクトル $\boldsymbol{H}$ の向きを基底ベクトル $\boldsymbol{i}_3$ の方向にとる。慣性座標系 $\{\boldsymbol{i}_1, \boldsymbol{i}_2, \boldsymbol{i}_3\}$ と機体座標系 $\{\boldsymbol{b}_1, \boldsymbol{b}_2, \boldsymbol{b}_3\}$ の関係を，オイラー角 (ϕ, θ, ψ) を用いて $C_3(\psi) \leftarrow C_1(\theta) \leftarrow C_3(\phi)$ のように定める。このようなシーケンスを明示することを前提にし，オイラー角の瞬時値を $(\phi(t), \theta(t), \psi(t))$ と表すとき，角速度ベクトルは $(\dot{\psi}\boldsymbol{b}_1, \dot{\theta}\boldsymbol{i}_1'', \dot{\phi}\boldsymbol{i}_3')$ で表せる。一方で，角速度ベクトルの機体座標系表示は，つぎのように書ける。なお，ここでは太字の表示 $\boldsymbol{\omega}$ は，$\boldsymbol{b}_k$, $\boldsymbol{i}_k$（$k = 1, 2, 3$）などと同様にベクトルを表している。

$$\boldsymbol{\omega} \equiv \boldsymbol{\omega}^{\mathrm{B/A}} = \omega_1\boldsymbol{b}_1 + \omega_2\boldsymbol{b}_2 + \omega_3\boldsymbol{b}_3$$
$$= \dot{\psi}\boldsymbol{b}_3 + \dot{\theta}\boldsymbol{i}_1'' + \dot{\phi}\boldsymbol{i}_3' \tag{8.8a}$$

最終的に角速度要素の方程式として以下を得る。

$$\begin{bmatrix} \omega_1 \\ \omega_2 \\ \omega_3 \end{bmatrix} = \begin{bmatrix} 0 \\ 0 \\ \dot{\psi} \end{bmatrix} + C_3(\psi) \begin{bmatrix} \dot{\theta} \\ 0 \\ 0 \end{bmatrix} + C_3(\psi)C_1(\theta) \begin{bmatrix} 0 \\ 0 \\ \dot{\phi} \end{bmatrix}$$
$$= \begin{bmatrix} \sin\theta\sin\psi & \cos\psi & 0 \\ \sin\theta\cos\psi & -\sin\psi & 0 \\ \cos\theta & 0 & 1 \end{bmatrix} \begin{bmatrix} \dot{\phi} \\ \dot{\theta} \\ \dot{\psi} \end{bmatrix} \tag{8.8b}$$

ここで，$\theta = \theta_n$ と $\omega_3 = n$ は定数であり，$\dot{\theta} = 0$ に注意すると，この式はつぎのように書き直すことができる。

$$\omega_1 = \dot{\phi}\sin\theta_n \sin\psi \tag{8.9a}$$

$$\omega_2 = \dot{\phi}\sin\theta_n \cos\psi \tag{8.9b}$$

$$n = \dot{\psi} + \dot{\phi}\cos\theta_n \tag{8.9c}$$

ここで，$\omega_1^2 + \omega_2^2 =$ 定数，$\sin\theta_n =$ 定数 に注意すると，式 (8.9a), (8.9b), (8.9c) から $\dot{\phi}$ が定数であることがわかる。さらに，式 (8.9c) から $\dot{\psi}$ も定数であることがわかる。したがって，式 (8.9a) の時間微分から得られる $\dot{\omega}_1 = (\dot{\phi}\sin\theta_n)\dot{\psi}\cos\psi$ および式 (8.9c) を式 (8.1) に代入して得られる関係を用いると，つぎの式を得る。

$$\dot{\psi} = \frac{J_0 - J_3}{J_0} n \equiv \lambda$$

これより，「$\dot{\psi}$ は一定で，相対スピン角速度 λ に等しい」ことがわかる。同時につぎの式も得られる。

$$\dot{\phi} = \frac{n - \dot{\psi}}{\cos\theta_n} = \frac{J_3}{(J_0 - J_3)\cos\theta_n}\dot{\psi} \qquad \text{または} \qquad \dot{\phi} = \frac{J_3 n}{J_0 \cos\theta_n}$$

この式は，スピン $\dot{\psi}$ とプリセッション $\dot{\phi}$ の関係を定めている。もしも $J_0 > J_3$ かつ $\cos\theta_n > 0$ ならば，第 1 式最右辺において $\dot{\psi}$ の係数は正となるから，$\dot{\psi}$ と $\dot{\phi}$ は同符号を持ち，スピンとプリセッションは同じ方向の回転角速度となる。他方で，$J_0 < J_3$ かつ $\cos\theta_n > 0$ ならば，$\dot{\psi}$ と $\dot{\phi}$ は異符号を持ち，それぞれがたがいに逆方向に回転する[14)]。

8.2.2　円軌道においてスピンする宇宙機の姿勢運動とその安定性

図 8.3 に示す慣性座標系 N，基準座標系 A，機体座標系 B を用いて，円軌道においてスピンする宇宙機の姿勢運動を表そう。地球に固定した慣性座標系 N を $\{\boldsymbol{i}_1, \boldsymbol{i}_2, \boldsymbol{i}_3\}$ とする。機体の質量中心に原点 C をおき，基準座標系 A を $\{\boldsymbol{a}_1, \boldsymbol{a}_2, \boldsymbol{a}_3\}$ とする。ただし，ベクトル $\boldsymbol{a}_1$ が機体の進行方向を向き，ベクトル $\boldsymbol{a}_3$ が地球の中心点を向くように座標系を定める。機体座標系 B を $\{\boldsymbol{b}_1, \boldsymbol{b}_2, \boldsymbol{b}_3\}$ と定める。宇宙機の角速度を，慣性座標系 N を基準として

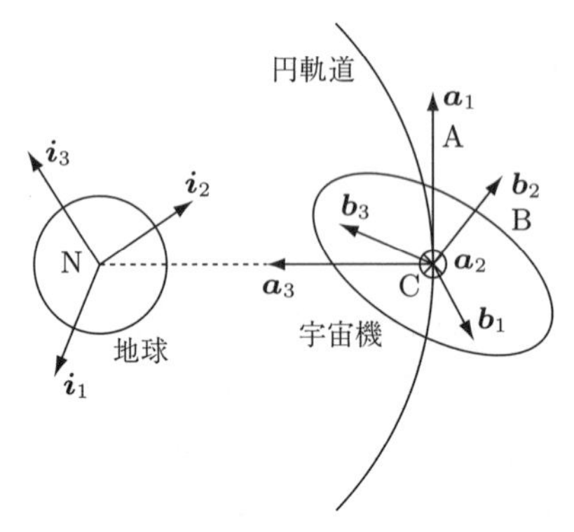

図 8.3　円軌道における剛体の機体

$$\boldsymbol{\omega} = \boldsymbol{\omega}^{\mathrm{B/N}} = \omega_1 \boldsymbol{b}_1 + \omega_2 \boldsymbol{b}_2 + \omega_3 \boldsymbol{b}_3 \tag{8.10}$$

と表す。慣性座標系 N から基準座標系 A への変換を A/N，基準座標系 A から機体座標系 B への変換を B/A とそれぞれ定義して，つぎの関係を得る。

$$\boldsymbol{\omega}^{\mathrm{B/N}} = \boldsymbol{\omega}^{\mathrm{B/A}} + \boldsymbol{\omega}^{\mathrm{A/N}} \tag{8.11}$$

$\boldsymbol{\omega}^{\mathrm{B/A}}$ は基準座標系 A から見た機体座標系 B の角速度を，$\boldsymbol{\omega}^{\mathrm{A/N}}$ は慣性座標系 N から見た基準座標系 A の角速度を，それぞれ表す。基準座標系 A と機体座標系 B の変換関係は，B から A への変換をオイラー角 $\{C_3(\theta_3) \leftarrow C_2(\theta_2) \leftarrow C_1(\theta_1)\}$ で定めるとき，つぎのように表せる。

$$\begin{bmatrix} \boldsymbol{a}_1 & \boldsymbol{a}_2 & \boldsymbol{a}_3 \end{bmatrix}^{\mathrm{T}} = R \begin{bmatrix} \boldsymbol{b}_1 & \boldsymbol{b}_2 & \boldsymbol{b}_3 \end{bmatrix}^{\mathrm{T}},$$
$$R = \begin{bmatrix} c_3 & -s_3 & 0 \\ s_3 & c_3 & 0 \\ 0 & 0 & 1 \end{bmatrix} \begin{bmatrix} c_2 & 0 & s_2 \\ 0 & 1 & 0 \\ -s_2 & 0 & c_2 \end{bmatrix} \begin{bmatrix} 1 & 0 & 0 \\ 0 & c_1 & -s_1 \\ 0 & s_1 & c_1 \end{bmatrix} \tag{8.12}$$

ここで

$$\boldsymbol{\omega}^{\mathrm{B/A}} \equiv \omega_1' \boldsymbol{b}_1 + \omega_2' \boldsymbol{b}_2 + \omega_3' \boldsymbol{b}_3 \tag{8.13}$$

とおくと，角速度 $\{\omega_1', \omega_2', \omega_3'\}$ とオイラー角の時間微分 $\{\dot{\theta}_1, \dot{\theta}_2, \dot{\theta}_3\}$ は，つぎの関係を満たす（章末問題【**1**】）。

$$\begin{bmatrix} \omega_1^{'} \\ \omega_2^{'} \\ \omega_3^{'} \end{bmatrix} = \begin{bmatrix} 1 & 0 & -s_2 \\ 0 & c_1 & s_1 c_2 \\ 0 & -s_1 & c_1 c_2 \end{bmatrix} \begin{bmatrix} \dot{\theta}_1 \\ \dot{\theta}_2 \\ \dot{\theta}_2 \end{bmatrix} \tag{8.14}$$

同様に，念のため以下の関係を定める。

$$\boldsymbol{\omega}^{\mathrm{A/N}} = -(\omega_0 + n) \begin{bmatrix} \boldsymbol{b}_1 & \boldsymbol{b}_2 & \boldsymbol{b}_3 \end{bmatrix} \begin{bmatrix} s_3 c_2 \\ s_3 s_2 s_1 + c_3 c_1 \\ s_3 s_2 c_1 - c_3 s_1 \end{bmatrix} \tag{8.15}$$

$$\boldsymbol{\omega}^{\mathrm{B/N}} \equiv \omega_1 \boldsymbol{b}_1 + \omega_2 \boldsymbol{b}_2 + \omega_3 \boldsymbol{b}_3 = \begin{bmatrix} \boldsymbol{b}_1 & \boldsymbol{b}_2 & \boldsymbol{b}_3 \end{bmatrix} \begin{bmatrix} \omega_1 & \omega_2 & \omega_3 \end{bmatrix}^{\mathrm{T}} \tag{8.16}$$

$$\boldsymbol{\omega}^{\mathrm{B/A}} \equiv \omega_1^{'} \boldsymbol{b}_1 + \omega_2^{'} \boldsymbol{b}_2 + \omega_3^{'} \boldsymbol{b}_3 = \begin{bmatrix} \boldsymbol{b}_1 & \boldsymbol{b}_2 & \boldsymbol{b}_3 \end{bmatrix} \begin{bmatrix} \omega_1^{'} & \omega_2^{'} & \omega_3^{'} \end{bmatrix}^{\mathrm{T}} \tag{8.17}$$

式 (8.14), (8.15), (8.16) および式 (8.17) を考慮しつつ，式 (8.11) にこれらの関係を適用すると，つぎの式 (8.18), (8.19) が得られる。

$$\boldsymbol{\omega}^{\mathrm{A/N}} = -(\omega_0 + n) \begin{bmatrix} \boldsymbol{b}_1 & \boldsymbol{b}_2 & \boldsymbol{b}_3 \end{bmatrix} \begin{bmatrix} s_3 c_2 \\ s_3 s_2 s_1 + c_3 c_1 \\ s_3 s_2 c_1 - c_3 s_1 \end{bmatrix} \tag{8.18}$$

$$\begin{bmatrix} \omega_1 \\ \omega_2 \\ \omega_3 \end{bmatrix} = \begin{bmatrix} 1 & 0 & -s_2 \\ 0 & c_1 & s_1 c_2 \\ 0 & -s_1 & c_1 c_2 \end{bmatrix} \begin{bmatrix} \dot{\theta}_1 \\ \dot{\theta}_2 \\ \dot{\theta}_3 \end{bmatrix} - (\omega_0 + n) \begin{bmatrix} s_3 c_2 \\ s_3 s_2 s_1 + c_3 c_1 \\ s_3 s_2 c_1 - c_3 s_1 \end{bmatrix} \tag{8.19}$$

上式を $\dot{\theta}_1, \dot{\theta}_2, \dot{\theta}_3$ に関して解くと，つぎの微分方程式が導かれる。

$$\begin{bmatrix} \dot{\theta}_1 \\ \dot{\theta}_2 \\ \dot{\theta}_3 \end{bmatrix} = \frac{1}{c_2} \begin{bmatrix} c_2 & s_1 s_2 & c_1 s_2 \\ 0 & c_1 c_2 & -s_1 c_2 \\ 0 & s_1 & c_1 \end{bmatrix} \begin{bmatrix} \omega_1 \\ \omega_2 \\ \omega_3 \end{bmatrix} - \frac{\omega_0 + n}{c_2} \begin{bmatrix} s_3 \\ c_2 c_3 \\ s_2 s_3 \end{bmatrix} \tag{8.20}$$

けっきょく，円軌道を周回する宇宙機の回転運動は，運動方程式 (8.20) とオイラーの運動方程式 (6.46) との連立常微分方程式系で表される。

宇宙機の回転運動の安定性を解析しよう。簡単のため，宇宙機に作用する外力のモーメントの成分がすべて 0 である場合を考える。このとき，運動方程式は

$$\begin{aligned} &J_1 \dot{\omega}_1 - (J_2 - J_3)\omega_2\omega_3 = 0, \\ &J_2 \dot{\omega}_2 - (J_3 - J_1)\omega_3\omega_1 = 0, \\ &J_3 \dot{\omega}_3 - (J_1 - J_2)\omega_1\omega_2 = 0 \end{aligned} \tag{8.21}$$

と書くことができる。この運動方程式を線形化し，安定性を調べる。三角関数を 1 次のオーダで近似し（$\sin\theta_i \simeq \theta_i$，$\cos\theta_i \simeq 1$，$i = 1, 2, 3$），$\omega_0 \ll n$ なので $\omega_0\theta_i$ の項を無視すると

$$\begin{aligned} &\omega_1 = \dot{\theta}_1 - n\theta_3, \\ &\omega_2 = \dot{\theta}_2 - (n + \omega_0), \\ &\omega_3 = \dot{\theta}_3 + n\theta_1 \end{aligned} \tag{8.22}$$

を得る。上式を式 (8.21) に代入し，$\omega_0 \ll n$ なので $\omega_0\dot{\theta}_i$ の項を無視し，得られた式を 1 次のオーダで近似すると

$$J_1\ddot{\theta}_1 - (J_1 - J_2 + J_3)n\dot{\theta}_3 + (J_2 - J_3)n^2\theta_1 = 0 \tag{8.23}$$

$$J_2\ddot{\theta}_2 = 0 \tag{8.24}$$

$$J_3\ddot{\theta}_3 + (J_1 - J_2 + J_3)n\dot{\theta}_1 + (J_2 - J_1)n^2\theta_3 = 0 \tag{8.25}$$

となる。式 (8.24) より，$\dot{\theta}_2(t) = c$（定数），$\theta_2(t) = ct + \theta_2(0)$ を得る。したがって

$$\omega_2 = c - (\omega_0 + n) \qquad (|c| \ll n)$$

が成り立つ。上式は，ω_2 が $-(\omega_0 + n)$ からわずかな一定の角速度 c だけずれることを表す。ここで $k_1 = (J_2 - J_3)/J_1$，$k_3 = (J_2 - J_1)/J_3$ と定めると，式 (8.23), (8.25) はつぎのように表される。

$$\ddot{\theta}_1 - (1 - k_1)n\dot{\theta}_3 + k_1 n^2 \theta_1 = 0$$

$$\ddot{\theta}_3 + (1 - k_3)n\dot{\theta}_1 + k_3 n^2 \theta_3 = 0$$

上式を常微分方程式の標準形で表すと

$$\frac{\mathrm{d}}{\mathrm{d}t}\begin{bmatrix} \theta_1 \\ \theta_3 \\ \dot{\theta}_1 \\ \dot{\theta}_3 \end{bmatrix} = \begin{bmatrix} 0 & 0 & 1 & 0 \\ 0 & 0 & 0 & 1 \\ -k_1 n^2 & 0 & 0 & (1 - k_1)n \\ 0 & -k_3 n^2 & -(1 - k_3)n & 0 \end{bmatrix} \begin{bmatrix} \theta_1 \\ \theta_3 \\ \dot{\theta}_1 \\ \dot{\theta}_3 \end{bmatrix}$$

となる。上式右辺の係数行列の固有値を求めると

$$\pm in, \qquad \pm in\sqrt{k_1 k_3}$$

を得る。固有値 $-in\sqrt{k_1 k_3}$ は $k_1 k_3 < 0$ のとき正の実数となり，回転運動は不安定となる。この条件は数学的には $(j_2 - J_3)(J_2 - J_1) < 0$ と表されるが，上で $J_1 = J_2 \equiv J_0$ とおいているので，固有値 $= 0$ となる。しかしながら，実際上は厳密にはこれは実現せず，リアプノフの意味で不安定となり，工学上の問題として姿勢運動には一定振幅を持つ振動が生じる。

漸近安定にするための物理的な条件は，機体の中に粘性減衰要素を導入することである。式 (8.23) と式 (8.25) に粘性減衰項 $d_1\dot{\theta}_1$（$d_1 > 0$）と $d_3\dot{\theta}_3$（$d_3 > 0$）をそれぞれ導入すると

$$J_1\ddot{\theta}_1 - (J_1 - J_2 + J_3)n\dot{\theta}_3 + d_1\dot{\theta}_1 + (J_2 - J_3)n^2\theta_1 = 0$$

$$J_3\ddot{\theta}_3 + (J_1 - J_2 + J_3)n\dot{\theta}_1 + d_3\dot{\theta}_3 + (J_2 - J_1)n^2\theta_3 = 0$$

となる。この連立常微分方程式の解が漸近安定性を持つことを，リアプノフ関数を用いて示す。上式を，ベクトル変数 $\boldsymbol{p} = [\theta_1,\, \theta_3]^{\mathrm{T}}$ を用いて，つぎのように表す。

$$M\ddot{\boldsymbol{p}} + (G + D)\dot{\boldsymbol{p}} + K\boldsymbol{p} = \boldsymbol{0} \tag{8.26}$$

ただし

$$M = \begin{bmatrix} J_1 & 0 \\ 0 & J_3 \end{bmatrix}, \quad G = \begin{bmatrix} 0 & -(J_1 - J_2 + J_3) \\ J_1 - J_2 + J_3 & 0 \end{bmatrix}$$
$$D = \begin{bmatrix} d_1 & 0 \\ 0 & d_3 \end{bmatrix}, \quad K = \begin{bmatrix} (J_2 - J_3)n^2 & 0 \\ 0 & (J_2 - J_1)n^2 \end{bmatrix}$$

である。リアプノフ関数 $V(\boldsymbol{p}, \dot{\boldsymbol{p}})$ を次式のように構成する。

$$V(\boldsymbol{p}, \dot{\boldsymbol{p}}) = \frac{1}{2}(\dot{\boldsymbol{p}}^{\mathrm{T}} M \dot{\boldsymbol{p}} + \boldsymbol{p}^{\mathrm{T}} K \boldsymbol{p}) \tag{8.27}$$

ただし，行列 M は正定である。ここで

$$J_2 > J_3, \quad J_2 > J_1 \tag{8.28}$$

を仮定すると，行列 K は正定となる。このとき $V > 0$ が成り立つ。さらに次式を導くことができる（章末問題【**2**】）。

$$\dot{V} < 0 \tag{8.29}$$

以上の議論は漸近安定の必要十分条件ではなく，十分条件の成立を示していることに注意されたい。

結論として，漸近安定の条件は式 (8.28) が成立すること，すなわち J_2 が最大となり，かつ $d_1 > 0$ ならびに $d_3 > 0$ となるような粘性減衰機構を機体に導入することである。リアプノフ関数 $V(\boldsymbol{p}, \dot{\boldsymbol{p}})$ が回転運動エネルギーとポテンシャルエネルギーの和を表すので，$\dot{V} < 0$ が成立するとき，エネルギーの和が減少し続ける。このとき姿勢運動は漸近安定となり，スピン衛星の姿勢の初期擾乱をゼロに近づけることができる[14),15)]。

8.2.3 回転運動のエネルギーと運動量

上述のように，回転運動のエネルギーは重要な意味を持っている。本節では，一般的に，外力トルクが作用しない状態で非対称な剛体が回転する場合を考える。運動方程式は，式 (8.21) に表したように，慣性モーメントの主軸座標系で表されているとする。機体の角運動量を H，運動エネルギーを K で表すと，H^2 と $2K$ は一定値を保つことがわかる（章末問題【**3**】）。すなわち

$$(J_1\omega_1)^2 + (J_2\omega_2)^2 + (J_3\omega_3)^2 = H^2 \quad （一定） \tag{8.30}$$

$$J_1\omega_1^2 + J_2\omega_2^2 + J_3\omega_3^2 = 2K \quad （一定） \tag{8.31}$$

となる。上式はそれぞれ，つぎのように書き直すことができる。

$$\frac{\omega_1^2}{(H/J_1)^2} + \frac{\omega_2^2}{(H/J_2)^2} + \frac{\omega_3^2}{(H/J_3)^2} = 1 \tag{8.32}$$

$$\frac{\omega_1^2}{(2K/J_1)} + \frac{\omega_2^2}{(2K/J_2)} + \frac{\omega_3^2}{(2K/J_3)} = 1 \tag{8.33}$$

式 (8.32) で表される楕円体を角運動量楕円体，式 (8.33) で表される楕円体をエネルギー楕円体と呼ぶ。角速度ベクトル $\boldsymbol{\omega} = [\omega_1, \omega_2, \omega_3]^{\mathrm{T}}$ は，角運動量楕円体の表面ならびにエネルギー楕円体の表面の上を動く。この二つの楕円体が交接する曲線は，機体固定の慣性モーメントの主軸座標系から見た角速度ベクトルの軌跡と見なせる。この曲線をポールホード（polhode）と呼ぶ。式 (8.30), (8.31) から，慣性モーメントの単位を持つパラメータ J^* を定義する。

$$J^* \equiv \frac{H^2}{2K} = \frac{(J_1\omega_1)^2 + (J_2\omega_2)^2 + (J_3\omega_3)^2}{J_1\omega_1^2 + J_2\omega_2^2 + J_3\omega_3^2} \tag{8.34}$$

上式を書き換えると

$$J_1(J_1 - J^*)\omega_1^2 + J_2(J_2 - J^*)\omega_2^2 + J_3(J_3 - J^*)\omega_3^2 = 0 \tag{8.35}$$

となる。一般性を失うことなく $J_1 > J_2 > J_3$ を仮定する。さらに，漸近安定性を確保するために，慣性モーメント J_1 を持つ慣性主軸方向に $\boldsymbol{b}_1$ 軸を移す。式 (8.35) は，J^* が $J_1 \geqq J^* \geqq J_3$ を満たすことを意味する。式 (8.32), (8.33) から ω_3^2 を消去し，さらに式 (8.34) を考慮すると

$$J_1(J_1 - J_3)\omega_1^2 + J_2(J_2 - J_3)\omega_2^2 = 2T(J^* - J_3) \tag{8.36}$$

を得る。この式は，ポールホード曲線の ω_1-ω_2 平面への射影を表す。仮定より $J_1 > J_2 > J_3$ ならびに $J^* \geqq J_3$ が成り立つから，この曲線は楕円である。同様に ω_1^2 を消去すると，ポールホード曲線の ω_2-ω_3 平面への射影を次式のように得る。

$$J_2(J_1 - J_2)\omega_2^2 + J_3(J_1 - J_3)\omega_3^2 = 2T(J_1 - J^*) \tag{8.37}$$

この曲線も楕円を表す。なお，ω_2^2 を消去して得られる曲線は，楕円ではなく双曲線となる。

例題 8.1　慣性モーメント $J_1 = 10\,\mathrm{kg \cdot m^2}$, $J_2 = 8\,\mathrm{kg \cdot m^2}$, $J_3 = 6\,\mathrm{kg \cdot m^2}$ を持つ衛星がある。この衛星において $H = 20\pi$〔$\mathrm{kg \cdot m^2/s}$〕を保ったまま，最初に $2K = 2K_1 = 612.5\,\mathrm{kg \cdot m^2/s^2}$ を与える。つぎに，同じ H の値を保ったまま，$2K = 2K_2 = 580\,\mathrm{kg \cdot m^2/s^2}$ を与える。このとき，ω_2-ω_3 平面に二つの楕円曲線が描かれる。これらの曲線を比較し，$2T$ が減少すると ω_2-ω_3 平面に描かれる楕円が小さくなることを示せ。

【解答】　式 (8.37) によれば，ω_2-ω_3 平面に射影されたポールホードの楕円曲線は，つぎのように表される。

$$\frac{\omega_2^2}{2T(J_1 - J^*)/\{J_2(J_1 - J_2)\}} + \frac{\omega_3^2}{2T(J_1 - J^*)/\{J_3(J_1 - J_3)\}} = 1$$

エネルギー $2K$ が減少すると，$2K(J_1 - J^*)$ が減少する。これは，$2K$ の減少に伴い，楕円の長軸の長さ，短軸の長さが，ともに減少することを意味する。すなわち，スピン衛星の機体への粘性減衰効果の導入に伴い，ω_2-ω_3 平面における姿勢運動の角速度振動の振幅が減少することが保証される。　◇

8.2.4　宇宙環境における外乱トルク

宇宙環境における**外乱トルク**とは，宇宙環境が真空かつ無重力であるという仮定からのずれを意味する[12)]。一般的に，宇宙環境における外乱は地上における外乱より微弱である。しかし，宇宙機の姿勢制御精度への要求によって外乱トルクを無視できなくなり，外乱トルクの影響を打ち消して姿勢を制御する必要が生じる。おもな外乱トルクとして，低高度における空気力トルクや地磁気トルク，高高度における重力傾度トルクや太陽輻射圧トルクがある。以下では，姿勢制御への利用を念頭に，重力傾度トルクの定式化を述べる。

宇宙機が一様な重力場の中に置かれているならば，重力の合成力の作用点は質量中心に一致するので，重力は外乱トルクとして作用しない。しかし，宇宙機の寸法が大きくなり，地球中心から最も近い位置と，最も遠い位置との重力の大きさの差が無視できない程度となれば，宇宙機全体にわたって加え合わせた質量中心まわりのモーメントは $\mathbf{0}$ とならない。これを重力傾度トルク（gravity-gradient torque）と呼ぶ。重力傾度トルクを定式化しよう。

図 8.3 のように，地球に固定した慣性座標系 N を $\{\boldsymbol{i}_1, \boldsymbol{i}_2, \boldsymbol{i}_3\}$ とする。機体の質量中心に原点 C をおき，基準座標系 A を $\{\boldsymbol{a}_1, \boldsymbol{a}_2, \boldsymbol{a}_3\}$ とする。ただし，ベクトル $\boldsymbol{a}_1$ が機体の進行方向を向き，ベクトル $\boldsymbol{a}_3$ が地球の中心点を向くように座標系を定める。機体座標系 B を $\{\boldsymbol{b}_1, \boldsymbol{b}_2, \boldsymbol{b}_3\}$ と定める。重心 C の座標を $\boldsymbol{x}_\mathrm{c}$ で表す。機体の微小質量要素 $\mathrm{d}m = \rho\,\mathrm{d}V$ の重心からの相対位置を $\boldsymbol{y}$ で表す。微小質量要素に作用する重力は

$$\mathrm{d}\boldsymbol{f} = -\frac{\mu\,\mathrm{d}m}{|\boldsymbol{x}_\mathrm{c}+\boldsymbol{y}|^2}\frac{\boldsymbol{x}_\mathrm{c}+\boldsymbol{y}}{|\boldsymbol{x}_\mathrm{c}+\boldsymbol{y}|} = -\frac{\mu(\boldsymbol{x}_\mathrm{c}+\boldsymbol{y})\,\mathrm{d}m}{|\boldsymbol{x}_\mathrm{c}+\boldsymbol{y}|^3} \tag{8.38}$$

と表される。ここで，μ は地球の重力パラメータを表し，$\mu = 3.986\times10^5\,\mathrm{km^3/s^2}$ といわれる。機体の質量中心 C まわりの重力傾度トルクベクトル $\boldsymbol{M}$ は，上式と $\boldsymbol{y}$ のベクトル積を機体全体で積分することにより得られる。すなわち

$$\boldsymbol{M} = \int_B \boldsymbol{y}\times\mathrm{d}\boldsymbol{f} = \mu\int_B \frac{\boldsymbol{x}_\mathrm{c}\times\boldsymbol{y}}{|\boldsymbol{x}_\mathrm{c}+\boldsymbol{y}|^3}\,\mathrm{d}m \tag{8.39}$$

である。ここで，$x_\mathrm{c} = |\boldsymbol{x}_\mathrm{c}|$ ならびに $y = |\boldsymbol{y}|$ と表し，$|\boldsymbol{x}_\mathrm{c}| \gg |\boldsymbol{y}|$ を考慮すると，被積分関数の分母は

$$\begin{aligned}|\boldsymbol{x}_\mathrm{c}+\boldsymbol{y}|^{-3} &= \{(\boldsymbol{x}_\mathrm{c}+\boldsymbol{y})\cdot(\boldsymbol{x}_\mathrm{c}+\boldsymbol{y})\}^{-\frac{3}{2}}\\ &\simeq \left\{x_\mathrm{c}^2 + 2(\boldsymbol{x}_\mathrm{c}\cdot\boldsymbol{y})\right\}^{-\frac{3}{2}}\end{aligned}$$

$$= x_{\mathrm{c}}^{-3}\left\{1+\frac{2(\boldsymbol{x}_{\mathrm{c}}\cdot\boldsymbol{y})}{x_{\mathrm{c}}^2}\right\}^{-\frac{3}{2}}$$

$$\simeq \frac{1}{x_{\mathrm{c}}^3}\left\{1-\frac{3(\boldsymbol{x}_{\mathrm{c}}\cdot\boldsymbol{y})}{x_{\mathrm{c}}^2}\right\} \tag{8.40}$$

と近似できる。近似式 (8.40) を式 (8.39) に代入すると

$$\boldsymbol{M} = \frac{\mu}{x_{\mathrm{c}}^3}\left\{\boldsymbol{x}_{\mathrm{c}}\times\int_B \boldsymbol{y}\,\mathrm{d}m - \frac{3}{x_{\mathrm{c}}^2}\int_B(\boldsymbol{x}_{\mathrm{c}}\cdot\boldsymbol{y})(\boldsymbol{x}_{\mathrm{c}}\times\boldsymbol{y})\,\mathrm{d}m\right\}$$

となる。上式右辺の { } 内第 1 項は $\mathbf{0}$ である。ここで，$\boldsymbol{x}_{\mathrm{c}}$ の機体座標を $(x_{\mathrm{c}1}, x_{\mathrm{c}2}, x_{\mathrm{c}3})$，すなわち $\boldsymbol{x}_{\mathrm{c}} = x_{\mathrm{c}1}\boldsymbol{b}_1 + x_{\mathrm{c}2}\boldsymbol{b}_2 + x_{\mathrm{c}3}\boldsymbol{b}_3$ とする。このとき

$$\int_B(\boldsymbol{x}_{\mathrm{c}}\cdot\boldsymbol{y})(\boldsymbol{x}_{\mathrm{c}}\times\boldsymbol{y})\,\mathrm{d}m = -\boldsymbol{x}_{\mathrm{c}}\times J\boldsymbol{x}_{\mathrm{c}} \tag{8.41}$$

に注意すると，重力傾度トルクベクトルは

$$\boldsymbol{M} = \frac{3\mu}{x_{\mathrm{c}}^3}\begin{bmatrix} 0 & -x_{\mathrm{c}3} & x_{\mathrm{c}2} \\ x_{\mathrm{c}3} & 0 & -x_{\mathrm{c}1} \\ -x_{\mathrm{c}2} & x_{\mathrm{c}1} & 0 \end{bmatrix}\begin{bmatrix} J_1 & J_{12} & J_{13} \\ J_{21} & J_2 & J_{23} \\ J_{31} & J_{32} & J_3 \end{bmatrix}\begin{bmatrix} x_{\mathrm{c}1} \\ x_{\mathrm{c}2} \\ x_{\mathrm{c}3} \end{bmatrix} \tag{8.42}$$

と表されることがわかる（章末問題【**4**】）。

8.2.5　重力傾度を利用した宇宙機の姿勢運動の安定化

重力傾度トルク（8.2.4 項）を利用することで，宇宙機の姿勢運動を安定化できる。実際，地球の衛星である月は，地球を周回する公転軌道において，つねに地球に対して同一の球表面を見せている。すなわち，月は公転軌道において 1 回転/1 周のスピンを正確に保っている。これは，地球に最も近い点と最も遠い点との間で，地球からの重力に無視できない差が生じて，重力傾度が生じていることに由来する。宇宙開発の初期においては，宇宙機に長い棒状の構造物を構築し，棒状の構造物の地球に最も近い点と，最も遠い点との間に生じる引力の差を利用して，姿勢運動の安定化を図ってきた。以下では，この重力傾度による姿勢運動の安定化を考察する。

図 8.3 のように，基準座標系 A，機体座標系 B，慣性座標系 N を選ぶ。さら

に，式 (8.42) で与えられる重力傾度トルクベクトルを外乱モーメントベクトル $\boldsymbol{M}$ と読み替えて，それを慣性座標系で書き直す。このとき，慣性行列 J は対角であることを考慮すれば，次式が得られる。

$$\begin{bmatrix} M_1 \\ M_2 \\ M_3 \end{bmatrix} = \frac{3\mu}{R_\mathrm{c}^3}\begin{bmatrix} 0 & -x_3 & x_2 \\ x_3 & 0 & -x_1 \\ -x_2 & x_1 & 0 \end{bmatrix}\begin{bmatrix} J_1 x_1 \\ J_2 x_2 \\ J_3 x_3 \end{bmatrix} = -3\omega_0^2\begin{bmatrix} (J_2 - J_3)x_2 x_3 \\ (J_3 - J_1)x_3 x_1 \\ (J_1 - J_2)x_1 x_2 \end{bmatrix} \tag{8.43}$$

ここで，$\mu/R_\mathrm{c}^3 = \omega_0^2$ である。このとき，$\boldsymbol{a}_2$ 軸まわりに与えられる角速度は ω_0 のみであることを考慮して，式 (8.10) の代わりに

$$\boldsymbol{\omega}^{\mathrm{B/N}} = \boldsymbol{\omega}^{\mathrm{B/A}} - \omega_0 \boldsymbol{a}_2 \tag{8.44}$$

を用いる。機体座標系 B から基準座標系 A への変換を，8.2.2 項と同様にオイラー角 $\{C_3(\theta_3) \leftarrow C_2(\theta_2) \leftarrow C_1(\theta_1)\}$ で表す。すると，式 (8.19), (8.20) は，$n = 0$ を代入した上で，そのまま適用できる。さらに，θ_1, θ_2, θ_3 を微小であると仮定して線形近似を適用すると，式 (8.22) の n を ω_0 に置き換えた式を得る。結果として，式 (8.23), (8.24), (8.25) の代わりに次式が得られる。

$$J_1\ddot{\theta}_1 - \omega_0(J_1 - J_2 + J_3)\dot{\theta}_3 + 3\omega_0^2(J_2 - J_3)\theta_1 = 0 \tag{8.45}$$

$$J_2\ddot{\theta}_2 + 3\omega_0^2(J_1 - J_3)\theta_2 = 0 \tag{8.46}$$

$$J_3\ddot{\theta}_3 + \omega_0(J_1 - J_2 + J_3)\dot{\theta}_1 + \omega_0^2(J_2 - J_1)\theta_3 = 0 \tag{8.47}$$

角度 θ_2 のみの微分方程式 (8.46) の安定性を解析すると，$J_1 > J_3$ のときリアプノフの意味で安定であり，$J_1 < J_3$ のとき不安定であることがわかる。さらに，$k_1 = (J_2 - J_3)/J_1$，$k_3 = (J_2 - J_1)/J_3$ と定め，式 (8.45), (8.47) を書き換えると

$$\ddot{\theta}_1 - (1-k_1)\omega_0\dot{\theta}_3 + 3\omega_0^2 k_1\theta_1 = 0$$

$$\ddot{\theta}_3 + (1-k_3)\omega_0\dot{\theta}_1 + \omega_0^2 k_3\theta_3 = 0$$

となり，上式を常微分方程式の標準形で表すと

$$\frac{\mathrm{d}}{\mathrm{d}t}\begin{bmatrix}\theta_1\\ \theta_3\\ \dot{\theta}_1\\ \dot{\theta}_3\end{bmatrix} = \begin{bmatrix}0 & 0 & 1 & 0\\ 0 & 0 & 0 & 1\\ -3\omega_0^2 k_1 & 0 & 0 & (1-k_1)\omega_0\\ 0 & -\omega_0^2 k_3 & -(1-k_3)\omega_0 & 0\end{bmatrix}\begin{bmatrix}\theta_1\\ \theta_3\\ \dot{\theta}_1\\ \dot{\theta}_3\end{bmatrix}$$

となる。上式右辺の係数行列の固有値 λ に関する固有方程式

$$\lambda^4 + \omega_0^2(k_1k_3 + 2k_1 + 1)\lambda^2 + 3\omega_0^4 k_1k_3 = 0$$

は，λ^2 に関する二次方程式である。この二次方程式の解を $\lambda^2 = r\exp\{i\theta\}$ と書くと，$\lambda = \pm\sqrt{r}\exp\{i\theta/2\}$ を得る。固有値 $\pm\sqrt{r}\exp\{i\theta/2\}$ の実部がともに正でないための十分条件は，$\theta/2 = \pi/2$ である。したがって，微分方程式の解が不安定にならないためには，二次方程式の 2 個の解がともに負の実数 $(\theta = \pi)$ でなくてはならない。そのための条件は

$$\begin{aligned} k_1k_3 &> 0\\ 1 + 2k_1 + k_1k_3 &> 0\\ 1 + 2k_1 + k_1k_3 &> \sqrt{12k_1k_3}\end{aligned}$$

であり，このとき固有値はすべて虚数となる。したがって，リアプノフの意味で安定といえるのみであり，漸近安定ではない。漸近安定性を実現するためには，すべての軸に粘性減衰機構を導入しなければならない。

8.2.6 スピン衛星に外部トルクを与えることによる姿勢角の変化

トランスファ軌道にあって宇宙機を加速するときには，宇宙機の慣性モーメントの主軸の一つである $\boldsymbol{p}_1$（J_1 の向き）は軌道の接線方向にあって，機体座標

系の $\boldsymbol{b}_1$ 軸と一致している。しかし，円軌道においては，主軸方向の $\boldsymbol{p}_1$ は $-\boldsymbol{b}_2$ 軸に一致させる。すなわち，トランスファ軌道において加速を終了し，ミッションの遂行に必要な円軌道に移るときには，トランスファ軌道におけるロール軸（$\boldsymbol{p}_1 = \boldsymbol{b}_1$）を，円軌道におけるピッチ軸（$\boldsymbol{p}_1 = -\boldsymbol{b}_2$）に変換しなければならない。このような姿勢の操作には，ガス噴流によるトルカが用いられる。本節では，$\boldsymbol{b}_1$（$= \boldsymbol{p}_1$）軸まわりにスピン（角速度 n）を与えた状態で，$\boldsymbol{b}_3$ 軸まわりに一定の外力トルク M を与えるとき，姿勢角にどのような変化が生じるかを見よう。簡単のため，軸対称の機体を考え，慣性モーメントの主軸方向に機体軸をとり，$J_2 = J_3 \equiv J_0$，$J_1 > J_0$ と仮定する。このとき，オイラーの運動方程式は，つぎのように書くことができる。

$$J_1\dot{\omega}_1 = 0 \tag{8.48}$$

$$J_0\dot{\omega}_2 - (J_0 - J_1)\omega_3\omega_1 = 0 \tag{8.49}$$

$$J_0\dot{\omega}_3 - (J_1 - J_0)\omega_1\omega_2 = M \tag{8.50}$$

式 (8.48) から $\omega_1 = n$（一定）が得られる。この解を式 (8.49), (8.50) に代入し，$\lambda = (J_1/J_0 - 1)n$，$\mu = M/J_0$ と定め，得られた連立常微分方程式を解くと

$$\omega_1(t) = n \tag{8.51}$$

$$\omega_2(t) = \omega_2(0)\cos\lambda t - \omega_3(0)\sin\lambda t - \frac{\mu}{\lambda}(1 - \cos\lambda t) \tag{8.52}$$

$$\omega_3(t) = \omega_3(0)\cos\lambda t + \omega_2(0)\sin\lambda t + \frac{\mu}{\lambda}\sin\lambda t \tag{8.53}$$

を得る。姿勢を表すためにオイラー角 $\{C_3(\theta_3) \leftarrow C_2(\theta_2) \leftarrow C_1(\theta_1)\}$ を用いると，式 (8.20) と同様に

$$\begin{aligned}
\dot{\theta}_1 &= \omega_1 + \frac{S_1S_2}{C_2}\omega_2 + \frac{C_1S_2}{C_2}\omega_3,\\
\dot{\theta}_2 &= C_1\omega_2 - S_1\omega_3,\\
\dot{\theta}_3 &= \frac{S_1}{C_2}\omega_2 + \frac{C_1}{C_2}\omega_3
\end{aligned} \tag{8.54}$$

となる。式 (8.53) を式 (8.54) に代入し，得られたオイラー角 $\theta_1, \theta_2, \theta_3$ に関す

る連立微分方程式を数値的に解くことにより，機体の姿勢変化を求めることができる。

線形化を用いて上式の安定性を考察しよう。角度 θ_2, θ_3 が微小であると仮定し，さらに $\omega_1 = n \gg \theta_2\omega_2, \theta_2\omega_3$ と仮定し，$C_1 = \cos\theta_1$，$S_1 = \sin\theta_1$，$1/C_2 \approx 1$ を代入すると

$$\begin{aligned}
\dot{\theta}_1 &= n, \\
\dot{\theta}_2 &= \omega_2 \cos\theta_1 - \omega_3 \sin\theta_1, \\
\dot{\theta}_3 &= \omega_2 \sin\theta_1 + \omega_3 \cos\theta_1
\end{aligned} \tag{8.55}$$

となる。初期条件 $\theta_1(0) = 0$ を仮定すると，$\theta_1(t) = nt$ を得る。初期条件 $\omega_2(0) = \omega_3(0) = 0$ を仮定し，式 (8.53) を式 (8.55) に代入すると

$$\begin{aligned}
\dot{\theta}_2 &= \frac{\mu}{\lambda}\left(\cos\frac{J_1}{J_0}nt - \cos nt\right), \\
\dot{\theta}_3 &= \frac{\mu}{\lambda}\left(\sin\frac{J_1}{J_0}nt - \sin nt\right)
\end{aligned} \tag{8.56}$$

となる。初期条件 $\theta_2(0) = \theta_3(0) = 0$ のもとで，この微分方程式を解くと

$$\theta_2(t) = A_p \sin\omega_p t - A_n \sin nt \tag{8.57}$$

$$\theta_3(t) = A_p(1 - \cos\omega_p t) - A_n(1 - \cos nt) \tag{8.58}$$

となる。ただし，$A_p = \mu J_0/(\lambda n J_1)$，$A_n = \mu/(\lambda n)$，$\omega_p = (J_1/J_0)n$ である。これより，外力トルク M は，θ_3 のみならず，θ_2 の姿勢変化も誘起していることがわかる。ここでは $J_1 > J_0$ なので，$A_p < A_n$，$\omega_p > n$ である。すなわち，θ_2 と θ_3 に現れる振動的な変化は，大きな振幅でゆっくりと振動する成分と，小さな振幅で速く振動する成分で構成される。このことから，θ_3 の姿勢変化のみをもたらすためには，θ_2 に生じる振動的挙動を補償するようなトルクの制御（8.3 節参照）が必要となることが結論される。

例題 8.2　式 (8.54) の数値解と式 (8.58) に基づく近似解を比較せよ。パラメータは $J_1/J_0 = 2.0$，$n = \lambda = 10\,\mathrm{rad/s}$，$\mu = M/J_0 = 20\,\mathrm{rad/s^2}$，初

期値は $\omega_2(0) = \omega_3(0) = 0\,\mathrm{rad/s}$，$\theta_1(0) = \theta_2(0) = \theta_3(0) = 0\,\mathrm{rad/s^2}$ とする。

【解答】　ルンゲ・クッタ法による式 (8.54) の数値解と，式 (8.58) に基づく近似解を図 **8.4** に示す。時刻 0 近くでは良い近似が得られることがわかる。

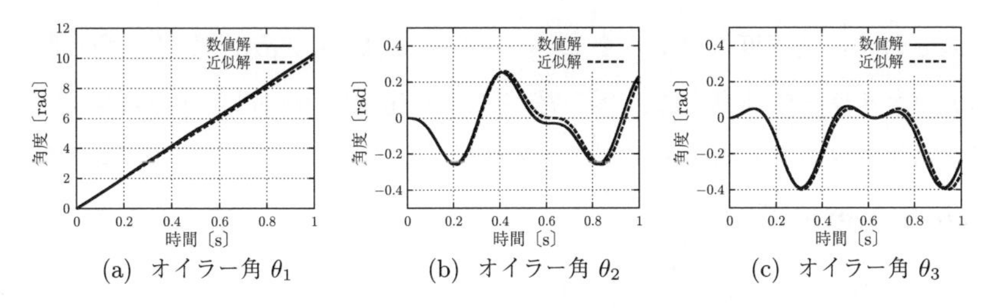

(a)　オイラー角 θ_1　　(b)　オイラー角 θ_2　　(c)　オイラー角 θ_3

図 8.4　数値解と近似解の比較

8.3　能動制御による安定化

三軸制御衛星のフィードバック制御システムでは，センサ（8.1.3 項）により姿勢角を検知し，アクチュエータにより機体の姿勢を制御する。三軸制御衛星のアクチュエータとして，ホイールが用いられる。バイアスモーメンタムホイール（bias-momentum wheel），リアクションホイール（reaction wheel），コントロールドモーメンタムジャイロ（controlled momentum gyro）が実用化されている。各ホイールは異なる力学特性を有するため，それぞれ異なる制御則が用いられる。以下，バイアスモーメンタムホイールによる姿勢制御，リアクションホイールによる姿勢制御について述べる。

8.3.1　バイアスモーメンタムホイールによる姿勢制御

バイアスモーメンタムホイールによる制御方式では，1 個のバイアスモーメンタムホイールと 1 個のリアクションモーメンタムホイールが配置される。バイアスモーメンタムホイールが $\boldsymbol{b}_2$ 軸に沿って，リアクションモーメンタムホ

イールが $\boldsymbol{b}_3$ 軸に沿ってそれぞれに配置されているとする。バイアスモーメンタムホイールの角運動量を h_m，リアクションホイールの角運動量を h_3 で表し，$|h_m| \gg |h_3|$ が成り立つとする。このとき，機体の角運動量ベクトル $\boldsymbol{H}$ は

$$\boldsymbol{H} = J\boldsymbol{\omega} + h_m\boldsymbol{b}_2 + h_3\boldsymbol{b}_3 \tag{8.59}$$

と表される。角速度ベクトルを $\boldsymbol{\omega} = \omega_1\boldsymbol{b}_1 + \omega_2\boldsymbol{b}_2 + \omega_3\boldsymbol{b}_3$ と表す。角運動量 $J\boldsymbol{\omega}$ のオイラーの運動方程式への寄与は，式 (6.49) の左辺で与えられる。バイアスモーメンタムホイールとリアクションモーメンタムホイールの角運動量 $h_m\boldsymbol{b}_2 + h_3\boldsymbol{b}_3$ の寄与は

$$\begin{bmatrix} 0 \\ \dot{h}_m \\ \dot{h}_3 \end{bmatrix} + \begin{bmatrix} \omega_1 \\ \omega_2 \\ \omega_3 \end{bmatrix} \times \begin{bmatrix} 0 \\ h_m \\ h_3 \end{bmatrix}$$

で与えられる。けっきょく，オイラーの運動方程式は

$$\begin{aligned} &J_1\dot{\omega}_1 - (J_2 - J_3)\omega_2\omega_3 + \omega_2 h_3 - \omega_3 h_m = 0, \\ &J_2\dot{\omega}_2 - (J_3 - J_1)\omega_3\omega_1 + \dot{h}_m - \omega_1 h_3 = 0, \\ &J_3\dot{\omega}_3 - (J_1 - J_2)\omega_1\omega_2 + \dot{h}_3 + \omega_1 h_m = 0 \end{aligned} \tag{8.60}$$

と表すことができる。

以下でもオイラー角 $\{C_3(\theta_3) \leftarrow C_2(\theta_2) \leftarrow C_1(\theta_1)\}$ を用いて機体の姿勢を表す。オイラー角は微小であると仮定し，運動方程式 (8.60) を線形化する。さらに，θ_i および $\dot{\theta}_i$ の 2 次の項，および h_3 と $\dot{\theta}_i$ の積を省略すると，次式が得られる。

$$J_1\ddot{\theta}_1 - h_m\dot{\theta}_3 = 0 \tag{8.61}$$

$$J_2\ddot{\theta}_2 + \dot{h}_m = 0 \tag{8.62}$$

$$J_3\ddot{\theta}_3 + h_m\dot{\theta}_1 + \dot{h}_3 = 0 \tag{8.63}$$

式 (8.62) は θ_2 のみに依存する。この式において，$-\dot{h}_m$ を制御入力変数 $u_2(t)$ に置き換えれば，θ_2 の制御則を得る。一方で，式 (8.61), (8.63) は

$$J_1\ddot{\theta}_1 - h_m\dot{\theta}_3 = 0,$$
$$J_3\ddot{\theta}_3 + h_m\dot{\theta}_1 = -\dot{h}_3 \tag{8.64}$$

と書くことができる。この式において，$-\dot{h}_3$ を制御入力変数 $u_3(t)$ に置き換えれば，θ_1 と θ_3 を一つの制御入力を用いて制御する制御則を得る。この制御の特徴は，θ_1 と θ_3 を制御するために，ロール角誤差 θ_1 を検出して，ヨー軸への制御入力を構成し，それをヨー軸の制御モーメントとして与える点にある。このことにより，ピッチ軸まわりの角運動量 h_m を介してロール軸およびヨー軸に生じた姿勢角変動を漸近安定に制御できる。

バイアスモーメンタム制御方式では，加速の必要性に応じて，ホイールの回転数を増やさなければならない場合が生じる。しかし，実際問題としてホイールの回転を駆動するモータには速度の飽和特性がある。ホイールの回転数がある限度を超えた場合には，回転数を低減する必要がある。これをアンロード（unload）と呼び，減速の際に生じる反トルクをガス噴流のトルカによって相殺する。

例題 8.3　三軸制御衛星において，一つのバイアスモーメンタムホイールと一つのリアクションホイールを用いてフィードバック制御系を構成し，3 軸の姿勢角を制御する。このとき，漸近安定な制御システムを設計する方法を示せ。

【解答】　ピッチ角 θ_2 の制御システムを設計する。PD フィードバック制御則を用いて，$u_2(t) = -k_{2d}\dot{\theta}_2 - k_{2p}\theta_2$ を与えれば，式 (8.62) は

$$J_2\ddot{\theta}_2 + k_{2d}\dot{\theta}_2 + k_{2p}\theta_2 = 0 \tag{8.65}$$

と書くことができる。したがって，$k_{2d} > 0$ と $k_{2p} > 0$ を与えれば，このフィードバックループの漸近安定な根を設定できる。

ロール・ヨー角については，θ_1 を用いてフィードバック制御則

$$u_3(t) = -k_{1d}\ddot{\theta}_1 - k_{1p}\theta_1$$

を適用する。このとき，式 (8.64) で表される系の固有方程式は

$$s^3 + \omega_N^2 \left(\frac{k_{1d}}{h_m}\right) s^2 + \omega_N^2 s + \omega_N^2 \left(\frac{k_{1p}}{h_m}\right) = 0$$

と表される。ここで，$\omega_N = h_m/\sqrt{J_1 J_3}$ である。ラウスの安定判別法を用いて安定条件を求める。ラウスの表は

s^3	1	ω_N^2
s^2	$\omega_N^2(k_{1d}/h_m)$	$\omega_N^2(k_{1p}/h_m)$
s^1	$\omega_N^2 - (k_{1p}/k_{1d})$	0
s^0	$\omega_N^2(k_{1p}/h_m)$	0

であり，安定であるための条件

$$k_{1d} > 0, \quad k_{1p} > 0, \quad \omega_N > \sqrt{\frac{k_{1p}}{k_{1d}}} \tag{8.66}$$

が得られる。特に，$J_1 = 2\,\mathrm{kg \cdot m^2}$，$J_3 = 2\,\mathrm{kg \cdot m^2}$，$h_m = 200\,\mathrm{kg \cdot m^2/s}$ のとき，$k_{1d} = 1\,\mathrm{kg \cdot m^2/s}$，$k_{1p} = 1\,600\,\mathrm{kg \cdot m^2/s^2}$ と設定すると，固有方程式の根として $-8.29\,\mathrm{rad/s}$，$-20.86 \pm 96.02\,i$〔rad/s〕を得る。

ロール・ヨー角制御系は

$$J_1\ddot{\theta}_1 = h_m\dot{\theta}_3$$

$$J_3\ddot{\theta}_3 = -k_{1p}\theta_1 - h_m\dot{\theta}_1 - \frac{h_m k_{1d}}{J_1}\dot{\theta}_3 + d$$

と表すことができる。ここで，d は外乱を表す。上式を常微分方程式の標準形に変換し，常微分方程式の数値解法を適用することにより，ロール・ヨー角の時間推移を求めることができる。外乱 d にインパルスを入力し，θ_1 と θ_3 の応答を計算する。インパルス外乱の大きさが 1 のときの計算結果を**図 8.5** に示す。

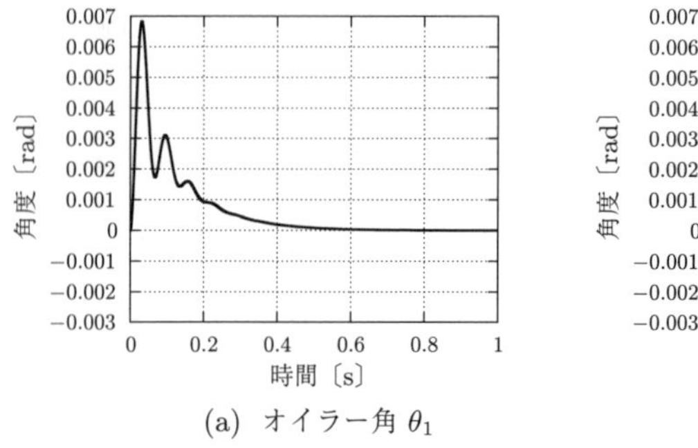

(a) オイラー角 θ_1

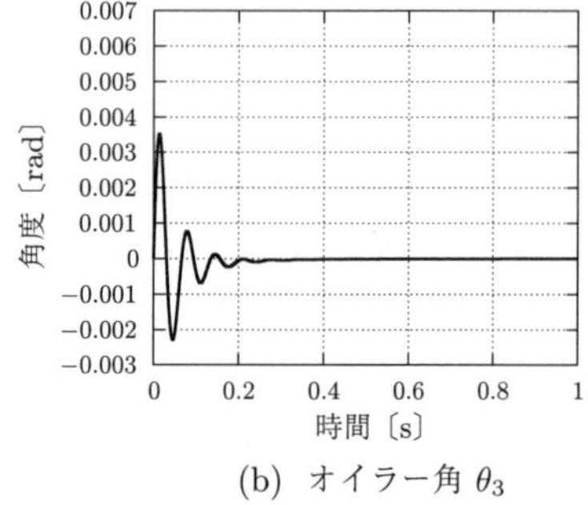

(b) オイラー角 θ_3

図 8.5　バイアスモーメンタムホイールによるフィードバック制御系のインパルス応答

これより，上記のフィードバック制御を設定することにより，インパルス状の外乱に生じる影響が静定されることがわかる。 ◇

8.3.2 リアクションホイールによる姿勢制御

リアクションホイールによる姿勢制御システムでは，すべての軸に沿ってバイアス角運動量を持たないリアクションホイールが配置される。このとき，機体の角運動量ベクトルは

$$\boldsymbol{H} = J\boldsymbol{\omega} + h_1\boldsymbol{b}_1 + h_2\boldsymbol{b}_2 + h_3\boldsymbol{b}_3 \tag{8.67}$$

と表される。このとき，式 (8.60) に代えて，オイラーの運動方程式は

$$\begin{aligned}
&J_1\dot{\omega}_1 - (J_2 - J_3)\omega_2\omega_3 + \dot{h}_1 + \omega_2 h_3 - \omega_3 h_2 = 0,\\
&J_2\dot{\omega}_2 - (J_3 - J_1)\omega_3\omega_1 + \dot{h}_2 + \omega_3 h_1 - \omega_1 h_3 = 0,\\
&J_3\dot{\omega}_3 - (J_1 - J_2)\omega_1\omega_2 + \dot{h}_3 + \omega_1 h_2 - \omega_2 h_1 = 0
\end{aligned} \tag{8.68}$$

となる。

上に述べたオイラー角を用いて機体の姿勢を表す。運動方程式 (8.68) を線形化すると，式 (8.61), (8.62), (8.63) に代えて

$$\begin{aligned}
&J_1\ddot{\theta}_1 + \dot{h}_1 = 0,\\
&J_2\ddot{\theta}_2 + \dot{h}_2 = 0,\\
&J_3\ddot{\theta}_3 + \dot{h}_3 = 0
\end{aligned} \tag{8.69}$$

を得る。したがって，$-\dot{h}_i(t)$ を制御入力変数 $u_i(t)$ に置き換えれば，各軸の制御系が得られる。各軸において適当なフィードバック制御則を構成することにより，漸近安定な制御システムを構築できる。

リアクションホイール制御システムにおいては，それぞれの姿勢角ごとに個別にフィードバック制御を構築できる。これは，すべての姿勢角の情報を得て，それをフィードバックさせなければならないことを意味する。バイアスモーメ

ンタム制御システムでは，3 軸の制御を行うのにピッチ軸とロール軸の角度誤差のみに基づいて制御できた。一方，リアクションホイール制御システムは，多くのセンサ信号に依存した制御システムと見ることができる。

例題 8.4　リアクションホイール制御システムでは，各姿勢角に対して個別に安定な制御系を構築できる。ピッチ軸まわりの姿勢角 θ_2 について最適レギュレータを設計し，そのフィードバック制御システムのインパルス応答を図示せよ。ここで，$J_2 = 4\,\mathrm{kg \cdot m^2}$ とする。

【解答】　バイアスモーメンタムホイール方式のピッチ角制御と同様に，$u_2(t) = -k_{2d}\dot{\theta}_2 - k_{2p}\theta_2$ と定めると，式 (8.65) が得られる。したがって，$k_{2d} > 0$ と $k_{2p} > 0$ を与えれば，安定な制御系を構成できる。例えば，$k_{2d} = 1\,\mathrm{kg \cdot m^2/s}$，$k_{2p} = 100\,\mathrm{kg \cdot m^2/s^2}$ を与えると，固有方程式の根 $-0.125 \pm 4.998\,i$〔rad/s〕が得られる。外乱によるインパルス応答を**図 8.6** に示す。

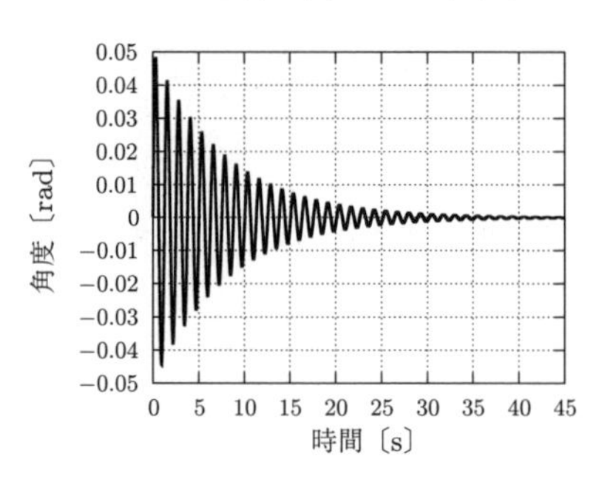

図 8.6　リアクションホイール制御システムによるフィードバック制御系のインパルス応答

図からわかるように，安定な姿勢制御を実現することができる。このとき，静定に約 40 秒を要する。　◇

章 末 問 題

【1】 回転行列をオイラー角 $\{C_3(\theta_3) \leftarrow C_2(\theta_2) \leftarrow C_1(\theta_1)\}$ で表す。すなわち

$$R = R_3R_2R_1 = \begin{bmatrix} c_3 & -s_3 & 0 \\ s_3 & c_3 & 0 \\ 0 & 0 & 1 \end{bmatrix} \begin{bmatrix} c_2 & 0 & s_2 \\ 0 & 1 & 0 \\ -s_2 & 0 & c_2 \end{bmatrix} \begin{bmatrix} 1 & 0 & 0 \\ 0 & c_1 & -s_1 \\ 0 & s_1 & c_1 \end{bmatrix}$$

とする。このとき，角速度ベクトルとオイラー角の時間微分 $\dot{\theta}_1, \dot{\theta}_2, \dot{\theta}_3$ との関係式を求めよ。

【2】 式 (8.29) を示せ。

【3】 式 (8.30), (8.31) を示せ。

【4】 式 (8.41) を示せ。

【5】 8.2 節において，$J_0 \equiv J_1 = J_2 = 3\,\mathrm{kg \cdot m^2}$，$J_3 = 6\,\mathrm{kg \cdot m^2}$，$n = \pi$〔rad/s〕，$\omega_T = \pi/2$〔rad/s〕の場合，$\lambda$，$\tan\theta_n$，$\tan\gamma$ の値を求めよ。

9 移動ロボットの制御

本章では，移動ロボットの走行制御に関する話題を取り上げよう。「移動ロボット」を読んで字のごとく解釈すれば，「移動」する「ロボット」ということになる。一般に，車輪や無限軌道（クローラ）を利用して推進するロボットを指すことが多い（図 **9.1**）。脚により歩行して移動するロボットは，「脚ロボッ

(a) 独立2輪駆動型の小型移動ロボット「beego」

(b) 屈曲操向型の移動体（ミニチュアホイールローダ）

(c) 全方向自律移動機構を持ち自動整列が可能な会議室机の実験機

(d) 図(c)の脚部車輪のクローズアップ（オムニホイール）

図 9.1 走行方式の異なる移動体（いずれも筑波大学知能ロボット研究室）

ト」あるいは「歩行ロボット」と呼んで，「移動ロボット」とは区別することが多い。

移動ロボットが走行する環境はさまざまである。工場やオフィス，家庭などで使われる移動ロボットなら，多少の段差があったとしても，水平面を移動することを前提として考えることができる。一方，屋外の道路や歩道を走行するのならば，まずは水平面の移動を前提として考えることになるが，実際は水はけのために必ず路面は傾斜しており，路面の継ぎ目などの段差も多い。さらに，レスキュー探索活動に使われる移動ロボットなら，階段の昇り降りができる必要もあり，建設機械を移動ロボットとして自動化するとなると，走行する路面が平坦であるとは限らず，不整地であるケースも多くなる。しかし，本章では，移動ロボットの走行制御を考える上で基本となる，車輪による水平面の移動を扱うことにしよう。本章では，移動ロボットを**移動体**と記す。

9.1　車輪移動体の特徴と制御

移動体が水平面を移動する場合，その移動空間における移動体の位置・姿勢の自由度は3となる。すなわち，位置の2自由度と姿勢（方位角）の1自由度からなる。その移動体の移動機構の構造によって，1) 自己位置座標3自由度を独立に変化させることができない移動体（例：図9.1の図(a), (b)），2) 自己位置座標3自由度を独立に変化させることができる全方向移動機構を持つ移動体（例：図(c)）に分類される。

実用に供されている移動体は，乗用車の舵取り機構をはじめとして，圧倒的に前記1) の類型が多い。独立2輪駆動型の移動体（図(a)）は，左右の車輪にそれぞれ取り付けられた，合計二つの直流モータにより走行する。屈曲操舵方式の移動体（図(b)）は，推進用の直流モータと前後の車体を繋ぐ関節を駆動する直流モータを使って走行し，走行のためのモータの数は二つである。一般的な乗用車では，推進の動力はエンジンであり，運転席のステアリングハンドルはエンジンの動力を補助として人間が回転力を与えて回している（パワーステアリング機構）。ここでもやはり，駆動輪の動力（エンジン）とステアリングハンドルの動力（エンジンと人間の腕）の二つの動力で走行している。この例でも，駆動の自由度は2である。

移動体は二つの動力によって動いており，位置・姿勢の3自由度を独立に自由に変化させることはできない。一方，乗用車を運転するときのことを考えると，これでも平面上の移動に大きな不便を感じることはない。しいて不便を挙げるとすれば，車庫入れや縦列駐車に熟練を要することである。ある位置から別の目標位置に移動する際，その目標位置に停止しようとするためには注意深いアクセルワークと操舵が必要であり，もしそこに停止できなければ切り返しなどの操作が必要になる。上述の移動体や乗用車の例のように，位置・姿勢の3自由度を二つのアクチュエータで制御する場合の拘束関係は非ホロノミック制約であり，このことは一般的な車輪移動体の大きな特徴である[17)]。

一方，走行と操舵のために三つ，またはそれ以上のアクチュエータを利用する全方向移動機構にも，いくつかの方式が提案されている。図9.1 (c) は，オムニホイール（図 (d)）を移動体の4隅に取り付けた全方向移動機構である。また，3個のモータが，並進2自由度と回転1自由度を独立に駆動する全方向移動機構が提案されている[18)]。どちらも，並進2自由度と回転1自由度の速度を独立に変化させることができる。すなわち，位置・姿勢の自由度とアクチュエータ自由度との関係がホロノミック制約で与えられる。最終的な姿勢に到達するまでに描く軌跡を問題にしなければ，移動体の位置・姿勢が目標値になるようモータを制御すればよい。一方，非ホロノミック制約を受ける移動体では，連続的な制御で目標の位置・姿勢に達することができるとは限らない。

本章では，移動のために必要な動力の数が二つである移動体，すなわち非ホロノミック制約を有する移動体が水平面を移動する場合の制御を考える。

9.2　車輪移動体の運動学

水平面を移動する車輪移動体の位置・姿勢の自由度は3である。移動体が持つ速度成分は，速度の並進成分 $v(t)$（以下，並進速度と記す）と回転成分 $\omega(t)$（以下，回転角速度と記す）に分解することができる。このような移動体の速度成分の分解は，ナイフエッジモデルと呼ばれる車輪の転がりのモデルと整合する。このモデルでは，車輪が転動するとき，車輪が横滑りをせずに転がることを仮定する。車輪が地面と接する点の軌跡（轍（わだち））に関して，その軌跡の接線方向に車輪が転がり，車軸はその接線に対してつねに直交すると見なす（図 **9.2**）。

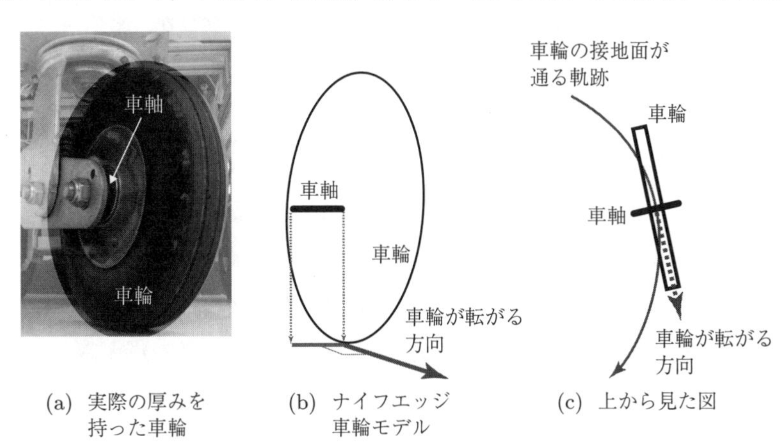

(a)　実際の厚みを持った車輪　(b)　ナイフエッジ車輪モデル　(c)　上から見た図

図 9.2　車輪の転がりのナイフエッジモデル

移動体を安定に支持するためには，車輪の接地点が同一直線上にない3点以上が必要である。このことは車輪が三つ以上必要であることを意味する。このとき，すべての車輪がこのナイフエッジモデルを満足する動きをするように，機構を工夫しなければならない。乗用車の場合は，後輪の左右の車軸が一直線上にあることを仮定し，舵取り車輪（通常は前輪）のリンク機構を工夫する（図 **9.3**）。アッカーマン・ジャントーのリンク機構は，その代表例である。この機構は，直進時以外は前輪の二つの車軸の延長と後輪の車軸の延長がほぼ一点で

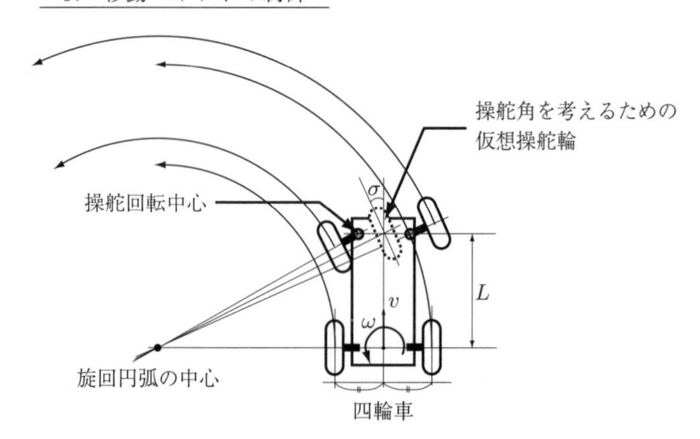

図 9.3　舵取り車輪のある移動体

交わるように，左右の前輪を操向するように働く。この交点が，その時点での瞬時旋回円弧の中心になる。左右の前輪の車軸と後輪軸のなす角は，直進時以外は同じにならず，旋回円弧の内側にある車輪のほうがその角度が大きくなる。このとき，アクセルペダルによって並進速度 $v(t)$ が決まり，舵取り車輪の操舵角 $\sigma(t)$ と $v(t)$ によって回転角速度 $\omega(t)$ が決まる。移動体の代表点を，後輪の車軸の中央に置く。この代表点の軌跡の接線方向は，並進速度の方向とつねに一致し，後輪の車軸（後輪軸）に直交する。ここで，後輪軸の 2 等分線上，かつ前輪の操舵回転中心を結ぶ線分上に，仮想的な 3 輪車としての操舵輪（図 9.3 の点線で描いた車輪）を考え，その車軸の延長線が旋回円弧の中心を通るときの，車輪と後輪軸の 2 等分線とのなす角を，操舵角 $\sigma(t)$ と定義する。

一般的な乗用車のように舵取り車輪のある移動体（図 9.3）の場合は，並進速度 $v(t)$ を独立に選ぶことができる。これは乗用車の運転の場合にアクセルペダルで車速を自由に決められることに相当する。移動体の回転角速度 $\omega(t)$ は，この $v(t)$ と図 9.3 に示す操舵角 $\sigma(t)$ の関数となり

$$\omega(t) = \frac{v(t)\tan(\sigma(t))}{L} \tag{9.1}$$

で表される。ここで，L はホイールベースである。

一方，左右に置かれた駆動輪の回転数の差によって舵を取る独立 2 輪駆動型

移動体では，左右駆動輪の車軸を同一直線上に配置し，その左右駆動輪の中央をその移動体の代表点とする（**図 9.4**）。車体を支える従輪は自在キャスタとして，移動体の移動方向に矛盾しないように自然に操向される。このとき，左右駆動輪の回転角速度を $\omega_{\mathrm{l}}(t)$, $\omega_{\mathrm{r}}(t)$ とすれば，これらと $v(t)$, $\omega(t)$ との間の関係は，単純な線形変換

$$\begin{bmatrix} v(t) \\ \omega(t) \end{bmatrix} = \begin{bmatrix} R_{\mathrm{r}}/2 & R_{\mathrm{l}}/2 \\ R_{\mathrm{r}}/T & -R_{\mathrm{l}}/T \end{bmatrix} \begin{bmatrix} \omega_{\mathrm{r}}(t) \\ \omega_{\mathrm{l}}(t) \end{bmatrix} \tag{9.2}$$

によって表される。ここで T はトレッド（左右の駆動輪の間隔）である。

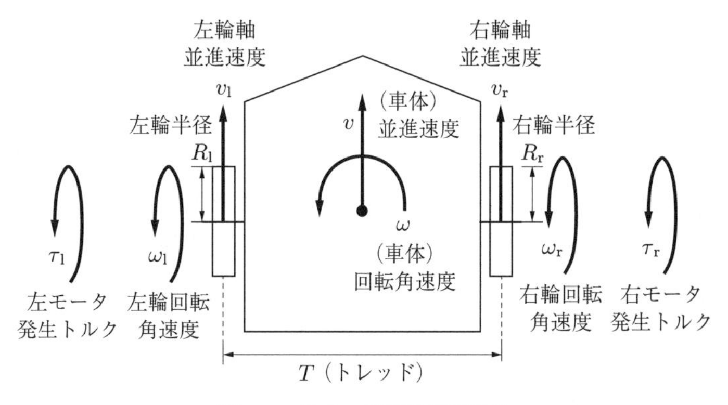

図 9.4 独立 2 輪駆動型移動体

まとめると，舵取り車輪のある移動体では，$v(t)$ を変化させる推進力を発生する動力（乗用車ならエンジン）と，$\sigma(t)$ を変化させる舵取り車輪を操向させる動力（乗用車なら人間の腕とエンジンからの補助力）の二つで，移動体の並進速度 $v(t)$ と回転角速度 $\omega(t)$ が決まる。また，独立 2 輪駆動型の移動体では，左右の駆動輪の角速度から移動体の並進速度 $v(t)$ と回転角速度 $\omega(t)$ が決まる。駆動輪の駆動に要する動力の数は，どちらにおいても 2 である。このように，移動体の方向を変えるための機構（操向機構）が異なっていても，移動体の並進速度 $v(t)$ と回転角速度 $\omega(t)$ という共通のパラメータで，移動体の運動を規定できる。

移動体の並進速度と回転角速度から，舵取り車輪のある移動体の操舵角，あるいは独立 2 輪駆動型の移動体の左右駆動輪の回転角速度を求める過程は，逆運動学と呼ばれる。これらが唯一に求まることは容易にわかる。したがって，車輪移動体の走行制御を考えることは，この並進速度 $v(t)$ と回転角速度 $\omega(t)$ をいかに制御するかという問題に一般化できる。ただし，この一般化のもとで走行制御を考えるときは，その移動体に走行させる経路も，その運動制約を満足していることが求められる。

9.3　車輪移動体の走行制御

停止している乗用車を，そのちょうど左 1 m の場所に平行移動させる必要があるとしよう。乗用車は真横には移動できないので，切り返しという運転操作によって目標位置に到達させなければならない（**図 9.5**）。この例からすぐわかるように，目標位置に車輪移動体を到達させるとき，駆動輪や操舵輪の動きによって描かれる移動体の軌跡を，いかに最終的な目標位置に到達させるかを考慮しなければならない。車輪移動体を目標位置に到達させるために

1. 目標位置への到達可能経路を計画する（経路計画）

2. 移動体を計画された経路に沿って走行するように制御する（経路追従）

という二つのステップをとる（**図 9.6**）。経路追従はさらに

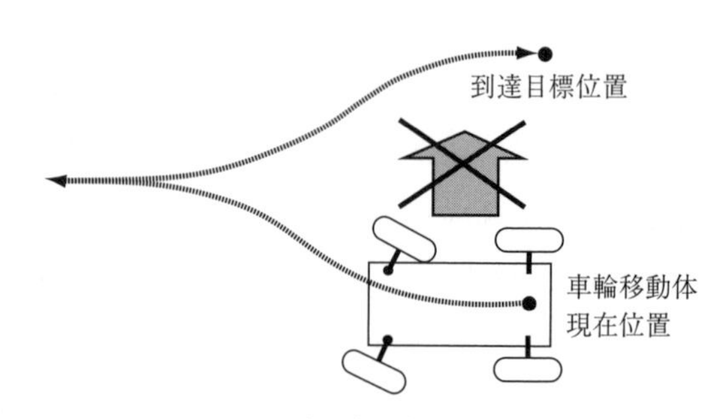

図 9.5　乗用車の真横への移動

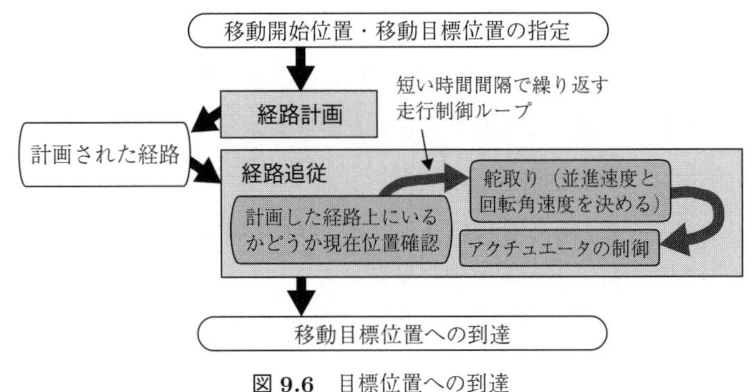

図 **9.6** 目標位置への到達

1. 現在の位置・姿勢を状態変数とし，これが目標としている経路上に乗るように収束させるための，舵取り操作の目標値を決める（9.4 節）
2. その操作を受けて，実際にアクチュエータを制御する（9.5 節）

の 2 段階に分けると見通しが良い。図 9.5 の場合であれば，移動の開始位置と到達目標位置の中間に，切り返しをする中間位置を設定し，それぞれの間をその移動体の運動学の制約のもとで追従できる経路軌跡で繋ぐという計画を経路計画で行い，この経路に沿って移動することを経路追従で行う。

一般に「移動体の走行制御」というときは，経路計画は含まない。本章でもこの経路計画の具体的手法には触れない。しかし，それぞれの移動体の持つ運動学による運動制約があるので，厳密には，計画する経路もその運動制約を満足していなくてはならない。最終的に停止する位置・姿勢を目標位置とし，かつ運動制約を満足する軌跡を任意の移動開始点から計画することは，それ自体が難しい問題となり，さまざまな方法が提案されている[19),20)]。一方，これから論じる走行制御のためには，計画された経路は移動体が走行する水平面上の座標系に関する軌跡で表現されているとよい。なぜなら，走行制御は，頻繁に現在の位置・姿勢の確認を行い，その現在位置・姿勢が沿うべき経路から逸脱していれば，その経路に戻る舵取りを行うように設計したいからである。いわば，与えられた経路に追従する，というイメージである。それゆえ，図 9.6 では経路追従と記している。走行経路が座標系に関する軌跡で表現されていれば，現在位置と経路からのずれも容易に計測できるので，実装も難しくはない。

本章では，並進速度 $v(t)$ と回転角速度 $\omega(t)$ を制御できるアクチュエータしか持たない移動体を**あらかじめ与えられた経路に沿っていかに追従させるか**という走行制御問題を

- （ステップ1）あらかじめ与えられた移動体が追従すべき経路と，移動体の現在位置・姿勢とのずれを調べる。
- （ステップ2）そのずれに応じて，移動体の位置がその経路上にあり，かつその位置における経路の接線の方向に移動体の進行方向が向くように舵を取る。すなわち，そうなるように $v(t)$ と $\omega(t)$ の目標値 $v(t)^{\mathrm{ref}}$ と $\omega(t)^{\mathrm{ref}}$ を決める。

という問題に置き換えて考察する。このようにすると，与えられた軌跡への追従のためにその移動体の並進速度 $v(t)^{\mathrm{ref}}$ と回転角速度 $\omega(t)^{\mathrm{ref}}$ を決めるアルゴリズムが，個々の移動体の運動学と独立に構築でき，経路追従問題を一般化できる。つぎに，$v(t)^{\mathrm{ref}}$ と $\omega(t)^{\mathrm{ref}}$ に基づき，その移動体の運動学を考慮して移動のためのアクチュエータの目標回転角速度や目標回転角度を求め，さらにそのアクチュエータが発生させるべき目標トルクを求めることにすれば見通しが良い。

一つの例として，上の考え方に従った独立2輪駆動型の移動体の制御系構成法を**図9.7**に示す。この独立2輪駆動型の移動体の駆動輪は，直流モータで駆動されると仮定する。図において

- 「経路追従器」は，追従すべき経路と移動体の現在位置・姿勢とのずれ，および移動体の現在の並進速度と回転角速度から，目標とする並進速度 $v^{\mathrm{ref}}(t)$ と回転角速度 $\omega^{\mathrm{ref}}(t)$ を決定する。
- 「独立2輪駆動型移動体の逆運動学」は式(9.2)の逆演算であり，$v^{\mathrm{ref}}(t)$ と $\omega^{\mathrm{ref}}(t)$ から左右駆動輪の目標回転角速度 $\omega_{\mathrm{l}}^{\mathrm{ref}}(t)$, $\omega_{\mathrm{r}}^{\mathrm{ref}}(t)$ を求める。
- 「駆動輪速度制御器」は，二つの駆動輪を駆動するモータが発生すべき目標トルク $\tau_{\mathrm{l}}^{\mathrm{ref}}$, $\tau_{\mathrm{r}}^{\mathrm{ref}}$ を求める。
- 「モータトルク制御器」は，目標トルクに対応する電流をモータに流す。

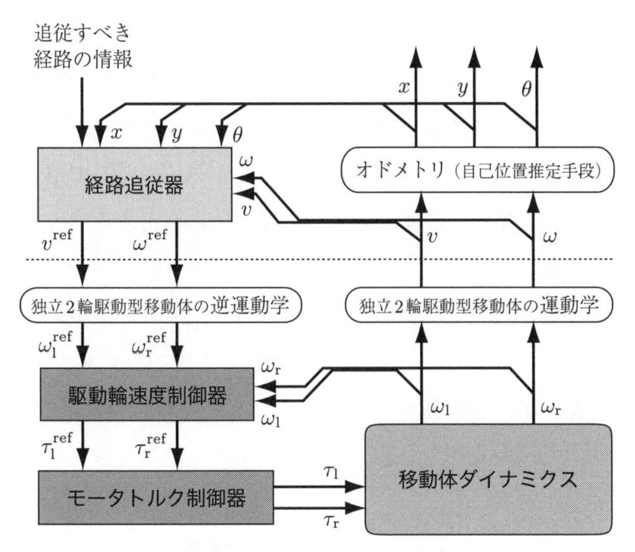

図 9.7 走行制御系の構成（独立 2 輪駆動型の移動体の例）

このようにしてモータが発生したトルクが移動体を動かす。移動体に固有の運動方程式（移動体ダイナミクス）によって支配された運動により，左右駆動輪の回転角速度 $\omega_{\rm l}(t)$, $\omega_{\rm r}(t)$ が観測される。そこで

- 「独立 2 輪駆動型移動体の運動学」（式 (9.2)）によって，移動体の並進速度 $v(t)$ および回転角速度 $\omega(t)$ が計算される。
- 「オドメトリ」により移動体の現在位置・姿勢が求められ，最初の「経路追従器」へフィードバックされる。

という構成で制御系が作られている。オドメトリとは，車速センサによって計測できる移動体の速度を積分してその位置と姿勢を求めることである。移動体の並進速度 $v(t)$ と回転角速度 $\omega(t)$ がわかれば

$$\begin{bmatrix} x(t) \\ y(t) \\ \theta(t) \end{bmatrix} = \begin{bmatrix} \displaystyle\int_0^t v(\tau)\cos\theta(\tau)\,{\rm d}\tau \\ \displaystyle\int_0^t v(\tau)\sin\theta(\tau)\,{\rm d}\tau \\ \displaystyle\int_0^t \omega(\tau)\,{\rm d}\tau \end{bmatrix} \tag{9.3}$$

によって，時々刻々の移動体の位置と姿勢を求めることができる。なお，この部分はオドメトリによらなくても，その移動体の位置と姿勢を時々刻々この制御ループの周期の中で求める手段があれば，それを利用できる。あるいは，制御周期の中で毎回位置を計算できるオドメトリをベースとして用い，オドメトリによる測位値に累積する誤差を外部から間欠的に修正する手段を用意することもよく行われる。

もしその移動体が独立 2 輪駆動型でなければ，図 9.7 の中央の破線の下側にある「運動学」，「逆運動学」，「駆動輪速度制御器」，「モータトルク制御器」を，その移動体の運動学，逆運動学，アクチュエータ，運動方程式に応じて変更すればよい。

9.4 経路追従制御

直線は，与えることのできる最も単純な軌跡である。ここでは，文献 21),22) に基づき，直線経路へ追従するための，移動体の並進速度 $v(t)$ と回転角速度 $\omega(t)$ を決定するアルゴリズムの概要を示す。このアルゴリズムには，線形フィードバックにおけるレギュレータ問題の考え方を用いることができる。

いま，移動体が水平面上を移動していると仮定する。その水平面上に固定した x-y 座標系をとる。移動体の位置・姿勢を $(x_{\mathrm{GL}}(t), y_{\mathrm{GL}}(t), \theta_{\mathrm{GL}}(t))$ とする。なお，添え字の GL はこの x-y 座標系をグローバル座標系とする意で用いている。ここで，$(x_{\mathrm{line}}, y_{\mathrm{line}})$ を通り，x 軸と角度 θ_{line} をなす有向直線を ξ とする（**図 9.8**）。その移動体がこの有向直線に沿って移動することを考えよう。

まず，この有向直線 ξ から移動体がどれだけ離れているかを測るため，ξ に右手系で $(x_{\mathrm{line}}, y_{\mathrm{line}})$ において直交する軸 η を定義する。座標変換を施すことにより，オドメトリあるいは他の手段によって得られるロボットの位置・姿勢 $(x_{\mathrm{GL}}(t), y_{\mathrm{GL}}(t), \theta_{\mathrm{GL}}(t))$ から，ξ-η 座標系における移動体の位置・姿勢 $(\xi(t), \eta(t), \phi(t))$ は容易に求めることができる。ここで，$\phi(t)$ は時刻 t における ξ 軸

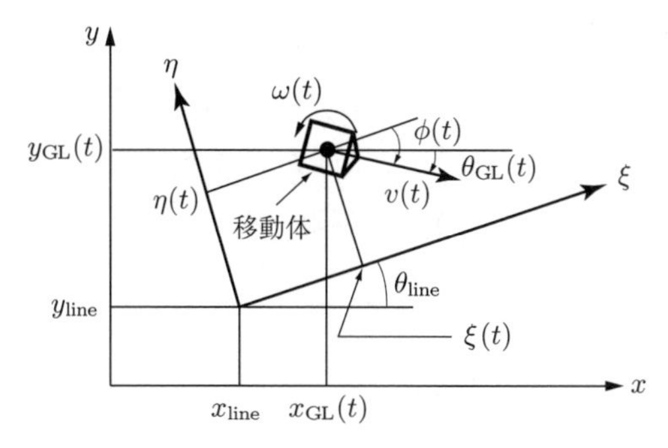

図 9.8 直線への経路追従

と移動体のその時刻における進行方向とのなす角とする。このとき，移動体が追従すべき有向直線（ξ 軸の正方向）へ追従するために，移動体が目標とすべきつぎのサンプリング時刻の回転角速度 $\omega^{\mathrm{ref}}(t+\Delta t)$ と並進速度 $v^{\mathrm{ref}}(t+\Delta t)$ は，以下のように決めるとよい。

目標回転角速度 $\omega^{\mathrm{ref}}(t)$：

$$\omega^{\mathrm{ref}}(t+\Delta t) = \omega(t) + \Delta t(-k_1\eta(t) - k_2\phi(t) - k_3\omega(t)) \tag{9.4}$$

ここで，k_1, k_2, k_3 はフィードバックゲインである。このようにして目標回転角速度を決める場合，$\eta(t)$ が非常に大きくなったとき，過大な目標回転速度を生じるのを防ぐために，$\eta(t)$ がある閾値を超えたらそれ以上の値にならないようにクリッピングするのがよい。また，$\phi(t)$ が大きく，近似 $\sin\phi(t) \cong \phi(t)$ が成り立たない場合も注意を要する。

目標並進速度 $v^{\mathrm{ref}}(t)$：

$$v^{\mathrm{ref}}(t+\Delta t) = v_{\mathrm{d}} - c_1(\omega(t)) \tag{9.5}$$

ここで，v_{d} はその移動体で走行させたい直進時の速度目標値，$c_1(\omega(t))$ は現在の回転角速度 $\omega(t)$ に関する非負，かつ $\omega(t)$ の正負に関して対称な関数である。これは，現在の回転角速度が大きいときに，並進速度に比べて回転角速度が大きくなりすぎないように働き，慣性力による横滑りを避ける効果がある。この関数の一例は，$c_1(\omega(t)) = c|\omega(t)|$（$c$ は適当な正の定数）である。

また，走行中に直進時の速度目標値 v_d が変更されたとき，この変更前後の目標値の差が過大であると，結果的に大きな並進加速度を生じ，車輪がスリップする可能性が高くなるので，$v^\mathrm{ref}(t+\Delta t)$ が式 (9.6) の範囲内に収まらないときは，式 (9.7) のように $v^\mathrm{ref}(t+\Delta t)$ を制限する。ここで，a_d はあらかじめ定めた許容加速度である。

$$\left|\frac{v^\mathrm{ref}(t+\Delta t)-v(t)}{\Delta t}\right| \leqq a_\mathrm{d} \tag{9.6}$$

$$\left|v^\mathrm{ref}(t+\Delta t)-v(t)\right| = a_\mathrm{d}\Delta t \tag{9.7}$$

回転角速度目標値を決定する式 (9.4) は，線形状態フィードバックの考え方を用いている。すなわち，$\omega(t)$, $\eta(t)$, $\phi(t)$ のおのおのが適当な時定数でゼロに漸近収束するように ω^ref を定める。このような状態は，ちょうど目標直線の上を走行していることと等価である。このときの安定性を評価する。この評価を連続時間系で考えるならば

$$\dot{\omega}(t) = -k_1\eta(t) - k_2\phi(t) - k_3\omega(t) \tag{9.8}$$

により，状態変数 $\eta(t)$, $\phi(t)$, $\omega(t)$ が漸近収束するフィードバックゲイン k_1, k_2, k_3 を定めればよい。現在の移動体の並進速度 $v(t)$ があらかじめ与えた直進時の速度目標値 v_d に近く，$\phi(t)$ がほぼゼロに近いならば，つぎのような近似が成立する。

$$\dot{\eta}(t) = v(t)\sin\phi(t) \cong v_\mathrm{d}\phi(t) \tag{9.9}$$

さらに，$\omega(t) = \dot{\phi}(t)$ であるから，式 (9.8) はつぎのように $\phi(t)$ を変数とする 3 階の常微分方程式と等価であることがわかる。

$$\dddot{\phi}(t) = -k_1 v_\mathrm{d}\phi(t) - k_2\dot{\phi}(t) - k_3\ddot{\phi}(t) \tag{9.10}$$

したがって，この微分方程式に関する特性方程式の解の実部が負となるように，k_1, k_2, k_3 を決めればよい。こうすれば，$\phi(t)$ が $\sin\phi(t)$ とほぼ等しいと仮定できる線形領域で，安定性が保証される。ただし，この決め方は連続時間系に

おけるものであり，一方，式 (9.4) は離散時間系による式である。したがって，厳密には，連続時間系で設計したフィードバックゲインをそのまま離散時間系に適用しても安定性は保証の限りではない。しかしながら，目標直線から離れていたロボットが，上記のアルゴリズムにより直線に漸近収束する時間（162ページ参照）に比べて，サンプリング周期 Δt が十分短ければ，連続時間系で設計したフィードバックゲインを用いても，実用上はあまり問題を生じない。実際，移動体の走行制御系を実装する場合，ここで論じた軌跡追従および次節で論じる速度を含む制御の周期 Δt は，およそ 1〜10 ms 程度に選ばれることが多い。

つぎに，上述の直線追従の考え方と，ここで考えた移動体における動力の数が 2 であったこととの関連性を述べよう。上述の直線追従方法による移動体の目標速度・角速度を決定するアルゴリズムは，有向直線（ξ-η）座標系での移動体の位置・姿勢 $(\xi(t), \eta(t), \phi(t))$ のうち，$\eta(t)$, $\phi(t)$ および $\omega(t)$ をゼロに漸近させるレギュレータ問題と考えることで構成した。このとき，$\xi(t)$ が各時刻にどうなるかはレギュレータ系の応答にゆだねている。すなわち，有向直線の上を「走行する」ことを考え，ある特定の時刻 T において移動体が ξ 軸上のある特定の位置 $\xi(T)$ にあるような目標位置を，直接的には与えていない（与えられない）。位置・姿勢の 3 変数のうちの $\eta(t)$, $\phi(t)$ の二つだけを「偏差」として用いて，それらをゼロに漸近させる一般のレギュレータ問題として $v^{\mathrm{ref}}(t)$ と $\omega^{\mathrm{ref}}(t)$ の二つを決めている。この二つという数は，移動体の走行のために持っている動力の数に等しい。すなわち，$\xi(t)$ がある時刻にどうなっているかを制御目標として直接的には考えないので，動力の数，すなわち操作の自由度と，実際に収束させるべき状態変数の数 $\eta(t)$, $\phi(t)$ が一致し，直線への追従制御のアルゴリズムが単純化できている。

本節では，移動体を直線に追従させるための速度目標値をいかに定めるかについて，一つの考え方を示した。それでは円弧に追従する場合はどのようにしたらよいだろうか。基本的には，上述の考え方に似た方法でよい。ただし，移動体の回転角速度の目標値 ω^{ref} が，直線追従ではゼロであったが，半径 R の円弧への追従を考えると，$\omega^{\mathrm{ref}} = v(t)/R$ となることに注意しなくてはならない。

上述の直線追従の考え方の中に，移動体の慣性質量などは入らない。実際，式 (9.4), (9.5) による $v^{\mathrm{ref}}(t)$ と $\omega^{\mathrm{ref}}(t)$ を決定するアルゴリズムにおいては，移動体の具体的な慣性質量などは考慮せず，車輪のナイフエッジモデルと整合する制約，すなわち移動体の速度ベクトルの方向が，移動体が描く軌跡の接線に一致するという運動制約のみを考慮している。移動体の慣性質量などを考慮する制御系は，次節で述べる駆動輪の速度制御系にゆだねるのである。この点において，式 (9.8) から導かれる式 (9.10) が，ここで述べた直線追従のためのダイナミクスになっている。これは質量がなく進行方向はこの運動制約に従う点ロボットの，直線を追従するまでの振る舞いを与える。このダイナミクスに対する時定数は，フィードバックゲイン k_1, k_2, k_3 によって決まる。フィードバックゲインの選び方の目安は，例えば図 9.1 (a) のような 50 cm/s 程度で走行する小型の移動ロボットを想定したとき，追従目標直線 ξ と平行な向きに 1 m ほど離れたところから走行を開始して，2 m から 3 m 程度走行したとき，ξ 上に走行軌跡が振動的でなく収束していることである。これは，目標直線への収束時間で 4 秒から 6 秒程度を意味している。すなわち，後述の速度制御系の追従特性に関する時定数に比べ，移動体の目標並進速度や目標回転角速度の変化が緩やかになるように配慮する。

このような配慮のもとで，なお，このアルゴリズムによって決定された速度目標値である $v^{\mathrm{ref}}(t)$ および $\omega^{\mathrm{ref}}(t)$ がその移動体で実際に追従可能かどうかは，その移動体においてこれらの速度目標値を実際に実現するための制御系がいかに速く追従できるかにかかっている。この速度目標値を実現する制御系の設計には，実際の移動体の慣性質量などを含むダイナミクスが密接に関連する。

9.5　独立 2 輪駆動型の移動体の駆動輪速度制御

独立 2 輪駆動型の移動体では，駆動輪を駆動するモータが発生するトルクと駆動輪の回転角加速度との間の関係，すなわちこの移動体のダイナミクスが，比較的簡単に記述できる。このダイナミクスを用いることによって，必要なトルクを計算する方法による駆動輪の速度制御を行うことができる。すなわち

1. 移動体のダイナミクス（運動方程式）を立て，
2. 駆動輪を駆動するモータが発生するべきトルクにつり合う，駆動輪の回転角加速度，回転角速度に関する微分方程式を導き，
3. 駆動輪の目標回転速度からモータが発生すべきトルクの目標値を計算する

という手順を踏む。

9.5.1　独立 2 輪駆動型の移動体の動特性

図 9.4 の独立 2 輪駆動型の移動体において，右駆動輪，左駆動輪の角速度を $\omega_{\mathrm{r}}, \omega_{\mathrm{l}}$，右モータ，左モータが発生するトルクを $\tau_{\mathrm{r}}, \tau_{\mathrm{l}}$ で表す。駆動輪の摩擦は粘性摩擦のみを仮定する。このとき，独立 2 輪駆動型の移動体の運動方程式は，つぎのように記述できる[21),23)]。

$$\tau_{\mathrm{r}}(t) = A\dot{\omega}_{\mathrm{r}}(t) + C\dot{\omega}_{\mathrm{l}}(t) + E\omega_{\mathrm{r}} \tag{9.11}$$

$$\tau_{\mathrm{l}}(t) = B\dot{\omega}_{\mathrm{l}}(t) + D\dot{\omega}_{\mathrm{r}}(t) + F\omega_{\mathrm{l}} \tag{9.12}$$

ここで

$$A = \frac{1}{\gamma_{\mathrm{r}}}\left\{\gamma_{\mathrm{r}}^2 J_{M\mathrm{r}} + J_{\mathrm{r}} + \frac{R_{\mathrm{r}}^2}{2}\left(\frac{M}{2} + \frac{J}{T^2}\right)\right\}$$

$$B = \frac{1}{\gamma_{\mathrm{l}}}\left\{\gamma_{\mathrm{l}}^2 J_{M\mathrm{l}} + J_{\mathrm{l}} + \frac{R_{\mathrm{l}}^2}{2}\left(\frac{M}{2} + \frac{J}{T^2}\right)\right\}$$

$$C = \frac{1}{\gamma_{\mathrm{r}}}\left\{\frac{R_{\mathrm{r}}R_{\mathrm{l}}}{2}\left(\frac{M}{2} - \frac{J}{T^2}\right)\right\}$$

$$D = \frac{1}{\gamma_l}\left\{\frac{R_r R_l}{2}\left(\frac{M}{2} - \frac{J}{T^2}\right)\right\}$$

$$E = \frac{1}{\gamma_r}\delta_r, \quad F = \frac{1}{\gamma_l}\delta_l$$

であり，M は車体質量，J は車体の慣性モーメント，J_r, J_l は右駆動輪，左駆動輪の慣性モーメント，J_{Mr}, J_{Ml} は右モータ，左モータの慣性モーメント，δ_r, δ_l は右駆動輪，左駆動輪の摩擦係数，γ_r, γ_l は右駆動輪，左駆動輪の歯車減速比を表す。

右側駆動輪に関する式 (9.11) を観察すると，右側駆動輪の回転角加速度に慣性モーメントの次元を持つ定数が乗じられた項，左側駆動輪の回転角加速度に同様の定数が乗じられた項，および右側駆動輪の粘性摩擦項の和が，右側駆動輪を駆動するモータが発生するトルクとつり合う式になっている。この式において左側駆動輪の回転角加速度に比例する項は，右側駆動輪の回転への干渉項である。著者らの研究室で開発した独立 2 輪駆動型の移動体の一例では，$A = 0.0983\,\mathrm{N{\cdot}ms^2}$，$C = 0.0352\,\mathrm{N{\cdot}ms^2}$ であり，C は A の 3 割程度のため，A に比べて無視できない。左側駆動輪に関しても同様である。このように，一つの駆動輪に対して反対側の駆動輪の加速度による干渉項が無視できないということは，左右の駆動輪を独立に速度制御するのでは，良好な制御性能は達成できないことを示唆している。

9.5.2 必要トルクを計算する駆動輪速度制御器の構成

式 (9.11), (9.12) における左右駆動輪の回転角速度 ω_r, ω_l を目標回転角速度 ω_r^{ref}, ω_l^{ref} と見なすことにすれば，各式の左辺は，その目標回転角速度とその変化率に基づいて計算される必要な目標トルクと見なせる。左右のモータが発生すべき目標トルクを τ_r^{ref}, τ_l^{ref} と書くと

$$\tau_r^{ref}(t) = A\dot{\omega}_r^{ref}(t) + C\dot{\omega}_l^{ref}(t) + E\omega_r^{ref} \tag{9.13}$$

$$\tau_l^{ref}(t) = B\dot{\omega}_l^{ref}(t) + D\dot{\omega}_r^{ref}(t) + F\omega_l^{ref} \tag{9.14}$$

を得る。式 (9.13), (9.14) は，左右の駆動輪がたがいに他の駆動輪から受ける影響と摩擦トルクを補償した目標トルクの計算を与えており，いわゆるフィードフォワード補償器を構成する。これを**図 9.9** に図示する。

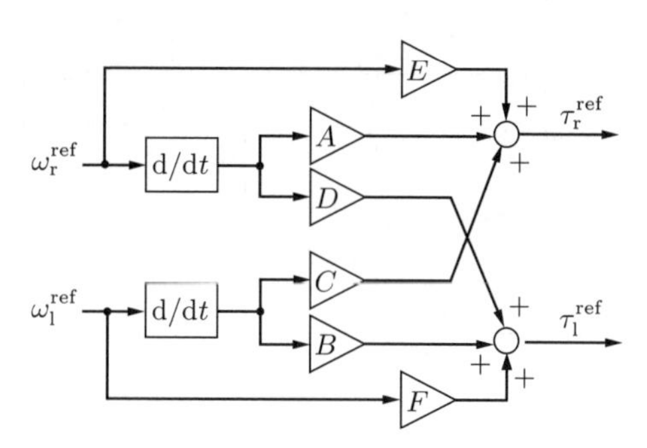

図 9.9　独立 2 輪駆動型の移動体の動特性を考慮した駆動輪トルク補償器

実際的な問題として，係数 A〜F を正確に求めることは非常に困難であり，ある程度の実験を行って得られる概算値を用いるため，これらと真値の間には誤差がある。したがって，式 (9.13), (9.14) によりモータが発生するべきトルクを計算しても，このままでは各駆動輪が目標回転数になるかどうかは厳密には保証できない。そこで，目標回転数と現在の回転数の誤差を補償する PI 制御も同時に施す。比例項と積分項のフィードバックゲインを $K_{P_{\mathrm{FF}}}$, $K_{I_{\mathrm{FF}}}$ として，つぎの値を計算する。

$$\delta\omega_{\mathrm{r}} = K_{P_{\mathrm{FF}}}(\omega_{\mathrm{r}}^{\mathrm{ref}}(t) - \omega_{\mathrm{r}}(t)) + K_{I_{\mathrm{FF}}} \int_0^t (\omega_{\mathrm{r}}^{\mathrm{ref}}(\tau) - \omega_{\mathrm{r}}(\tau))\,\mathrm{d}\tau \qquad (9.15)$$

$$\delta\omega_{\mathrm{l}} = K_{P_{\mathrm{FF}}}(\omega_{\mathrm{l}}^{\mathrm{ref}}(t) - \omega_{\mathrm{l}}(t)) + K_{I_{\mathrm{FF}}} \int_0^t (\omega_{\mathrm{l}}^{\mathrm{ref}}(\tau) - \omega_{\mathrm{l}}(\tau))\,\mathrm{d}\tau \qquad (9.16)$$

ただし，$K_{P_{\mathrm{FF}}}$, $K_{I_{\mathrm{FF}}}$ は正の定数である。ここで計算した値により，各駆動輪の回転速度の偏差を減らす方向にその駆動輪の加速度を生じるようにしたいので，いま求めた $\delta\omega_{\mathrm{r}}$, $\delta\omega_{\mathrm{l}}$ を式 (9.13), (9.14) の加速度項に入れる。すなわち，$\dot{\omega}_{\mathrm{r}}^{\mathrm{ref}}(t)$ の代わりに，$\dot{\omega}_{\mathrm{r}}^{\mathrm{ref}}(t) + \delta\omega_{\mathrm{r}}$ とおく。左側駆動輪についても同様である。これを**図 9.10** に図示する。このようにして計算された目標トルクが達成され

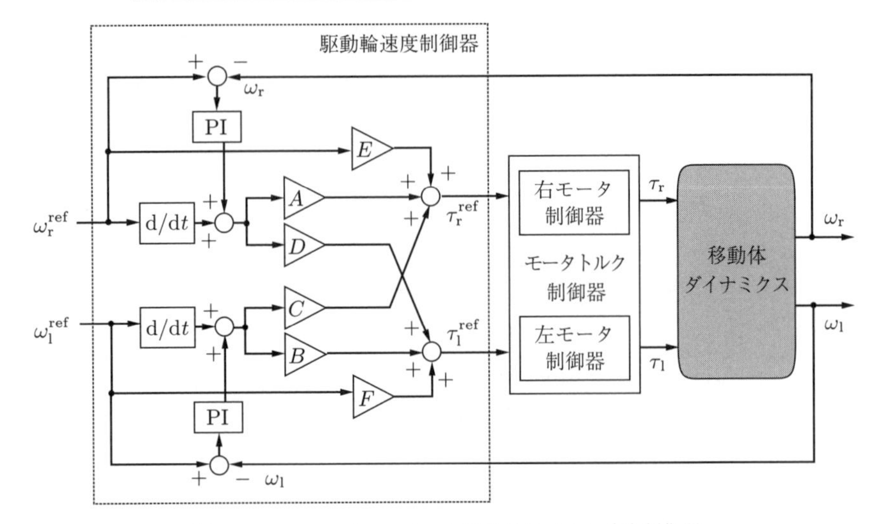

図 9.10　フィードフォワード補償器を有する速度制御器

るように，左右駆動輪の DC モータに流れる電流を調節する制御を「モータトルク制御器」において行えばよい。市販されているトルク目標値が入力できるモータドライバ（モータアンプ）を利用すれば，これは可能である。また，文献 24) に示された方法もある。

以上に述べた方法による駆動輪速度制御器の効果を示す実験例を示す[21),23)]。左右の駆動輪を独立に PI 速度制御する制御器（**図 9.11**）とフィードフォワード補償器を有する制御器（図 9.10）を比較する。**図 9.12** と**表 9.1** は，走行実験

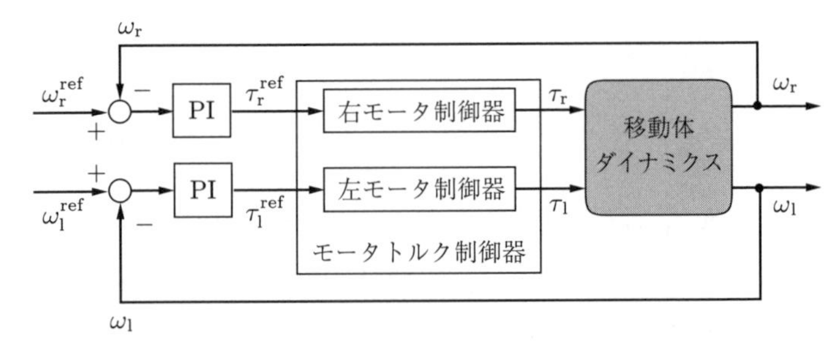

図 9.11　左右の駆動輪を独立に PI 速度制御する制御器

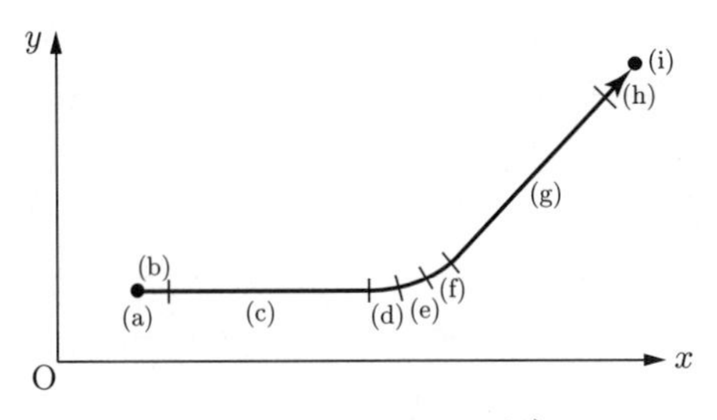

図 9.12　走行目標経路[21)]

表 9.1　図 9.12 に示した軌跡に沿う時刻 t ごとの左右駆動輪の目標回転角速度（各駆動輪の中心における対地速度で表示）[21)]

	開始時刻〔s〕	終端時刻〔s〕	$v_{\mathrm{r}}^{\mathrm{ref}}$〔mm/s〕	$v_{\mathrm{l}}^{\mathrm{ref}}$〔mm/s〕
(a)	0.0	1.0	0	0
(b)	1.0	1.5	$600(t-1.0)$	$600(t-1.0)$
(c)	1.5	4.0	300	300
(d)	4.0	4.5	300	$-600(t-4.5)$
(e)	4.5	5.0	300	0
(f)	5.0	5.5	300	$600(t-5.0)$
(g)	5.5	8.0	300	300
(h)	8.0	8.5	$-600(t-8.0)$	$-600(t-8.0)$
(i)	8.5	∞	0	0

のための走行パターンを示す。**図 9.13** は左右の駆動輪を独立に制御した例，**図 9.14** はフィードフォワード補償器を有する制御器を用いた例である。実験に用いた独立2輪駆動型の移動体は，車体質量 80 kg，慣性モーメント 6.0 kg·m^2，トレッド 60 cm である。図中の v_{l}, v_{r} は左右駆動輪の中心における対地速度の大きさ，図中の実線で描かれた台形は目標速度の大きさを表している。また，i_{l}, i_{r} は左右のモータへの電流を示している。フィードフォワード補償器のある制御器のほうが，目標速度に対する追従性が向上していることがわかる。

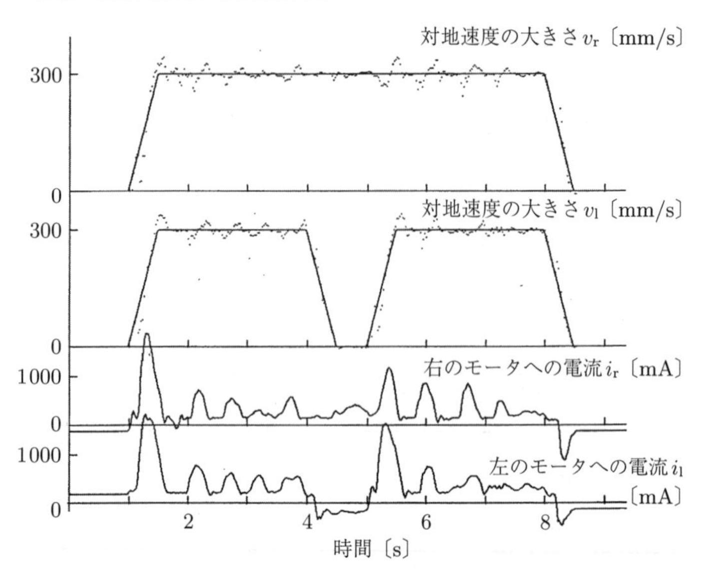

図 9.13　左右の駆動輪を独立に PI 速度制御した場合の走行実験[21)]

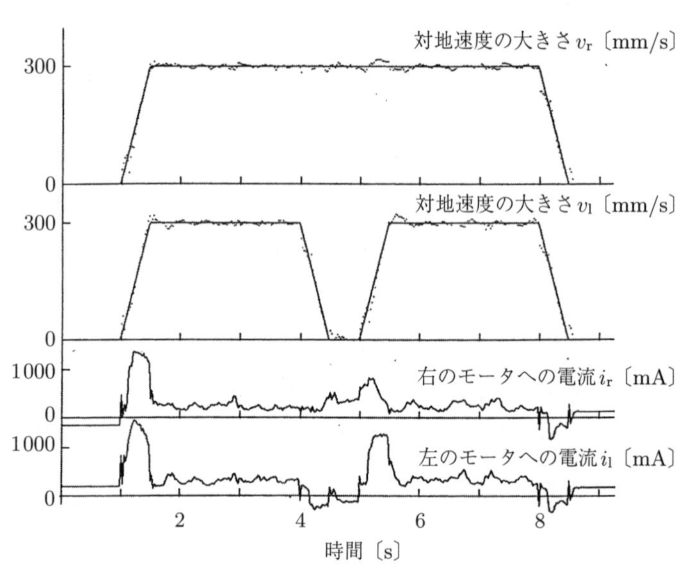

図 9.14　フィードフォワード補償器を有する制御器による走行実験[21)]

9.6　目標走行経路に関する考察

移動体の走行経路をあらかじめ指定するとき，経由地点をいくつか与えてその間を線分で結ぶ，あるいは，線分と線分の間に円弧をはさむ，などの与え方がまず考えられる。本節では，9.4 節で述べた考え方で与えた軌跡に追従させようとする場合に注意すべき点を簡単にまとめる。

9.4 節で述べた直線への追従アルゴリズムは，つぎのようなものであった。すなわち，有向直線（ξ-η）座標系において，移動体の位置・姿勢 $(\xi(t), \eta(t), \phi(t))$ のうち $\eta(t)$, $\phi(t)$ をそれぞれゼロに漸近させるような移動体の目標回転角速度 $\omega^{\mathrm{ref}}(t)$ を求めることが要（かなめ）であった（**図 9.15**）。一方，式 (9.9) などから導かれるように，$\eta(t)$, $\phi(t)$ が微小であれば $\eta(t)$, $\phi(t)$, $\omega(t)$ の間につぎの関係が成り立つ（**図 9.16**）。

$$\phi(t) = \frac{1}{v_{\mathrm{d}}}\dot{\eta}(t), \qquad \omega(t) = \dot{\phi}(t) \tag{9.17}$$

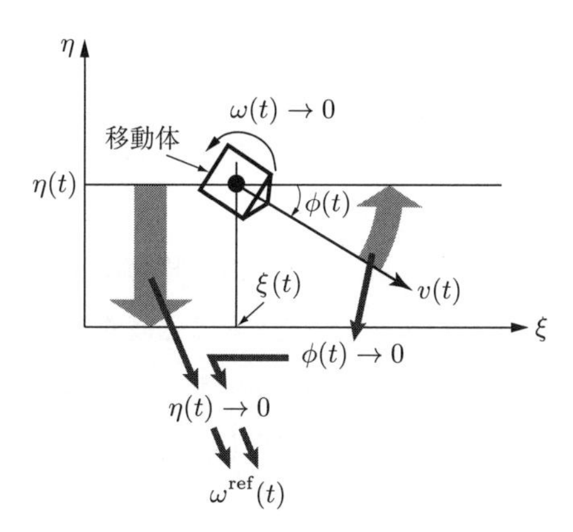

図 9.15　有向直線 ξ に沿わせる制御

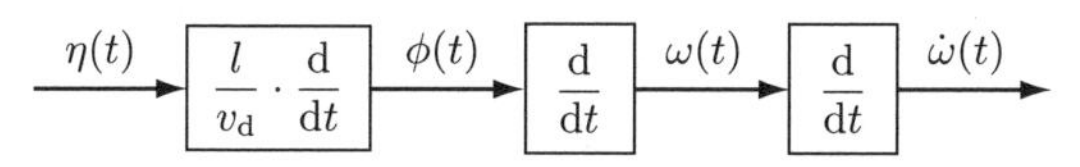

図 9.16　$\eta(t)$, $\phi(t)$, $\omega(t)$ の微分関係

一般に，質量がある移動体の速度は，並進速度も回転角速度も連続でなくてはならない。時間の経過に関して速度が不連続である，すなわち速度にジャンプがあるということは，その加速度が有界でないことになり，現実的ではない。移動体の速度は時間の経過に関して連続であり，加速度は不連続であっても有界でなければならない。このことを，移動体の回転運動成分に関して当てはめれば，移動体の姿勢（方位角）$\phi(t)$ は時間に関して1階微分可能でなくてはならない。したがって，移動体に与える軌跡がこの条件を満足していれば，回転角加速度の有界性が保証され，必要条件として物理的に追従可能となる。

いま，移動体がほとんど直線上を移動していれば，$\eta(t) \cong 0$, $\phi(t) \cong 0$, $\omega(t) \cong 0$ の近傍で運動していると見ることができる。一方，もしその移動体が円弧半径 R の旋回運動をしていると，$\eta(t) \cong 0$，$\phi(t) \cong 0$，$\omega(t) \cong v(t)/|R|$ 近傍での運動になる。もし，その移動体が追従すべき目標経路が，直線のあとに円弧が続く組合せで与えられると，直線と円弧の接続点で移動体の回転角速度は不連続となり，上で述べた要請を満足できない。実際，鉄道の軌道敷設では，直線と円弧の間には緩和曲線と呼ばれる曲線を入れていることからも，このことがわかる。ちなみに，この緩和曲線の最も単純なクラスは，道のりに対して曲率が直線状に変化するクロソイド曲線である。

移動体が走行するための目標曲線として直線と円弧の組合せは直感的であり，経路計画アルゴリズムも立てやすい。しかし，これに追従させようとすれば，直線と円弧相互の接続点の近傍では，厳密には，移動体は直線にも円弧にも乗っていない，制御系の時定数によって規定される過渡的な振る舞いを示すことになるだろう。もっとも，現実には，制御系の時定数を適当に選ぶことによって，移動体は与えられた経路にそれなりに追従し，実用上は問題のない振る舞いをさせることができる。

章 末 問 題

【1】 式 (9.1) を導出せよ。

【2】 式 (9.2) を導出せよ。

【3】 いま，簡単のために，式 (9.5)（9.4 節）の $c_1(\omega(t))$ は $\omega(t)$ によらずつねに 0 とする。初期状態として，$\eta = 0.5\,\mathrm{m}$，$\phi = 0\,\mathrm{rad}$，$\omega = 0\,\mathrm{rad/s}$，$v_\mathrm{d} = 0.2\,\mathrm{m/s}$ を与えて（**図 9.17**），式 (9.8) により η 軸上へ漸近的に寄っていく舵取りを行いたい。式 (9.8) により時々刻々得られる目標角加速度および目標速度 v_d に十分速く追従できる移動体の速度制御系が構築できているとして，以下の設問に答えよ。

(1) $k_1 = -10$，$k_2 = -1$，$k_3 = 2$ と定めるとき，ϕ の安定性を考察せよ。

(2) $\xi = 0$ をこの初期条件で通過してから 10 秒後にほぼ ξ 軸上を正の方向に直進しているように，k_1, k_2, k_3 の値の一例を定めよ。

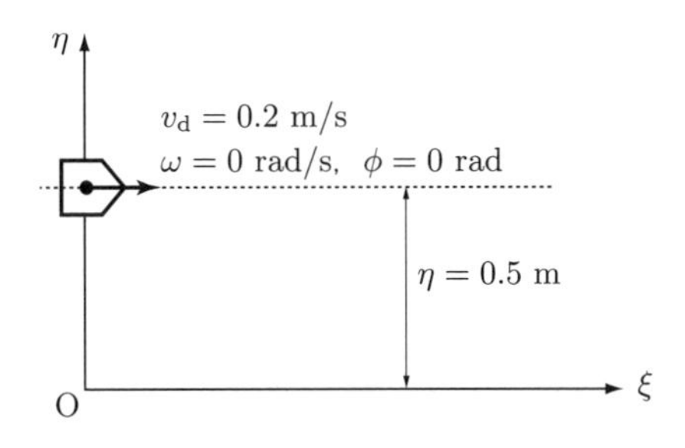

図 9.17　初期状態（$t = 0$ における ロボット位置）

【4】 移動体に対し，並進速度を非ゼロで一定としたもとで直線から円弧に連続的に追従させようとすると，移動体の回転角速度の変化が不連続かつ角加速度が有界とならないことを要請することになり，質量のある実際の移動体では，直線から円弧に厳密に沿う追従は困難である（9.6 節）。これに対応し，与えられた経路への追従性を良くするための必要条件として，直線から円弧に移る際に，緩和曲線を入れ，角加速度の変化が有界となるようにすることが望ましい。この緩和曲線の一例を示し，角加速度の変化が有界となることを示せ。

引用・参考文献

1）三井斌友：常微分方程式の数値解法, 岩波書店 (2003)
※ 常微分方程式の数値解法に関する優れた和書。特に，解法の数値的な安定性や，硬い系に対する解法が詳述されている。

2）三井斌友, 小藤俊幸, 齊藤善弘：微分方程式による計算科学入門, 共立出版 (2004)
※ ハミルトン系に対するシンプレクティック法や，遅延を含む微分方程式の解法が詳述されている。

3）Fehlberg, E.: *Classical Fifth-, Sixth-, Seventh-, and Eighth-Order Runge-Kutta Formulas with Stepsize Control*, NASA Technical Report, NASA TR R-287 (October 1968)

4）Fehlberg, E.: *Low-Order Classical Runge-Kutta Formulas with Stepsize Control and Their Application to Some Heat Transfer Problems*, NASA Technical Report, NASA TR R-315 (July 1969)

5）Baumgarte, J.: *Stabilization of Constraints and Integrals of Motion in Dynamical Systems*, Computer Methods in Applied Mechanics and Engineering, Vol.1, pp.1–16 (1972)
※ 制約安定化法の原著論文。

6）吉川恒夫：古典制御論, 昭晃堂 (2004)

7）Goldstein, H., Poole, C. P. and Safko, J. L.: *Classical Mechanics, Third Edition*, Chapter 2: Variational Principles and Lagrange's Equations, Addison–Wesley (2002)

8）Crandall, S. H., Karnopp, D. C., Kurts, E. F. and Pridmore-Brown, D. C.: *Dynamics of Mechanical and Electromechanical Systems*, McGraw–Hill (1968)

9）Elsgolc, L. E.: *Calculus of Variations*, Chapter 1: The Method of Variation in Problems with Fixed Boundaries, Pergamon Press (1961)

10）テッド・チャン：あなたの人生の物語, 早川書房 (2003)

11）有本　卓：新版 ロボットの力学と制御, 朝倉書店 (2002)

12）木田　隆, 小松敬治, 川口淳一郎：人工衛星と宇宙探査機, 宇宙工学シリーズ 3, コ

ロナ社 (2000)

13) 木田　隆：スペースクラフトの制御, システム制御工学シリーズ 13, コロナ社 (1999)

14) Wie, B.: *Space Vehicle Dynamics and Control*, AIAA Education Series (1998)
※ アメリカ航空宇宙学会発行の標準的な教科書。

15) Hughes, P. C.: *Spacecraft Attitude Dynamics*, John Wiley & Sons (1986)
※ 宇宙機の分野ではよく知られた標準的な教科書。

16) Sidi, M. J.: *Spacecraft Dynamics & Control*, Cambridge Aerospace Series 7, Cambridge Univ. Press (2002)
※ A practical engineering approach と称しており，ハードウェアに詳しい。

17) 中村仁彦：非ホロノミックロボットシステム, 日本ロボット学会誌 連載, Vol.11, No.4–7, Vol.12, No.2 (1993–1994)

18) 淺間　一, 佐藤雅俊, 嘉悦早人, 尾崎功一, 松元明弘, 遠藤　勲：3 自由度独立駆動型全方向移動ロボットの開発, 日本ロボット学会誌, Vol.14, No.2, pp.249–254 (1996)

19) Latombe, J. C.: *Robot Motion Planning*, Kluwer Academic Publishers (1991)

20) 太田　順, 倉林大輔, 新井民夫：知能ロボット入門 —— 動作計画問題の解法, コロナ社 (2000)

21) 飯田重喜：車輪型自立移動ロボットの走行制御システムに関する研究, 筑波大学博士（工学）学位論文 (1991)

22) Iida, S. and Yuta, S.: *Control of a Vehicle Subsystem for an Autonomous Mobile Robot with Power Wheeled Steerings*, Proc. of IEEE Int. Workshop on Intelligent Motion Control, pp.859–866 (1990)

23) Iida, S. and Yuta, S.: *Control of Vehicle with Power Wheeled Steerings Using Feedforward Dynamics Compensation*, Proc. of 1991 IEEE Int. Conf. on Industrial Electronics (IECON '91), pp.2264–2269 (1991)

24) Iida, S. and Yuta, S.: *Feedforward Current Control Method Using 2-dimensional Table for DC Servo Motor Software Servo System*, Proc. of 1988 IEEE Int. Conf. on Industrial Electronics (IECON '88), pp.466–471 (1988)

章末問題解答

2章

【1】 (1) $\omega_1 = \dot{\theta}_1$，$\omega_2 = \dot{\theta}_2$ とおくと

$$
\begin{bmatrix} \dot{\theta}_1 \\ \dot{\theta}_2 \end{bmatrix} = \begin{bmatrix} \omega_1 \\ \omega_2 \end{bmatrix}
$$

$$
\begin{aligned}
&\begin{bmatrix} H_{11} & H_{12} \\ H_{12} & H_{22} \end{bmatrix} \begin{bmatrix} \dot{\omega}_1 \\ \dot{\omega}_2 \end{bmatrix} \\
&\quad = \begin{bmatrix} h_{12}\omega_2^2 + 2h_{12}\omega_1\omega_2 - K_{\mathrm{p}1}(\theta_1 - \theta_1^{\mathrm{d}}) - K_{\mathrm{d}1}\omega_1 \\ -h_{12}\omega_1^2 - K_{\mathrm{p}2}(\theta_2 - \theta_2^{\mathrm{d}}) - K_{\mathrm{d}2}\omega_2 \end{bmatrix}
\end{aligned}
$$

と表せる。状態変数は $\theta_1,\, \theta_2,\, \omega_1,\, \omega_2$ である。

(2) $\omega_1 = \dot{\theta}_1$，$\omega_2 = \dot{\theta}_2$ ならびに

$$
s_1 = \int_0^t (\theta_1(\tau) - \theta_1^{\mathrm{d}})\,\mathrm{d}\tau
$$

$$
s_2 = \int_0^t (\theta_2(\tau) - \theta_2^{\mathrm{d}})\,\mathrm{d}\tau
$$

とおくと

$$
\begin{bmatrix} \dot{\theta}_1 \\ \dot{\theta}_2 \end{bmatrix} = \begin{bmatrix} \omega_1 \\ \omega_2 \end{bmatrix}, \qquad \begin{bmatrix} \dot{s}_1 \\ \dot{s}_2 \end{bmatrix} = \begin{bmatrix} \theta_1 - \theta_1^{\mathrm{d}} \\ \theta_2 - \theta_2^{\mathrm{d}} \end{bmatrix}
$$

$$
\begin{aligned}
&\begin{bmatrix} H_{11} & H_{12} \\ H_{12} & H_{22} \end{bmatrix} \begin{bmatrix} \dot{\omega}_1 \\ \dot{\omega}_2 \end{bmatrix} \\
&\quad = \begin{bmatrix} h_{12}\omega_2^2 + 2h_{12}\omega_1\omega_2 - K_{\mathrm{p}1}(\theta_1 - \theta_1^{\mathrm{d}}) - K_{\mathrm{d}1}\omega_1 - K_{\mathrm{i}1}s_1 \\ -h_{12}\omega_1^2 - K_{\mathrm{p}2}(\theta_2 - \theta_2^{\mathrm{d}}) - K_{\mathrm{d}2}\omega_2 - K_{\mathrm{i}2}s_2 \end{bmatrix}
\end{aligned}
$$

と表せる。状態変数は $\theta_1,\, \theta_2,\, s_1,\, s_2,\, \omega_1,\, \omega_2$ である。

【2】 車輪が平面と接する点において，転がりの角速度 $\dot{\theta}$ により，転がり方向に速度 $a\dot{\theta}$ が生じる。これを $x,\, y$ 成分で表すと，$a\dot{\theta}[\cos\phi,\, \sin\phi]^{\mathrm{T}}$ を得る。並進速度 $[\dot{x},\, \dot{y}]^{\mathrm{T}}$ により，接点には速度 $[\dot{x},\, \dot{y}]^{\mathrm{T}}$ が生じる。滑らないためには，これらの和が $\mathbf{0}$ である必要がある。したがって

$$a\dot{\theta}\begin{bmatrix}\cos\phi\\ \sin\phi\end{bmatrix}+\begin{bmatrix}\dot{x}\\ \dot{y}\end{bmatrix}=\begin{bmatrix}0\\ 0\end{bmatrix}$$

が条件となる。

3 章

【1】 ステップ幅 T が微小であると仮定する。$\dot{x}=f(t,x)$ を時間微分すると

$$\ddot{x}=\dot{f}=f_t+f_x\dot{x}=f_t+ff_x$$

を得る。$k_1=f=\dot{x}$ に注意すると

$$k_2=f(t+T,x+Tk_1)=f+f_tT+f_xTk_1=f+f_tT+ff_xT=\dot{x}+\ddot{x}T$$

である。したがって，ホイン法の更新式は

$$x(t)+\frac{T}{2}(k_1+k_2)=x(t)+\frac{T}{2}(\dot{x}+\dot{x}+\ddot{x}T)=x(t)+\dot{x}T+\frac{1}{2}\ddot{x}T^2$$

となる。これは，関数 $x(t+T)$ のテーラー展開に 2 次の項まで一致する。

【2】 省略。

【3】 制約 $R(x,y,z)=\left\{x^2+y^2+(z-l)^2\right\}^{1/2}-l$ の偏微分を計算すると

$$R_x=x\,P,\qquad R_y=y\,P,\qquad R_z=(z-l)\,P$$

となる。ここで，$P(x,y,z)=\left\{x^2+y^2+(z-l)^2\right\}^{-1/2}$ である。2 階の偏微分を計算すると

$$R_{xx}=P-x^2\,P^3,\quad R_{yy}=P-y^2\,P^3,\quad R_{zz}=P-(z-l)^2\,P^3$$
$$R_{xy}=-xy\,P^3,\quad R_{xz}=-x(z-l)\,P^3,\quad R_{yz}=-y(z-l)\,P^3$$

となる。以上の結果を

$$\dot{R}=\begin{bmatrix}R_x & R_y & R_z\end{bmatrix}\begin{bmatrix}v_x\\ v_y\\ v_z\end{bmatrix}$$
$$\ddot{R}=\begin{bmatrix}R_x & R_y & R_z\end{bmatrix}\begin{bmatrix}\dot{v}_x\\ \dot{v}_y\\ \dot{v}_z\end{bmatrix}$$

$$+\begin{bmatrix} v_x & v_y & v_z \end{bmatrix}\begin{bmatrix} R_{xx} & R_{xy} & R_{xz} \\ R_{xy} & R_{yy} & R_{yz} \\ R_{xz} & R_{yz} & R_{zz} \end{bmatrix}\begin{bmatrix} v_x \\ v_y \\ v_z \end{bmatrix}$$

に代入し，制約安定化法を計算すると

$$-R_x\dot{v}_x - R_y\dot{v}_y - R_z\dot{v}_z = C(x, y, z, v_x, v_y, v_z)$$

を得る。ただし

$$\begin{aligned} C(x, y, z, v_x, v_y, v_z) = R_{xx}\,v_x^2 + R_{yy}\,v_y^2 + R_{zz}\,v_z^2 \\ + 2R_{xy}\,v_xv_y + 2R_{yz}\,v_yv_z + 2R_{zx}\,v_zv_x \\ + 2\nu\{R_x\,v_x + R_y\,v_y + R_z\,v_z\} + \nu^2 R \end{aligned}$$

である。運動方程式と制約安定化法をまとめて書くと

$$\begin{bmatrix} m & & & -R_x \\ & m & & -R_y \\ & & m & -R_z \\ -R_x & -R_y & -R_z & \end{bmatrix}\begin{bmatrix} \dot{v}_x \\ \dot{v}_y \\ \dot{v}_z \\ \lambda \end{bmatrix} = \begin{bmatrix} 0 \\ 0 \\ -mg \\ C \end{bmatrix}$$

となる。

【4】 変数 $v = \dot{x}$ を導入し，標準形に変換する。$\mu = 0.2$ と設定し，ステップ幅 0.001 のルンゲ・クッタ法を用いて計算した例を**解図 3.1** に示す。図 (a), (b) では初期値が異なる。いずれの場合も振幅 2 の振動に収束する。したがって，位相図では，軌道がある閉曲線に収束する。このような閉曲線を**リミットサイクル**（limit cycle）と呼ぶ。

【5】 パラメータ $m = 1$，$k = 100$，$g = 9.8$，初期値 $x(0) = 100$，$\dot{x}(0) = 0$ に対して，運動方程式をルンゲ・クッタ・フェールベルグ法（$\epsilon = 10^{-6}$，$\alpha = 0.80$）で解いた結果を示す。ステップ幅の初期値は $T = 0.001$ である。ステップ幅の更新においては，現在のステップ幅の 2^n 倍の値の中から，$\hat{T}$ 以下の範囲で最大値を選ぶ。**解図 3.2** からわかるように，質点が床に衝突し速度が急速に増加する時刻において，ステップ幅が短くなっている。また，質点と床との衝突は完全弾性衝突であり，質点の最も高い位置は変わらないことがわかる。

【6】 制約 $S(x, y)$ を x, y で偏微分すると

$$S_x = \begin{cases} 0 & R(x, y) < 0 \\ R_x & R(x, y) \geqq 0 \end{cases}, \quad S_y = \begin{cases} 0 & R(x, y) < 0 \\ R_y & R(x, y) \geqq 0 \end{cases}$$

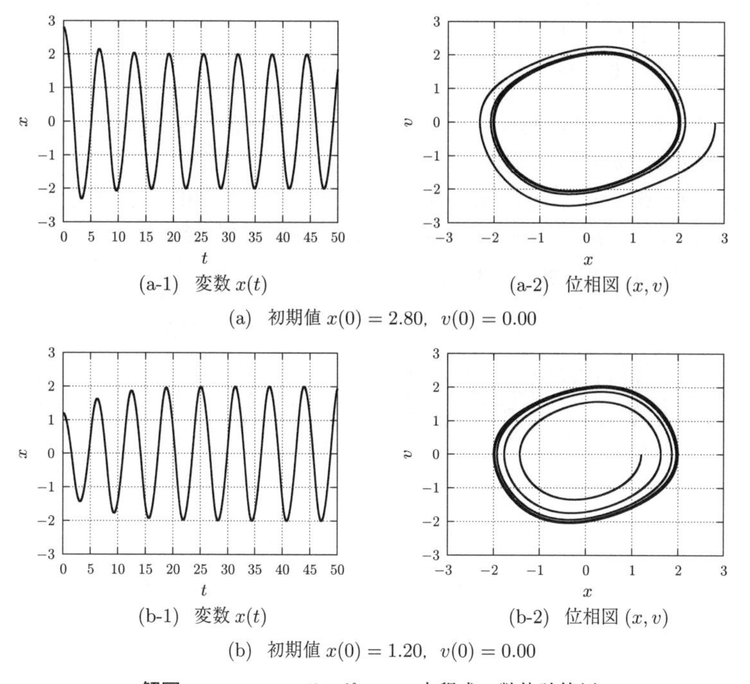

解図 3.1　ファンデルポールの方程式の数値計算例

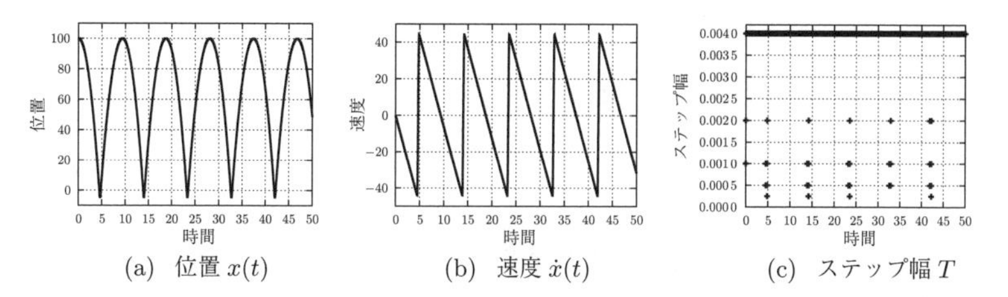

(a)　位置 $x(t)$　　(b)　速度 $\dot{x}(t)$　　(c)　ステップ幅 T

解図 3.2　衝突の方程式の数値計算例

となる。したがって，$R(x,y) \geqq 0$ の場合，運動方程式は

$$
\begin{bmatrix} m & 0 & -R_x(x,y) \\ 0 & m & -R_y(x,y) \\ -R_x(x,y) & -R_y(x,y) & 0 \end{bmatrix}
\begin{bmatrix} \dot{v}_x \\ \dot{v}_y \\ \lambda \end{bmatrix}
=
\begin{bmatrix} 0 \\ -mg \\ C(x,y,v_x,v_y) \end{bmatrix}
$$

である。一方，$R(x,y) < 0$ の場合，運動方程式は

$$\begin{bmatrix} m & 0 \\ 0 & m \end{bmatrix} \begin{bmatrix} \dot{v}_x \\ \dot{v}_y \end{bmatrix} = \begin{bmatrix} 0 \\ -mg \end{bmatrix}$$

である。いずれの場合も，連立一次方程式を数値的に解き，$\dot{v}_x, \dot{v}_y$ の値を計算することができる。

2.1 節と同じように m, l, g の値を定め，初期値 $x(0) = 0\,\mathrm{m}$，$y(0) = 0\,\mathrm{m}$，$v_x(0) = 5\,\mathrm{m/s}$，$v_y(0) = 0\,\mathrm{m/s}$ のもとで常微分方程式を解き，その結果をグラフにすると，**解図 3.3** が得られる。

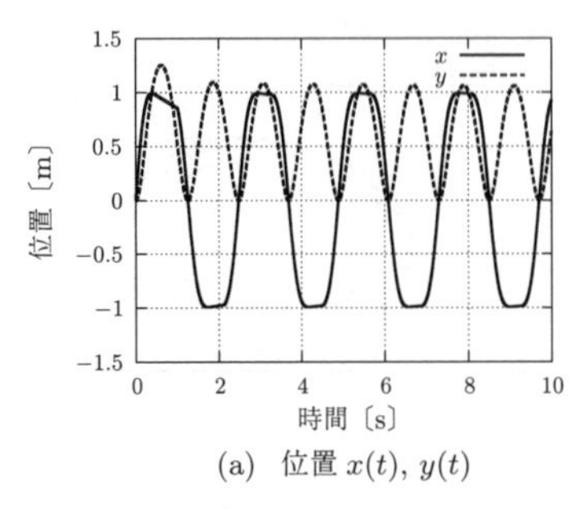

(a)　位置 $x(t), y(t)$

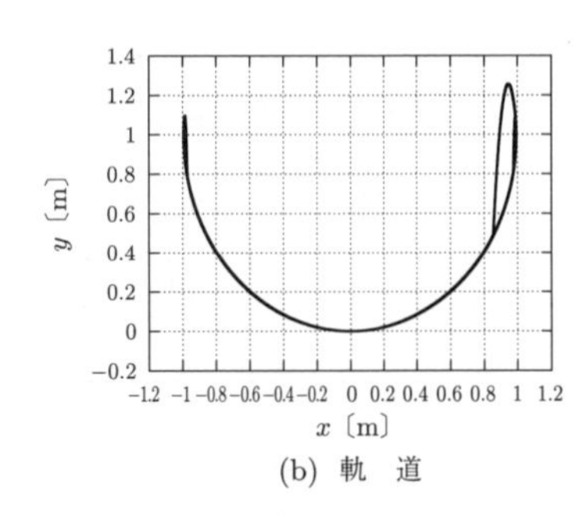

(b)　軌　道

解図 3.3　糸で支えられる単振り子の運動の計算結果例

【7】　リプシッツ連続であるためには，任意の x（> 0）に対して

$$\sqrt{x} - \sqrt{0} \leqq C(x - 0)$$

を満たす定数 C（> 0）が存在しなければならない。上式の両辺を x で割ると

$$\frac{\sqrt{x}}{x} \leqq C$$

となる。変数 x を十分に小さく選ぶと，上式の左辺は十分に大きくなるので，上式を満たす定数 C は存在しない。具体的には，任意の定数 C に対して $x < 1/C^2$ と選ぶと，上式は満たされない。以上の議論より，$\dot{x} = \sqrt{x}$ が $x = 0$ においてリプシッツ条件を満たさないことがわかる。

【8】　リプシッツ連続であるためには，任意の x（> 0）に対して

$$x - 0 \leqq C(x - 0)$$

を満たす定数 C（> 0）が存在しなければならない。ここで，$C = 1$ と選ぶと，任意の x（> 0）に対して上式が満たされる。したがって，リプシッツ条件を満たすことがわかる。

4章

【1】 $\dot{\theta}_1 = 0$，$\dot{\theta}_2 = 0$，$\dot{\omega}_1 = 0$，$\dot{\omega}_2 = 0$ より

$$\omega_1 = 0, \qquad \omega_2 = 0$$

$$\theta_1 = \theta_1^{\mathrm{d}} - \frac{1}{K_{\mathrm{p1}}}\{(m_1 l_{c1} + m_2 l_1) g \cos\theta_1^{\mathrm{d}} + m_2 l_{c2} g \cos(\theta_1^{\mathrm{d}} + \theta_2^{\mathrm{d}})\}$$

$$\theta_2 = \theta_2^{\mathrm{d}} - \frac{1}{K_{\mathrm{p2}}}\{m_2 l_{c2} g \cos(\theta_1^{\mathrm{d}} + \theta_2^{\mathrm{d}})\}$$

となる。

【2】 パラメータを $l_1 = l_2 = 1.0\,\mathrm{m}$，$l_{c1} = l_{c2} = 0.5\,\mathrm{m}$，$m_1 = m_2 = 6.74\,\mathrm{kg}$，$J_1 = J_2 = 0.56\,\mathrm{kg{\cdot}m^2}$，$b_1 = b_2 = 1.0\,\mathrm{N{\cdot}m/(rad/s)}$，ゲインを $K_{\mathrm{p1}} = K_{\mathrm{p2}} = 500$，$K_{\mathrm{d1}} = K_{\mathrm{d2}} = 100$，目標値を $\theta_1^{\mathrm{d}} = \pi/6$，$\theta_2^{\mathrm{d}} = \pi/4$ と設定し，式 (4.11) を数値的に解いた結果を**解図 4.1** に示す。角度 θ_1, θ_2 は，それぞれの目標値に収束していない。比例ゲイン $K_{\mathrm{p1}}, K_{\mathrm{p2}}$ の値を大きくすると，オフセットは小さくなる。ただし，実際はモータが出しうるトルクの制約のため，比例ゲイン $K_{\mathrm{p1}}, K_{\mathrm{p2}}$ の値には限りがある。

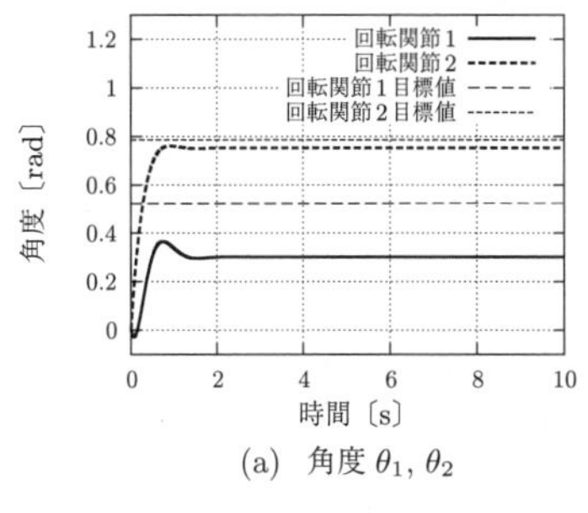

(a) 角度 θ_1, θ_2

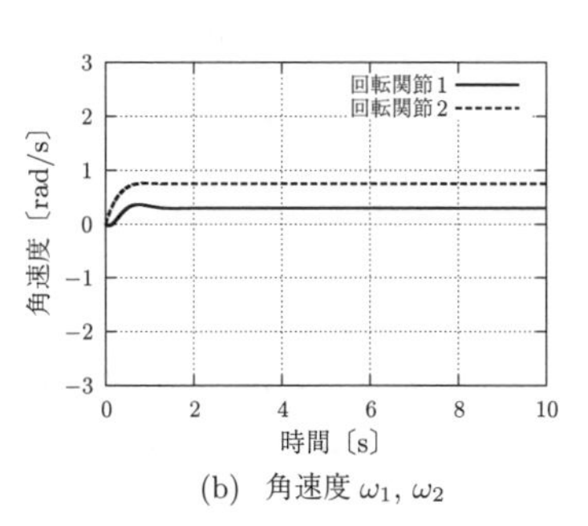

(b) 角速度 ω_1, ω_2

解図 4.1　2自由度開リンク機構の PD 制御

【3】 $\omega_1 = 0$，$\omega_2 = 0$，$\theta_1 = \theta_1^{\mathrm{d}}$，$\theta_2 = \theta_2^{\mathrm{d}}$

【4】 $\dot{\theta}_1 = 0$，$\dot{\theta}_2 = 0$，$\dot{s}_1 = 0$，$\dot{s}_2 = 0$，$\dot{\omega}_1 = 0$，$\dot{\omega}_2 = 0$ より

$$\omega_1 = 0, \qquad \omega_2 = 0$$

$$\theta_1 = \theta_1^{\mathrm{d}}, \qquad \theta_2 = \theta_2^{\mathrm{d}}$$

$$s_1 = -\frac{1}{K_{\mathrm{i1}}}\{(m_1 l_{c1} + m_2 l_1) g \cos\theta_1^{\mathrm{d}} + m_2 l_{c2} g \cos(\theta_1^{\mathrm{d}} + \theta_2^{\mathrm{d}})\}$$

$$s_2 = -\frac{1}{K_{\mathrm{i2}}}\{m_2 l_{c2} g \cos(\theta_1^{\mathrm{d}} + \theta_2^{\mathrm{d}})\}$$

となる。

【5】 パラメータを $l_1 = l_2 = 1.0\,\mathrm{m}$，$l_{c1} = l_{c2} = 0.5\,\mathrm{m}$，$m_1 = m_2 = 6.74\,\mathrm{kg}$，$J_1 = J_2 = 0.56\,\mathrm{kg{\cdot}m^2}$，$b_1 = b_2 = 1.0\,\mathrm{N{\cdot}m/(rad/s)}$，ゲインを $K_{\mathrm{p1}} = K_{\mathrm{p2}} = 500$，$K_{\mathrm{d1}} = K_{\mathrm{d2}} = 100$，$K_{\mathrm{i1}} = K_{\mathrm{i2}} = 500$，目標値を $\theta_1^{\mathrm{d}} = \pi/6$，$\theta_2^{\mathrm{d}} = \pi/4$ と設定し，式 (4.12) を数値的に解いた結果を**解図 4.2** に示す。角度 θ_1, θ_2 は，それぞれの目標値に収束している。

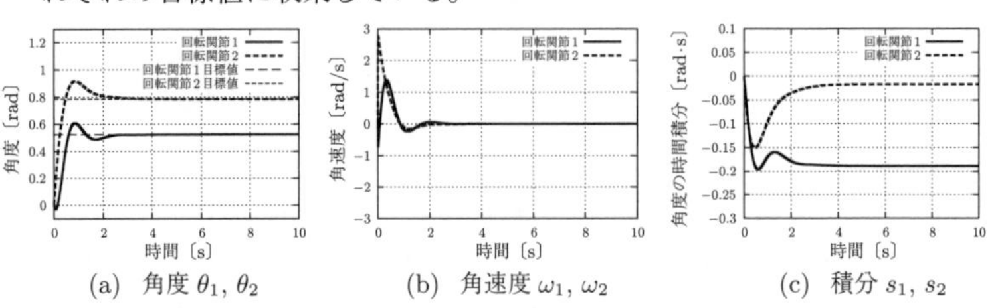

(a) 角度 θ_1, θ_2　(b) 角速度 ω_1, ω_2　(c) 積分 s_1, s_2

解図 4.2　2 自由度開リンク機構の PID 制御

5 章

【1】 式 (5.10) より

$$x(t) = e^{at}x(0) + e^{at}\int_0^t e^{-a\tau}f(\tau)\,\mathrm{d}\tau$$

となる。上式を微分すると

$$\begin{aligned}\dot{x}(t) &= ae^{at}x(0) + ae^{at}\int_0^t e^{-a\tau}f(\tau)\,\mathrm{d}\tau + e^{at}\{e^{-at}f(t)\}\\ &= ax(t) + f(t)\end{aligned}$$

を得るので，式 (5.10) は微分方程式 (5.9) の解である。

【2】 (1) $\dot{\alpha} = a(t)$ に注意して，$x(t) = e^{\alpha(t)}x(0)$ の時間微分を計算すると

$$\dot{x} = \dot{\alpha}e^{\alpha(t)}x(0) = a(t)e^{\alpha(t)}x(0) = a(t)x(t)$$

となる。また，$\alpha(0) = 0$ であるので，時刻 $t = 0$ で $x(t) = e^{\alpha(t)}x(0)$ の両辺は一致する。したがって，微分方程式 $\dot{x} = a(t)x$ の解は $x(t) = e^{\alpha(t)}x(0)$ で与えられる。

(2) 式 (5.15) の時間微分を計算すると

$$\begin{aligned}\dot{x} &= \dot{\alpha}e^{\alpha(t)}x(0) + e^{\alpha(t)-\alpha(t)}f(t) + \int_0^t \dot{\alpha}(t)e^{\alpha(t)-\alpha(\tau)}f(\tau)\,\mathrm{d}\tau\\ &= a(t)e^{\alpha(t)}x(0) + f(t) + a(t)\int_0^t e^{\alpha(t)-\alpha(\tau)}f(\tau)\,\mathrm{d}\tau\\ &= a(t)\left\{e^{\alpha(t)}x(0) + \int_0^t e^{\alpha(t)-\alpha(\tau)}f(\tau)\,\mathrm{d}\tau\right\} + f(t)\end{aligned}$$

$$= a(t)x(t) + f(t)$$

となる。また，時刻 $t = 0$ で式 (5.15) の両辺は一致する。したがって，微分方程式 $\dot{x} = a(t)\,x + f(t)$ の解は式 (5.15) で与えられる。

【3】 (1) 複素数 z_1 を $\pi/2$ 回転させて得られる複素数は iz_1 である。その複素数の定数倍 $z_2 = i\omega z_1$ は複素数 z_1 と直交する。

(2) 複素数 z と $\dot{z}$ が直交するので

$$\dot{z} = i\omega(t)\,z \tag{1}$$

である。複素数 $z(t)$ の実部を $x(t)$，虚部を $y(t)$ で表すと，上式は $\dot{x} + i\dot{y} = i\omega(t)(x + iy) = -\omega(t)y + i\omega(t)x$。これより

$$\dot{x} = -\omega(t)\,y, \quad \dot{y} = \omega(t)\,x$$

となる。$\omega(t)$ を消去すると

$$\dot{x}x + \dot{y}y = 0$$

となり，上式を積分すると

$$x^2 + y^2 = R^2 \quad (\text{定数})$$

を得る。これは，原点を中心とした半径 R の円軌道上を $z(t)$ が動くことを意味する。

特に，ω が時不変の定数の場合，式 (1) の両辺を時間微分すると $\ddot{z} = i\omega\dot{z} = i\omega i\omega z = -\omega^2 z$ を得る。2 階の微分方程式 $\ddot{z} + \omega^2 z = 0$（単振動の運動方程式に一致）を解くと

$$z(t) = z(0)\cos\omega t + \frac{\dot{z}(0)}{\omega}\sin\omega t$$

となる。時刻 $t = 0$ で式 (1) が成り立つので，$\dot{z}(0) = i\omega z(0)$。これを上式に代入すると

$$z(t) = z(0)(\cos\omega t + i\sin\omega t)$$

となる。一方，微分方程式 (1) を解くと

$$z(t) = z(0)\,e^{i\omega t}$$

となり，上記の 2 式を比較すると

$$e^{i\omega t} = \cos\omega t + i\sin\omega t$$

となる。ここで $\theta = \omega t$ とおくと，オイラーの公式

$$e^{i\theta} = \cos\theta + i\sin\theta$$

を得る。

【4】 方程式 $\phi(\lambda) = 0$ が負の実解 $-p\,(p > 0)$ を持つとき，多項式 $\phi(\lambda)$ は因子 $(\lambda+p)$ を有する。方程式 $\phi(\lambda) = 0$ が，実部が負の共役複素解 $-a \pm bi$ $(a, b > 0)$ を持つとき，多項式 $\phi(\lambda)$ は因子 $\lambda^2 + 2a\lambda + (a^2 + b^2)$ を有する。因子の係数はすべて正であるので，因子の積の係数はすべて正である。多項式 $\phi(\lambda)$ はこれらの因子の積で表されるので，多項式 $\phi(\lambda)$ の係数はすべて正である。

【5】 (1) $F_3(s, 0) = D_3(s)$ は明らか。$F_3(s, \alpha) = A_3(s) + (1 - \alpha s)A_2(s)$ より

$$\begin{aligned}
F_3\left(s, \frac{a_0}{a_1}\right) &= A_3(s) + A_2(s) - \frac{a_0}{a_1} s A_2(s) \\
&= A_2(s) + (a_0 s^3 + a_2 s) - \left\{a_0 s^3 + \frac{a_0 a_3}{a_1} s\right\} \\
&= A_2(s) + \left\{a_2 - \frac{a_0 a_3}{a_1}\right\} s \\
&= A_2(s) + A_1(s) \\
&= D_2(s)
\end{aligned}$$

となる。

(2) $D_3(i\omega) = A_3(i\omega) + A_2(i\omega)$ である。$A_3(s)$ は奇数次の項のみからなるので $A_3(i\omega)$ は虚数，$A_2(s)$ は偶数次の項のみからなるので $A_2(i\omega)$ は実数である。したがって，$i\omega$ が $D_3(s) = 0$ の解であるとき，$A_3(i\omega) = 0$ かつ $A_2(i\omega) = 0$ が成り立つ。また

$$\begin{aligned}
F_3(i\omega, \alpha) &= A_3(i\omega) + (1 - \alpha\, i\omega) A_2(i\omega) \\
&= A_2(i\omega) + \{A_3(i\omega) - \alpha\, i\omega\, A_2(i\omega)\}
\end{aligned}$$

であるので，$F_3(i\omega, \alpha)$ の実部は $A_2(i\omega)$，虚部は $\{A_3(i\omega) - \alpha\, i\omega\, A_2(i\omega)\}$ で与えられる。$A_3(i\omega) = 0$ かつ $A_2(i\omega) = 0$ が成り立つので，$F_3(i\omega, \alpha)$ の実部と虚部は 0 に等しい。したがって，$i\omega$ は $F(s, \alpha) = 0$ の解である。特に $\alpha = a_0/a_1$ とすると，$i\omega$ は $F(s, a_0/a_1) = D_2(s) = 0$ の解であることがわかる。

(3) パラメータ α の値を 0 から a_0/a_1 へ変化させると，$F_3(s,\alpha)$ は $D_3(s)$ から $D_2(s)$ に変化する。$D_3(s)=0$ の解の個数は 3，$D_2(s)=0$ の解の個数は 2 であるので，$D_3(s)=0$ の解の一つが無限大に発散する。設問 (2) の結果より $D_3(s)=0$ の安定解（実部が負）が虚軸を通過して不安定領域（実部が正）に移ることや，$D_3(s)=0$ の不安定解（実部が正）が虚軸を通過して安定領域（実部が負）に移ることはない。したがって，$D_3(s)=0$ の安定解の一つが $-\infty$ に発散するか，$D_3(s)=0$ の不安定解の一つが ∞ に発散するかである。

(4) 多項式 $F_3(s,\alpha)$ は

$$\begin{aligned} F_3(s,\alpha) &= (a_0-\alpha a_1)s^3 + a_1 s^2 + (s^1 \text{ 以降の項}) \\ &= (a_0-\alpha a_1)\left(s+\frac{a_1}{a_0-\alpha a_1}\right)s^2 + (s^1 \text{ 以降の項}) \end{aligned}$$

と表されるので

$$\frac{F_3(s,\alpha)}{s^2} = (a_0-\alpha a_1)\left(s+\frac{a_1}{a_0-\alpha a_1}\right) + (s^{-1} \text{ 以降の項})$$

である。発散する解 s に対して s^{-1} 以降の項は 0 に収束するので，$s+a_1/(a_0-\alpha a_1)$ が 0 に収束しなければならない。すなわち，発散する解は

$$s \to -\frac{a_1}{a_0-\alpha a_1}$$

を満たす。$a_0,\ a_1>0$ であるので，$0 \leqq \alpha < a_0/a_1$ のとき $a_0-\alpha a_1>0$ であり，結果として $-a_1/(a_0-\alpha a_1)<0$ である。したがって，$\alpha \to a_0/a_1-0$ のとき，解 s は $-\infty$ に発散する。$D_3(s)=0$ の解がすべて安定であるためには，$D_2(s)=0$ の解がすべて安定であり，かつ $a_0,\ a_1>0$ を満たす必要がある。$D_2(s)=0$ の解がすべて安定であるためには，$D_1(s)=0$ の解がすべて安定であり，かつ $a_1,\ b_0>0$ を満たす必要がある。$D_1(s)=0$ の解がすべて安定であるためには，$b_0,\ b_1>0$ を満たす必要がある。以上より，$D_3(s)=0$ の解がすべて安定であるためには，$a_0>0$，$a_1>0$，$b_0>0$，$b_1>0$ を満たす必要がある。これがラウスの安定条件である。

6 章

【1】 運動エネルギー K の一般化座標 q_k ならびに一般化速度 $\dot{q}_k$ に関する偏微分は

$$\frac{\partial K}{\partial q_k} = \sum_{i=1}^{2}\sum_{j=1}^{2}\frac{1}{2}\frac{\partial H_{ij}}{\partial q_k}\dot{q}_i\dot{q}_j, \qquad \frac{\partial K}{\partial \dot{q}_k} = \sum_{i=1}^{2} H_{ki}\dot{q}_i$$

であり，したがって

$$\frac{\mathrm{d}}{\mathrm{d}t}\frac{\partial K}{\partial \dot{q}_k} = \sum_{i=1}^{2} H_{ki}\ddot{q}_i + \sum_{i=1}^{2}\dot{H}_{ki}\dot{q}_i$$

となる。慣性行列要素 H_{ki} は一般化座標の関数なので

$$\dot{H}_{ki} = \sum_{j=1}^{2}\frac{\partial H_{ki}}{\partial q_j}\dot{q}_j$$

であり，したがって

$$\begin{aligned}
\sum_{i=1}^{2}\dot{H}_{ki}\dot{q}_i &= \sum_{i=1}^{2}\sum_{j=1}^{2}\frac{\partial H_{ki}}{\partial q_j}\dot{q}_i\dot{q}_j \\
&= \sum_{i=1}^{2}\sum_{j=1}^{2}\frac{1}{2}\frac{\partial H_{ki}}{\partial q_j}\dot{q}_i\dot{q}_j + \sum_{i=1}^{2}\sum_{j=1}^{2}\frac{1}{2}\frac{\partial H_{ki}}{\partial q_j}\dot{q}_i\dot{q}_j \\
&= \sum_{i=1}^{2}\sum_{j=1}^{2}\frac{1}{2}\frac{\partial H_{ki}}{\partial q_j}\dot{q}_i\dot{q}_j + \sum_{j=1}^{2}\sum_{i=1}^{2}\frac{1}{2}\frac{\partial H_{kj}}{\partial q_i}\dot{q}_j\dot{q}_i
\end{aligned}$$

となる。以上より，一般化座標 q_k に関するラグランジュの運動方程式への運動エネルギー K の寄与は

$$\begin{aligned}
&\frac{\partial K}{\partial q_k} - \frac{\mathrm{d}}{\mathrm{d}t}\frac{\partial K}{\partial \dot{q}_k} \\
&\quad = \sum_{i=1}^{2}\sum_{j=1}^{2}\frac{1}{2}\frac{\partial H_{ij}}{\partial q_k}\dot{q}_i\dot{q}_j - \sum_{i=1}^{2}H_{ki}\ddot{q}_i - \sum_{i=1}^{2}\sum_{j=1}^{2}\frac{1}{2}\frac{\partial H_{ki}}{\partial q_j}\dot{q}_i\dot{q}_j \\
&\qquad - \sum_{i=1}^{2}\sum_{j=1}^{2}\frac{1}{2}\frac{\partial H_{kj}}{\partial q_i}\dot{q}_i\dot{q}_j \\
&\quad = -\sum_{i=1}^{2}H_{ki}\ddot{q}_i - \sum_{i=1}^{2}\sum_{j=1}^{2}\frac{1}{2}\left(\frac{\partial H_{kj}}{\partial q_i} + \frac{\partial H_{ki}}{\partial q_j} - \frac{\partial H_{ij}}{\partial q_k}\right)\dot{q}_i\dot{q}_j
\end{aligned}$$

である。

【2】 $x(t_f)$ が自由端となっており，$\delta x(t_f) \neq 0$ である。動力学の変分原理では，$\delta x(t_f) = 0$ でなくてはならない。また，初期速度条件 $\dot{x}(0) = 0$ を考慮しており，$\delta \dot{x}(0) = 0$ である。動力学の変分原理では，$\delta \dot{x}(0)$ に関する条件はない。

動力学の変分原理においては，$\delta x(0) = 0$ と $\delta x(t_f) = 0$ を満たす必要がある。すなわち，変分の計算においては，$x(0)$ と $x(t_f)$ の値を固定する必要がある。初期条件より $x(0)$ の値を 0 に固定する。さらに，$x(t_f) = x_f$（定数）とおく。関数 $x(t)$ を多項式で近似し，$x(t) = at + bt^2 + ct^3 + dt^4$（$a, b, c, d$ は定数）と仮定する。作用積分を計算すると

$$I = a^2 t_f + (4ab - 2a)\frac{t_f^2}{2} + (6ac + 4b^2 - 2b)\frac{t_f^3}{3} + (8ad + 12bc - 2c)\frac{t_f^4}{4} + (16bd + 9c^2 - 2d)\frac{t_f^5}{5} + 24cd\frac{t_f^6}{6} + 16d^2\frac{t_f^7}{7}$$

となる。また，終端条件 $x(t_f) = x_f$ より，制約条件

$$R \triangleq at_f + bt_f^2 + ct_f^3 + dt_f^4 - x_f = 0$$

を得る。制約条件 $R = 0$ のもとで，作用積分 I の極値を求めるために，ラグランジュの未定乗数 λ を導入し，$I' = I + \lambda R$ の極値を求める。ここで，$\partial I'/\partial a = 0$，$\partial I'/\partial b = 0$，$\partial I'/\partial c = 0$，$\partial I'/\partial d = 0$，$\partial I'/\partial \lambda = 0$ を計算し，まとめると

$$\begin{bmatrix} 2 & \frac{4}{2} & \frac{6}{3} & \frac{8}{4} & 1 \\ 2 & \frac{8}{3} & \frac{12}{4} & \frac{16}{5} & 1 \\ 2 & \frac{12}{4} & \frac{18}{5} & \frac{24}{6} & 1 \\ 2 & \frac{16}{5} & \frac{24}{6} & \frac{32}{7} & 1 \\ 1 & 1 & 1 & 1 & 0 \end{bmatrix} \begin{bmatrix} a \\ t_f b \\ t_f^2 c \\ t_f^3 d \\ \lambda \end{bmatrix} = \begin{bmatrix} \frac{2}{2}t_f \\ \frac{2}{3}t_f \\ \frac{2}{4}t_f \\ \frac{2}{5}t_f \\ \frac{x_f}{t_f} \end{bmatrix}$$

となる。これを解くと

$$a = \frac{1}{2}t_f + \frac{x_f}{t_f}, \quad b = -\frac{1}{2}, \quad c = 0, \quad d = 0$$

を得る。初期速度条件 $\dot{x}(0) = v_0$ が与えられると，$(1/2)t_f + x_f/t_f = v_0$ となる。結果として，$x_f = v_0 t_f - (1/2)t_f^2$ となり，正しい解を得ることができる。

つぎに，$\delta x(t_f) = 0$ を考慮せずに計算を進める。すなわち，終端を自由と仮定し，作用積分 I が極値となる a, b, c, d, x_f を求める。作用積分 I は x_f を

含まないので，作用積分 I が極値となる a, b, c, d を求めればよい。そこで，$\partial I/\partial a=0$，$\partial I/\partial b=0$，$\partial I/\partial c=0$，$\partial I/\partial d=0$ を計算し，まとめると

$$\begin{bmatrix} 2 & \frac{4}{2} & \frac{6}{3} & \frac{8}{4} \\ 2 & \frac{8}{3} & \frac{12}{4} & \frac{16}{5} \\ 2 & \frac{12}{4} & \frac{18}{5} & \frac{24}{6} \\ 2 & \frac{16}{5} & \frac{24}{6} & \frac{32}{7} \end{bmatrix} \begin{bmatrix} a \\ t_f b \\ t_f^2 c \\ t_f^3 d \end{bmatrix} = \begin{bmatrix} \frac{2}{2}t_f \\ \frac{2}{3}t_f \\ \frac{2}{4}t_f \\ \frac{2}{5}t_f \end{bmatrix}$$

となる。これを解くと

$$a=t_f, \quad b=-\frac{1}{2}, \quad c=0, \quad d=0$$

を得る。これは，初期速度 $\dot{x}(0)$ が終端時刻 t_f によって決定されることを意味しており，正しい解ではない。

つぎに，終端条件 $\delta x(t_f)=0$ を考慮する一方，初期速度条件 $\dot{x}(0)=0$ を含めて，変分の計算を進める。このとき，$a=0$ であるので，作用積分は

$$I=(4b^2-2b)\frac{t_f^3}{3}+(12bc-2c)\frac{t_f^4}{4} \\ +(16bd+9c^2-2d)\frac{t_f^5}{5}+24cd\frac{t_f^6}{6}+16d^2\frac{t_f^7}{7}$$

となる。制約条件 $R=bt_f^2+ct_f^3+dt_f^4-x_f=0$ のもとで，作用積分 I の極値を求めるために，$I'=I+\lambda R$ とおき，$\partial I'/\partial b=0$，$\partial I'/\partial c=0$，$\partial I'/\partial d=0$，$\partial I'/\partial \lambda=0$ を計算すると

$$\begin{bmatrix} \frac{8}{3} & \frac{12}{4} & \frac{16}{5} & 1 \\ \frac{12}{4} & \frac{18}{5} & \frac{24}{6} & 1 \\ \frac{16}{5} & \frac{24}{6} & \frac{32}{7} & 1 \\ 1 & 1 & 1 & 0 \end{bmatrix} \begin{bmatrix} t_f b \\ t_f^2 c \\ t_f^3 d \\ \lambda \end{bmatrix} = \begin{bmatrix} \frac{2}{3}t_f \\ \frac{2}{4}t_f \\ \frac{2}{5}t_f \\ \frac{x_f}{t_f} \end{bmatrix}$$

となる。上式を解くと，$b=3/2+4x_f/t_f^2$，$c=-(8/3)/t_f-(16/3)x_f/t_f^3$，$d=(7/6)/t_f^2+(7/3)x_f/t_f^4$ が得られる。これは正しい解ではない。

けっきょく，動力学の変分原理では，x_f を未知の定数と見なして作用積分が最小となるパラメータ a, b, c, d を求める。その後に，初期速度条件から x_f

の値を決定する。すなわち，作用積分が積分可能で，作用積分のパラメータ a, b, c, d に関する偏微分が計算可能であるならば，以上のような解析的な計算は可能である。

作用積分が積分可能でないときに，数値計算を用いて，上記のような計算が可能であるかを検討しよう。終端時刻 t_f の値は，あらかじめ与える。パラメータ a, b, c, d の値を与えると，数値積分により作用積分 I の値を計算できる。そこで，作用積分をパラメータ a, b, c, d の関数と見なし，$I(a,b,c,d)$ と表す。終端条件はパラメータ a, b, c, d と x_f を含んでおり，$R(a,b,c,d,x_f)$ と表す。もし，x_f の値が与えられると，条件付き最小化問題

$$\begin{aligned}&\text{minimize} \quad I(a,b,c,d)\\&\text{subject to} \quad R(a,b,c,d,x_f)=0\end{aligned}$$

を数値的に解くことにより，パラメータ a, b, c, d の値を数値的に求めることができる。得られたパラメータ a, b, c, d の値を用いると，$\dot{x}(0)$ の値を計算することができる。この値を V_0 で表す。初期速度条件 $\dot{x}(0)=v_0$ が与えられたとき，x_f の値を決定するためには，V_0 が v_0 に一致するようにすればよい。したがって，関数 $J(x_f)=\|\,V_0-v_0\,\|$ を定義し，最小化問題

$$\text{minimize} \quad J(x_f)$$

を数値的に解くことにより，x_f の値を決定することができる。ただし，この手法では，関数 $J(x_f)$ の値を計算するごとに，条件付き最適化を実行する必要がある。したがって，計算量が多い。また，最適化で求めた関数 $J(x_f)$ の最小値が 0 に一致するときにのみ有効である。すなわち，計算が成功するかどうかは最後までわからない。結論として，数値計算を用いて動力学の変分原理を直接解くことは可能であるが，実際的には困難である。動力学の変分原理から微分方程式となる運動方程式を解析的に導き，それを数値的に解くほうが簡単であり望ましい。

【3】 制約 $R_1=0$ を時間微分すると $\dot{\boldsymbol{a}}^{\mathrm{T}}\boldsymbol{a}+\boldsymbol{a}^{\mathrm{T}}\dot{\boldsymbol{a}}=2\dot{\boldsymbol{a}}^{\mathrm{T}}\boldsymbol{a}=0$ となり，$\dot{\boldsymbol{a}}^{\mathrm{T}}\boldsymbol{a}=0$ を得る。制約 $Q_2=0$ を時間微分すると $\dot{\boldsymbol{c}}^{\mathrm{T}}\boldsymbol{a}+\boldsymbol{c}^{\mathrm{T}}\dot{\boldsymbol{a}}=0$ となり，$\dot{\boldsymbol{a}}^{\mathrm{T}}\boldsymbol{c}=-\omega_\eta$ を得る。ベクトル $\boldsymbol{a}$, $\boldsymbol{b}$, $\boldsymbol{c}$ は正規直交系をなすので，ベクトル $\dot{\boldsymbol{a}}$ の ξ, η, ζ 成分は，それぞれ $\dot{\boldsymbol{a}}^{\mathrm{T}}\boldsymbol{a}=0$，$\dot{\boldsymbol{a}}^{\mathrm{T}}\boldsymbol{b}=\omega_\zeta$，$\dot{\boldsymbol{a}}^{\mathrm{T}}\boldsymbol{c}=-\omega_\eta$ である。これより，$\dot{\boldsymbol{a}}=\omega_\zeta\boldsymbol{b}-\omega_\eta\boldsymbol{c}$ を得る。他の式も同様に得られる。

式 (6.38) を行列形式で書くと

$$\begin{bmatrix} \dot{\boldsymbol{a}} & \dot{\boldsymbol{b}} & \dot{\boldsymbol{c}} \end{bmatrix} = \begin{bmatrix} \boldsymbol{a} & \boldsymbol{b} & \boldsymbol{c} \end{bmatrix} \begin{bmatrix} & -\omega_\zeta & \omega_\eta \\ \omega_\zeta & & -\omega_\xi \\ -\omega_\eta & \omega_\xi & \end{bmatrix}$$

である。ここで，$R = \begin{bmatrix} \boldsymbol{a} & \boldsymbol{b} & \boldsymbol{c} \end{bmatrix}$，$\dot{R} = \begin{bmatrix} \dot{\boldsymbol{a}} & \dot{\boldsymbol{b}} & \dot{\boldsymbol{c}} \end{bmatrix}$であり，回転行列$R$が直交行列であることに注意すると，与式を得る。

【4】 式 (6.47) の第 1 式とベクトル $\boldsymbol{b}$, $\boldsymbol{c}$ との内積を計算すると，以下を得る。

$$\boldsymbol{b}^{\mathrm{T}}\dot{\boldsymbol{a}} - \mu_3 = \omega_\zeta, \quad \boldsymbol{c}^{\mathrm{T}}\dot{\boldsymbol{a}} - \mu_2 = -\omega_\eta$$

式 (6.47) の第 2 式とベクトル $\boldsymbol{c}$, $\boldsymbol{a}$ との内積を計算すると，以下を得る。

$$\boldsymbol{c}^{\mathrm{T}}\dot{\boldsymbol{b}} - \mu_1 = \omega_\xi, \quad \boldsymbol{a}^{\mathrm{T}}\dot{\boldsymbol{b}} - \mu_3 = -\omega_\zeta$$

式 (6.47) の第 3 式とベクトル $\boldsymbol{a}$, $\boldsymbol{b}$ との内積を計算すると，以下を得る。

$$\boldsymbol{a}^{\mathrm{T}}\dot{\boldsymbol{c}} - \mu_2 = \omega_\eta, \quad \boldsymbol{b}^{\mathrm{T}}\dot{\boldsymbol{c}} - \mu_1 = -\omega_\xi$$

未定乗数 μ_1, μ_2, μ_3 を消去すると

$$\boldsymbol{c}^{\mathrm{T}}\dot{\boldsymbol{b}} - \boldsymbol{b}^{\mathrm{T}}\dot{\boldsymbol{c}} = 2\omega_\xi, \quad \boldsymbol{a}^{\mathrm{T}}\dot{\boldsymbol{c}} - \boldsymbol{c}^{\mathrm{T}}\dot{\boldsymbol{a}} = 2\omega_\eta, \quad \boldsymbol{b}^{\mathrm{T}}\dot{\boldsymbol{a}} - \boldsymbol{a}^{\mathrm{T}}\dot{\boldsymbol{b}} = 2\omega_\zeta$$

となり，式 (6.48) の第 4, 5, 6 式と上式より

$$\begin{aligned} \boldsymbol{b}^{\mathrm{T}}\dot{\boldsymbol{a}} &= \omega_\zeta - \frac{\gamma}{2}\boldsymbol{a}^{\mathrm{T}}\boldsymbol{b}, & \boldsymbol{c}^{\mathrm{T}}\dot{\boldsymbol{a}} &= -\omega_\eta - \frac{\gamma}{2}\boldsymbol{a}^{\mathrm{T}}\boldsymbol{c} \\ \boldsymbol{a}^{\mathrm{T}}\dot{\boldsymbol{b}} &= -\omega_\zeta - \frac{\gamma}{2}\boldsymbol{b}^{\mathrm{T}}\boldsymbol{a}, & \boldsymbol{c}^{\mathrm{T}}\dot{\boldsymbol{b}} &= \omega_\xi - \frac{\gamma}{2}\boldsymbol{b}^{\mathrm{T}}\boldsymbol{c} \\ \boldsymbol{a}^{\mathrm{T}}\dot{\boldsymbol{c}} &= \omega_\eta - \frac{\gamma}{2}\boldsymbol{c}^{\mathrm{T}}\boldsymbol{a}, & \boldsymbol{b}^{\mathrm{T}}\dot{\boldsymbol{c}} &= -\omega_\xi - \frac{\gamma}{2}\boldsymbol{c}^{\mathrm{T}}\boldsymbol{b} \end{aligned}$$

となる。式 (6.48) の第 1, 2, 3 式より

$$\boldsymbol{a}^{\mathrm{T}}\dot{\boldsymbol{a}} = -\frac{\gamma}{2}(\boldsymbol{a}^{\mathrm{T}}\boldsymbol{a} - 1), \quad \boldsymbol{b}^{\mathrm{T}}\dot{\boldsymbol{b}} = -\frac{\gamma}{2}(\boldsymbol{b}^{\mathrm{T}}\boldsymbol{b} - 1), \quad \boldsymbol{c}^{\mathrm{T}}\dot{\boldsymbol{c}} = -\frac{\gamma}{2}(\boldsymbol{c}^{\mathrm{T}}\boldsymbol{c} - 1)$$

となり，ベクトル $\boldsymbol{a}$, $\boldsymbol{b}$, $\boldsymbol{c}$ は正規直交系をなす。したがって，これらの式を

$$\begin{aligned} \dot{\boldsymbol{a}} &= (\boldsymbol{a}^{\mathrm{T}}\dot{\boldsymbol{a}})\boldsymbol{a} + (\boldsymbol{b}^{\mathrm{T}}\dot{\boldsymbol{a}})\boldsymbol{b} + (\boldsymbol{c}^{\mathrm{T}}\dot{\boldsymbol{a}})\boldsymbol{c} \\ \dot{\boldsymbol{b}} &= (\boldsymbol{a}^{\mathrm{T}}\dot{\boldsymbol{b}})\boldsymbol{a} + (\boldsymbol{b}^{\mathrm{T}}\dot{\boldsymbol{b}})\boldsymbol{b} + (\boldsymbol{c}^{\mathrm{T}}\dot{\boldsymbol{b}})\boldsymbol{c} \\ \dot{\boldsymbol{c}} &= (\boldsymbol{a}^{\mathrm{T}}\dot{\boldsymbol{c}})\boldsymbol{a} + (\boldsymbol{b}^{\mathrm{T}}\dot{\boldsymbol{c}})\boldsymbol{b} + (\boldsymbol{c}^{\mathrm{T}}\dot{\boldsymbol{c}})\boldsymbol{c} \end{aligned}$$

に代入すると，求めたい式を得る。

【5】 (1) 省略。

(2) 制約 $Q=0$ を時間微分すると

$$q_0\dot{q}_0 + q_1\dot{q}_1 + q_2\dot{q}_2 + q_3\dot{q}_3 = 0$$

となる。行列 R の第2列の時間微分と第3列との内積を計算し，上式を代入すると

$$\omega_\xi = 2(-q_1\dot{q}_0 + q_0\dot{q}_1 + q_3\dot{q}_2 - q_2\dot{q}_3)$$

となる。行列 R の第3列の時間微分と第1列との内積，行列 R の第1列の時間微分と第2列との内積より

$$\omega_\eta = 2(-q_2\dot{q}_0 - q_3\dot{q}_1 + q_0\dot{q}_2 + q_1\dot{q}_3)$$

$$\omega_\zeta = 2(-q_3\dot{q}_0 + q_2\dot{q}_1 - q_1\dot{q}_2 + q_0\dot{q}_3)$$

となる。以上をまとめると，$\boldsymbol{\omega} = 2H\dot{\boldsymbol{q}}$ を得る。

(3) 関係式 $\boldsymbol{\omega} = 2H\dot{\boldsymbol{q}}$ が成り立つので，剛体の回転による運動エネルギーは

$$K_{\mathrm{rot}} = \frac{1}{2}\boldsymbol{\omega}^{\mathrm{T}}J\boldsymbol{\omega} = 2\dot{\boldsymbol{q}}^{\mathrm{T}}H^{\mathrm{T}}JH\dot{\boldsymbol{q}}$$

と表される。ホロノミック制約を考慮すると，ラグランジアンは

$$\mathcal{L} = K + \lambda Q$$

となる。ラグランジュの運動方程式

$$\frac{\partial \mathcal{L}}{\partial q_i} - \frac{\mathrm{d}}{\mathrm{d}t}\frac{\partial \mathcal{L}}{\partial \dot{q}_i} = 0 \qquad (i = 0, 1, 2, 3)$$

と制約安定化の式 $\ddot{Q} + 2\nu\dot{Q} + \nu^2 Q = 0$ を計算し，未定乗数 λ を消去すると，運動方程式を得る。なお，剛体にモーメント $\boldsymbol{\tau} = [\tau_\xi,\ \tau_\eta,\ \tau_\zeta]^{\mathrm{T}}$ が作用するとき，運動方程式は

$$\ddot{\boldsymbol{q}} = -r(\boldsymbol{q}, \dot{\boldsymbol{q}})\,\boldsymbol{q} - 2H^{\mathrm{T}}J^{-1}\left((H\dot{\boldsymbol{q}}) \times (JH\dot{\boldsymbol{q}}) - \frac{1}{4}\boldsymbol{\tau}\right)$$

と表される。

7章

【1】 (1) 定常状態では $\dot{x}=0$，$\dot{y}=0$，$\ddot{x}=0$，$\ddot{y}=0$ であるので

$$R(x^*,y^*)=0$$
$$\lambda\,R_x(x^*,y^*)=0$$
$$\lambda\,R_y(x^*,y^*)-mg=0$$

である。これを解くと，$(x^*,y^*)=(0,0)$，$\lambda=-mg$，または $(x^*,y^*)=(0,2l)$，$\lambda=mg$ を得る。

さらに，$\dot{R}=R_x\dot{x}+R_y\dot{y}=0$ より，定常状態における速度成分 $\dot{x}$, $\dot{y}$ に関する制約を導くことができる。$(x^*,y^*)=(0,0)$ のとき，$R_x(0,0)=0$，$R_y(0,0)=-1$ であるので，$\dot{y}=0$ を得る。また $(x^*,y^*)=(0,2l)$ のとき，$R_x(0,2l)=0$，$R_y(0,2l)=1$ であるので $\dot{y}=0$ を得る。

(2) (A) $(x^*,y^*)=(0,0)$，$\lambda=-mg$ の場合

偏微分 R_x, R_y を $(0,0)$ まわりで近似すると

$$R_x(x,y)=R_x(0,0)+R_{xx}(0,0)x+R_{xy}(0,0)y=\frac{x}{l}$$
$$R_y(x,y)=R_y(0,0)+R_{yx}(0,0)x+R_{yy}(0,0)y=-1$$

となる。したがって，運動方程式を $(0,0)$ まわりで近似すると

$$m\ddot{x}=-\frac{mg}{l}x-c\dot{x}$$
$$m\ddot{y}=-c\dot{y}$$

すなわち

$$m\ddot{x}+c\dot{x}+\frac{mg}{l}x=0$$
$$m\ddot{y}+c\dot{y}=0$$

となる。第1式は安定である。定常状態で $\dot{y}=0$ であるので，第2式より $\dot{y}\equiv 0$ を得る。定常状態で $y=0$ であるので，$\dot{y}\equiv 0$ より $y\equiv 0$ を得る。したがって，定常状態 $(0,0)$ は安定である。

(B) $(x^*,y^*)=(0,2l)$，$\lambda=mg$ の場合

偏微分 R_x, R_y を $(0,2l)$ まわりで近似すると

$$R_x(x,y)=R_x(0,2l)+R_{xx}(0,2l)x+R_{xy}(0,2l)y=\frac{x}{l}$$
$$R_y(x,y)=R_y(0,2l)+R_{yx}(0,2l)x+R_{yy}(0,2l)y=1$$

となる。したがって，運動方程式を $(0, 2l)$ まわりで近似すると

$$m\ddot{x} = \frac{mg}{l}x - c\dot{x}$$
$$m\ddot{y} = -c\dot{y}$$

すなわち

$$m\ddot{x} + c\dot{x} - \frac{mg}{l}x = 0$$
$$m\ddot{y} + c\dot{y} = 0$$

となる。第 1 式は不安定である。したがって，定常状態 $(0, 2l)$ は不安定である。

【2】 運動エネルギー K の時間微分を計算すると

$$\dot{K} = \begin{bmatrix} \omega_1 & \omega_2 \end{bmatrix} \begin{bmatrix} H_{11} & H_{12} \\ H_{12} & H_{22} \end{bmatrix} \begin{bmatrix} \dot{\omega}_1 \\ \dot{\omega}_2 \end{bmatrix} + \frac{1}{2} \begin{bmatrix} \omega_1 & \omega_2 \end{bmatrix} \begin{bmatrix} \dot{H}_{11} & \dot{H}_{12} \\ \dot{H}_{12} & \dot{H}_{22} \end{bmatrix} \begin{bmatrix} \omega_1 \\ \omega_2 \end{bmatrix}$$

となる。右辺の第 1 項に運動方程式を代入し，第 2 項に $\dot{H}_{11} = -2h_{12}\omega_2$，$\dot{H}_{12} = -h_{12}\omega_2$，$\dot{H}_{22} = 0$ を代入すると

$$\dot{K} = \begin{bmatrix} \omega_1 & \omega_2 \end{bmatrix} \begin{bmatrix} h_{12}\omega_2^2 + 2h_{12}\omega_1\omega_2 \\ -h_{12}\omega_1^2 \end{bmatrix} + \frac{1}{2} \begin{bmatrix} \omega_1 & \omega_2 \end{bmatrix} \begin{bmatrix} -2h_{12}\omega_2 & -h_{12}\omega_2 \\ -h_{12}\omega_2 & 0 \end{bmatrix} \begin{bmatrix} \omega_1 \\ \omega_2 \end{bmatrix} = 0$$

となる。

【3】 $\dot{K}$ の式に運動方程式を代入し，問題**【2】**の結果を用いると

$$\dot{K} = \begin{bmatrix} \omega_1 & \omega_2 \end{bmatrix} \begin{bmatrix} h_{12}\omega_2^2 + 2h_{12}\omega_1\omega_2 - G_1 - G_{12} \\ -h_{12}\omega_1^2 - G_{12} \end{bmatrix} + \frac{1}{2} \begin{bmatrix} \omega_1 & \omega_2 \end{bmatrix} \begin{bmatrix} \dot{H}_{11} & \dot{H}_{12} \\ \dot{H}_{12} & \dot{H}_{22} \end{bmatrix} \begin{bmatrix} \omega_1 \\ \omega_2 \end{bmatrix}$$
$$= \begin{bmatrix} \omega_1 & \omega_2 \end{bmatrix} \begin{bmatrix} -G_1 - G_{12} \\ -G_{12} \end{bmatrix} = (-G_1 - G_{12})\omega_1 + (-G_{12})\omega_2$$

となる。一方

$$\dot{P} = \frac{\partial P}{\partial \theta_1}\frac{\mathrm{d}\theta}{\mathrm{d}t} + \frac{\partial P}{\partial \theta_2}\frac{\mathrm{d}\theta}{\mathrm{d}t} = (G_1 + G_{12})\omega_1 + (G_{12})\omega_2$$

である。したがって，$\dot{E} = \dot{K} + \dot{P} = 0$ が成り立つ。

【4】 定常状態は $(\theta_1, \theta_2, \omega_1, \omega_2) = (\theta_1^{\mathrm{d}}, \theta_2^{\mathrm{d}}, 0, 0)$ である。関数 V は定常状態で 0，定常状態以外で正の値をとる。$\dot{K}$ の式に運動方程式を代入し，問題【2】の結果を用いると

$$\begin{aligned}\dot{K} &= \begin{bmatrix} \omega_1 & \omega_2 \end{bmatrix}\begin{bmatrix} h_{12}\omega_2^2 + 2h_{12}\omega_1\omega_2 + \tau_1 \\ -h_{12}\omega_1^2 + \tau_2 \end{bmatrix} \\ &\quad + \frac{1}{2}\begin{bmatrix} \omega_1 & \omega_2 \end{bmatrix}\begin{bmatrix} \dot{H}_{11} & \dot{H}_{12} \\ \dot{H}_{12} & \dot{H}_{22} \end{bmatrix}\begin{bmatrix} \omega_1 \\ \omega_2 \end{bmatrix} \\ &= \{-K_{\mathrm{p1}}(\theta_1 - \theta_1^{\mathrm{d}}) - K_{\mathrm{d1}}\omega_1\}\omega_1 + \{-K_{\mathrm{p2}}(\theta_2 - \theta_2^{\mathrm{d}}) - K_{\mathrm{d2}}\omega_2\}\omega_2\end{aligned}$$

となる。一方

$$\begin{aligned}&\frac{\mathrm{d}}{\mathrm{d}t}\left\{\frac{1}{2}K_{\mathrm{p1}}(\theta_1 - \theta_1^{\mathrm{d}})^2 + \frac{1}{2}K_{\mathrm{p2}}(\theta_2 - \theta_2^{\mathrm{d}})^2\right\} \\ &\quad = K_{\mathrm{p1}}(\theta_1 - \theta_1^{\mathrm{d}})\omega_1 + K_{\mathrm{p2}}(\theta_2 - \theta_2^{\mathrm{d}})\omega_2\end{aligned}$$

である。したがって

$$\dot{V} = \{-K_{\mathrm{d1}}\omega_1\}\omega_1 + \{-K_{\mathrm{d2}}\omega_2\}\omega_2 = -K_{\mathrm{d1}}\omega_1^2 - K_{\mathrm{d2}}\omega_2^2$$

となるので，$\dot{V} \leqq 0$ である。$\dot{V} = 0$ が成り立つのは，$\omega_1 = 0$，$\omega_2 = 0$ のときである。このとき

$$\begin{bmatrix} H_{11} & H_{12} \\ H_{12} & H_{22} \end{bmatrix}\begin{bmatrix} \dot{\omega}_1 \\ \dot{\omega}_2 \end{bmatrix} = \begin{bmatrix} -K_{\mathrm{p1}}(\theta_1 - \theta_1^{\mathrm{d}}) \\ -K_{\mathrm{p2}}(\theta_2 - \theta_2^{\mathrm{d}}) \end{bmatrix}$$

となる。定常状態以外で $\dot{V} = 0$ が成り立つときは，$\theta_1 - \theta_1^{\mathrm{d}}$ と $\theta_2 - \theta_2^{\mathrm{d}}$ のどちらかが 0 ではないので，$\dot{\omega}_1$ と $\dot{\omega}_2$ のいずれかが 0 ではない。すなわち，ω_1 と ω_2 のいずれかが 0 でなくなり，$V > 0$ となる。したがって，ラサールの定理より系は漸近安定である。

【5】 関数 $g(x) - g(x^{\mathrm{d}})$ は，唯一の零点 x^{d} を持ち，$x < x^{\mathrm{d}}$ で正，$x > x^{\mathrm{d}}$ で負であるので，$g(x) - g(x^{\mathrm{d}}) = -(x - x^{\mathrm{d}})h(x)$ と表され，$h(x)$ は全領域で正である。このとき，項 $P(x)$ は $x = x^{\mathrm{d}}$ で極大値 0 を持つので，リアプノフ関数の項にはならない。

$g(x)-g(x^{\mathrm{d}})$ が有界であるので，$h(x)$ は有界である。すなわち，$|h(x)|<M$ が成り立つ。このとき

$$-\alpha(x-x^{\mathrm{d}})\{g(x)-g(x^{\mathrm{d}})\}=\alpha(x-x^{\mathrm{d}})^2h(x)<\alpha(x-x^{\mathrm{d}})^2M$$

である。したがって，式 (7.8) は

$$\begin{aligned}\dot{V}&<-\frac{1}{2}\begin{bmatrix} x-x^{\mathrm{d}} & v\end{bmatrix}\begin{bmatrix} 2(\alpha K_{\mathrm{p}}-K_{\mathrm{i}}) & \alpha K_{\mathrm{d}} \\ \alpha K_{\mathrm{d}} & 2(K_{\mathrm{d}}-\alpha m)\end{bmatrix}\begin{bmatrix} x-x^{\mathrm{d}} \\ v\end{bmatrix}\\ &\quad+\alpha(x-x^{\mathrm{d}})^2M\\ &=-\frac{1}{2}\begin{bmatrix} x-x^{\mathrm{d}} & v\end{bmatrix}\begin{bmatrix} 2(\alpha(K_{\mathrm{p}}-M)-K_{\mathrm{i}}) & \alpha K_{\mathrm{d}} \\ \alpha K_{\mathrm{d}} & 2(K_{\mathrm{d}}-\alpha m)\end{bmatrix}\begin{bmatrix} x-x^{\mathrm{d}} \\ v\end{bmatrix}\end{aligned}$$

となる。上式右辺が負定であるためには

$$\begin{aligned}&\alpha(K_{\mathrm{p}}-M)-K_{\mathrm{i}}>0\\ &\phi(\alpha)\triangleq-\{4(\alpha(K_{\mathrm{p}}-M)-K_{\mathrm{i}})(K_{\mathrm{d}}-\alpha m)-(\alpha K_{\mathrm{d}})^2\}<0\end{aligned}$$

が成り立つ必要がある。比例ゲイン K_{p} を M より十分に大きく，かつ積分ゲイン K_{i} を十分に小さく選ぶと，上式を満たす。

【6】 力学的エネルギー E を時間微分し，運動方程式を代入すると

$$\begin{aligned}\dot{E}&=m\dot{x}\ddot{x}+m\dot{y}\ddot{y}-mg\dot{y}\\ &=\dot{x}\{\lambda R_x(x,y)-c\dot{x}\}+\dot{y}\{\lambda R_y(x,y)-c\dot{y}-mg\}+-mg\dot{y}\\ &=\lambda\{R_x\dot{x}+R_y\dot{y}\}-c(\dot{x}^2+\dot{y}^2)\end{aligned}$$

となる。制約 $R(x,y)=0$ を時間微分すると

$$\dot{R}=R_x\dot{x}+R_y\dot{y}=0$$

となる。したがって

$$\dot{E}=-c(\dot{x}^2+\dot{y}^2)<0$$

である。なお，$R(x,y)=0$ 上では $0\leqq y\leqq 2l$ であるので，$E\leqq 0$ が成り立つ。したがって，E はリアプノフ関数であり，単振り子は $(x,y)=(0,0)$ において漸近安定であることがわかる。

【7】 運動エネルギー K の時間微分を計算すると

$$\dot{K} = \frac{1}{2}\sum_j \sum_k \dot{H}_{jk}\dot{q}_j\dot{q}_k + \sum_k \dot{q}_k \sum_j H_{kj}\ddot{q}_j$$

となる。上式右辺の第2項に運動方程式，右辺の第1項に

$$\dot{H}_{jk} = \sum_i \frac{\partial H_{jk}}{\partial q_i}\dot{q}_i$$

を代入すると

$$\begin{aligned}\dot{K} &= \frac{1}{2}\sum_j \sum_k \sum_i \frac{\partial H_{jk}}{\partial q_i}\dot{q}_i\dot{q}_j\dot{q}_k - \sum_k \dot{q}_k \sum_i \sum_j c_{ijk}\dot{q}_i\dot{q}_j \\ &= \frac{1}{2}\sum_j \sum_k \sum_i \left(\frac{\partial H_{jk}}{\partial q_i} - 2c_{ijk}\right)\dot{q}_i\dot{q}_j\dot{q}_k\end{aligned}$$

となる。ここで

$$\frac{\partial H_{jk}}{\partial q_i} - 2c_{ijk} = \frac{\partial H_{ij}}{\partial q_k} - \frac{\partial H_{ik}}{\partial q_j}$$

であるので

$$\dot{K} = \frac{1}{2}\sum_i \dot{q}_i \sum_j \sum_k \left(\frac{\partial H_{ij}}{\partial q_k} - \frac{\partial H_{ik}}{\partial q_j}\right)\dot{q}_j\dot{q}_k$$

となる。ここで

$$S_i = \sum_j \sum_k \left(\frac{\partial H_{ij}}{\partial q_k} - \frac{\partial H_{ik}}{\partial q_j}\right)\dot{q}_j\dot{q}_k$$

とおくと，$\dot{q}_j\dot{q}_k$ の係数 $\partial H_{ij}/\partial q_k - \partial H_{ik}/\partial q_j$ と $\dot{q}_k\dot{q}_j$ の係数 $\partial H_{ik}/\partial q_j - \partial H_{ij}/\partial q_k$ の和が 0 であるので，$S_i = 0$ を得る。したがって

$$\dot{K} = \frac{1}{2}\sum_i \dot{q}_i S_i = 0$$

である。

8章

【1】 回転行列 $R = R_3R_2R_1$ を時間微分すると $\dot{R} = \dot{R}_3R_2R_1 + R_3\dot{R}_2R_1 + R_3R_2\dot{R}_1$ となる。したがって

$$R^{\mathrm{T}}\dot{R} = R_1^{\mathrm{T}}\dot{R}_1 + R_1^{\mathrm{T}}R_2^{\mathrm{T}}\dot{R}^2R_1 + (R_2R_1)^{\mathrm{T}}R_3^{\mathrm{T}}\dot{R}_3(R_2R_1)$$

である。ここで，$R_1^{\mathrm{T}}\dot{R}_1$ を計算すると

$$R_1^{\mathrm{T}}\dot{R}_1 = \begin{bmatrix} 1 & 0 & 0 \\ 0 & c_1 & s_1 \\ 0 & -s_1 & c_1 \end{bmatrix} \begin{bmatrix} 0 & 0 & 0 \\ 0 & -s_1 & -c_1 \\ 0 & c_1 & -s_1 \end{bmatrix} \dot{\theta}_1 = \begin{bmatrix} 0 & 0 & 0 \\ 0 & 0 & -1 \\ 0 & 1 & 0 \end{bmatrix} \dot{\theta}_1$$

を得る。したがって，$R_1^{\mathrm{T}}\dot{R}_1$ の角速度ベクトルへの寄与は $[1, 0, 0]^{\mathrm{T}}\dot{\theta}_1$ である。同様に

$$R_2^{\mathrm{T}}\dot{R}^2 = \begin{bmatrix} 0 & 0 & 1 \\ 0 & 0 & 0 \\ -1 & 0 & 0 \end{bmatrix} \dot{\theta}_2, \qquad R_3^{\mathrm{T}}\dot{R}^3 = \begin{bmatrix} 0 & -1 & 0 \\ 1 & 0 & 0 \\ 0 & 0 & 0 \end{bmatrix} \dot{\theta}_3$$

より

$$R_1^{\mathrm{T}}R_2^{\mathrm{T}}\dot{R}^2R_1 = \begin{bmatrix} 0 & s_1 & c_1 \\ -s_1 & 0 & 0 \\ -c_1 & 0 & 0 \end{bmatrix} \dot{\theta}_2$$

$$(R_2R_1)^{\mathrm{T}}R_3^{\mathrm{T}}\dot{R}_3(R_2R_1) = \begin{bmatrix} 0 & -c_1c_2 & s_1c_2 \\ c_1c_2 & 0 & s_2 \\ -s_1c_2 & -s_2 & 0 \end{bmatrix} \dot{\theta}_3$$

を得る。よって，$R_1^{\mathrm{T}}R_2^{\mathrm{T}}\dot{R}^2R_1$ の角速度ベクトルへの寄与は $[0, c_1, -s_1]^{\mathrm{T}}\dot{\theta}_2$，$(R_2R_1)^{\mathrm{T}}R_3^{\mathrm{T}}\dot{R}_3(R_2R_1)$ の角速度ベクトルへの寄与は $[-s_2, s_1c_2, c_1c_2]^{\mathrm{T}}\dot{\theta}_3$ である。すべての寄与を加え合わせると，以下を得る。

$$\begin{bmatrix} \omega_1 \\ \omega_2 \\ \omega_3 \end{bmatrix} = \begin{bmatrix} 1 & 0 & -s_2 \\ 0 & c_1 & s_1c_2 \\ 0 & -s_1 & c_1c_2 \end{bmatrix} \begin{bmatrix} \dot{\theta}_1 \\ \dot{\theta}_2 \\ \dot{\theta}_3 \end{bmatrix}$$

【2】 行列 M, K は対称行列であり，$M^{\mathrm{T}} = M$，$K^{\mathrm{T}} = K$ なので

$$\frac{\mathrm{d}}{\mathrm{d}t}\left(\frac{1}{2}\dot{\boldsymbol{p}}^{\mathrm{T}}M\dot{\boldsymbol{p}}\right) = \dot{\boldsymbol{p}}^{\mathrm{T}}M\ddot{\boldsymbol{p}}, \qquad \frac{\mathrm{d}}{\mathrm{d}t}\left(\frac{1}{2}\boldsymbol{p}^{\mathrm{T}}K\boldsymbol{p}\right) = \dot{\boldsymbol{p}}^{\mathrm{T}}K\boldsymbol{p}$$

である。したがって

$$\dot{V} = \dot{\boldsymbol{p}}^{\mathrm{T}}M\ddot{\boldsymbol{p}} + \dot{\boldsymbol{p}}^{\mathrm{T}}K\boldsymbol{p}$$

となる。上式に式 (8.26) を代入すると

$$\dot{V} = \dot{\boldsymbol{p}}^{\mathrm{T}}\{-(G+D)\dot{\boldsymbol{p}} - K\boldsymbol{p}\} + \dot{\boldsymbol{p}}^{\mathrm{T}}K\boldsymbol{p} = -\dot{\boldsymbol{p}}^{\mathrm{T}}(G+D)\dot{\boldsymbol{p}}$$

を得る。行列 G は歪対称行列であり，$G^{\mathrm{T}} = -G$ なので

$$\dot{\boldsymbol{p}}^{\mathrm{T}}G\dot{\boldsymbol{p}} = 0$$

であり，したがって

$$\dot{V} = -\dot{\boldsymbol{p}}^{\mathrm{T}}D\dot{\boldsymbol{p}}$$

となる。行列 D は正定行列であるので，式 (8.29) が得られる。

【3】 つぎの関係

$$\frac{\mathrm{d}}{\mathrm{d}t}H^2 = 2J_1\omega_1(J_1\dot{\omega}_1) + 2J_2\omega_2(J_2\dot{\omega}_2) + 2J_3\omega_3(J_3\dot{\omega}_3)$$

を用い，式 (8.21) に代入すると

$$\begin{aligned}\frac{\mathrm{d}}{\mathrm{d}t}H^2 &= 2J_1\omega_1(J_2 - J_3)\omega_2\omega_3 + 2J_2\omega_2(J_3 - J_1)\omega_3\omega_1 \\ &\quad + 2J_3\omega_3(J_1 - J_2)\omega_1\omega_2 \\ &= 2\omega_1\omega_2\omega_3(J_1J_2 - J_3J_1 + J_2J_3 - J_1J_2 + J_3J_1 - J_2J_3) \\ &\equiv 0\end{aligned}$$

となり，以上で式 (8.30) が示された。

$$\frac{\mathrm{d}}{\mathrm{d}t}(2K) = 2J_1\omega_1\dot{\omega}_1 + 2J_2\omega_2\dot{\omega}_2 + 2J_3\omega_3\dot{\omega}_3$$

に，式 (8.21) を代入すると

$$\begin{aligned}\frac{\mathrm{d}}{\mathrm{d}t}(2K) &= 2\omega_1(J_2 - J_3)\omega_2\omega_3 + 2\omega_2(J_3 - J_1)\omega_3\omega_1 + 2\omega_3(J_1 - J_2)\omega_1\omega_2 \\ &= 2\omega_1\omega_2\omega_3(J_2 - J_3 + J_3 - J_1 + J_1 - J_2) \\ &\equiv 0\end{aligned}$$

となり，以上で式 (8.31) が示された。

【4】 $\boldsymbol{y} = y_1\boldsymbol{b}_1 + y_2\boldsymbol{b}_2 + y_3\boldsymbol{b}_3$ とし，ベクトル $(\boldsymbol{x}_{\mathrm{c}} \cdot \boldsymbol{y})(\boldsymbol{x}_{\mathrm{c}} \times \boldsymbol{y})$ を機体座標系で表すと

$$\begin{bmatrix} p_1 \\ p_2 \\ p_3 \end{bmatrix} = (x_{\mathrm{c}1}y_1 + x_{\mathrm{c}2}y_2 + x_{\mathrm{c}3}y_3)\begin{bmatrix} x_{\mathrm{c}2}y_3 - x_{\mathrm{c}3}y_2 \\ x_{\mathrm{c}3}y_1 - x_{\mathrm{c}1}y_3 \\ x_{\mathrm{c}1}y_2 - x_{\mathrm{c}2}y_1 \end{bmatrix}$$

となる。p_1 を計算すると

$$p_1 = -x_{c2}x_{c3}y_2^2 + x_{c2}x_{c3}y_3^2 + (x_{c2}^2 - x_{c3}^2)y_2y_3 + x_{c1}x_{c2}y_3y_1 - x_{c3}x_{c1}y_1y_2$$

を得る。ここで，上式を機体全体で積分し

$$\int_B y_2^2\,\mathrm{d}m = \frac{1}{2}(J_3 + J_1 - J1), \quad \int_B y_3^2\,\mathrm{d}m = \frac{1}{2}(J_1 + J_2 - J3)$$
$$\int_B y_2y_3\,\mathrm{d}m = -J_{23}, \quad \int_B y_3y_1\,\mathrm{d}m = -J_{31}, \quad \int_B y_1y_2\,\mathrm{d}m = -J_{12}$$

に注意すると

$$\int p_1\,\mathrm{d}m = J_2x_{c2}x_{c3} - J_3x_{c2}x_{c3} - J_{23}(x_{c2}^2 - x_{c3}^2) - J_{31}x_{c1}x_{c2} + J_{12}x_{c3}x_{c1}$$

を得る。これは，式 (8.41) 右辺の第 1 要素に一致する。第 2 要素，第 3 要素に関しても，同様に示される。

【5】 $\lambda = -\pi$〔rad/s〕，$\tan\theta_n = 1/4$，$\tan\gamma = 1/2$

9 章

【1】 移動体の回転角速度を ω とし，並進速度を v とする。ただし，ω は反時計回りの回転方向を正とし，v は後輪軸の中央点において，後輪軸と直交する方向に，移動体の前進方向を正にとる。**解図 9.1** に示すように，旋回円弧半径 R を旋回円弧の中心と後輪軸の中央点との間に設定でき，$R\omega = v$ が成り立つ。一方，$L/R = \tan\sigma$ であることから，$1/R = \tan\sigma/L$ である。よって，$\omega = v/R = v\tan\sigma/L$ となり，与式を得る。

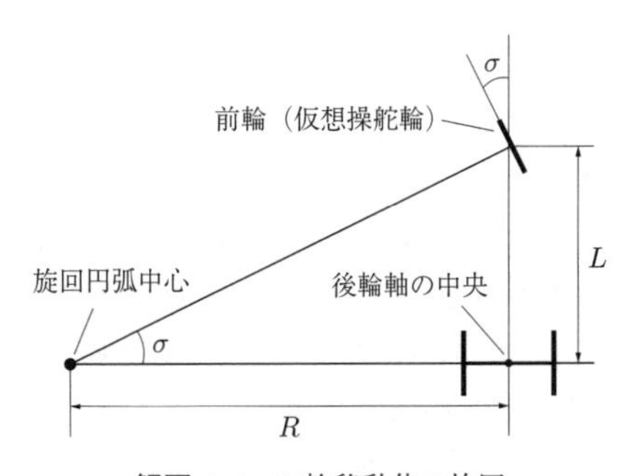

解図 9.1　3 輪移動体の旋回

【2】 駆動輪軸の中央点を P とする。点 P での並進速度は $v = R\omega$ である。左右の駆動輪の回転中心が地面に対して持つ速度を v_l, v_r とする。車輪と地面のスリップがないものと仮定すると，$v_\mathrm{l} = R_\mathrm{l}\omega_\mathrm{l}$，$v_\mathrm{r} = R_\mathrm{r}\omega_\mathrm{r}$ を得る。各車輪の轍が描くその瞬間の曲率半径は，旋回円弧の中心を共通に持つので（**解図 9.2**），つぎの連立方程式を得る。

$$\left(R + \frac{T}{2}\right)\omega = R_\mathrm{r}\omega_\mathrm{r} \tag{1}$$

$$\left(R - \frac{T}{2}\right)\omega = R_\mathrm{l}\omega_\mathrm{l} \tag{2}$$

式 (1) + 式 (2) より $R\omega = v = (R_\mathrm{r}/2)\omega_\mathrm{r} + (R_\mathrm{l}/2)\omega_\mathrm{l}$，式 (1) − 式 (2) より $T\omega = R_\mathrm{r}\omega_\mathrm{r} - R_\mathrm{l}\omega_\mathrm{l}$，すなわち $\omega = (R_\mathrm{r}/T)\omega_\mathrm{r} - (R_\mathrm{l}/T)\omega_\mathrm{l}$ が得られる。

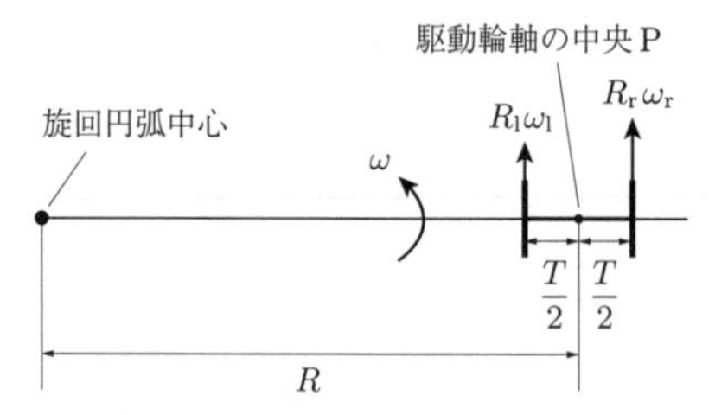

解図 9.2　独立 2 輪駆動型移動体の旋回

【3】 (1) 式 (9.10) に対応する特性方程式は

$$s^3 + k_3 s^2 + k_2 s + k_1 v_\mathrm{d} = 0$$

である。これに k_1, k_2, k_3, v_d の値を代入すると

$$s^3 + 2s^2 + (-1)s + (-10) \times 0.2 = (s+2)(s+1)(s-1) = 0$$

となる。この方程式は，正の解 $s = 1$ を持つ。よって，与えられた係数では，ϕ は安定でない。

(2) 式 (9.10) において，与えられた初期条件のもとで，10 秒後にほぼ $\phi = 0$ となることが必要である。この収束は振動的ではないほうが望ましいので，一例として式 (9.10) の特性方程式の根を実数解とし，かつ，最も大きい時定数が 2 秒程度，他の時定数はそれに比べて小さくなるように 1 秒，1/3 秒と選び，特性方程式の解を $s = -1, -3, -1/2$ と与えてみる。この解になるような k_1, k_2, k_3 を係数比較によって求めると，$k_1 = 30/4 = 7.5$, $k_2 = 10/2 = 5$，$k_3 = 9/2 = 4.5$ が得られる。これらから，実際に式 (9.10) を求解したものを，**解図 9.3** に図示する。

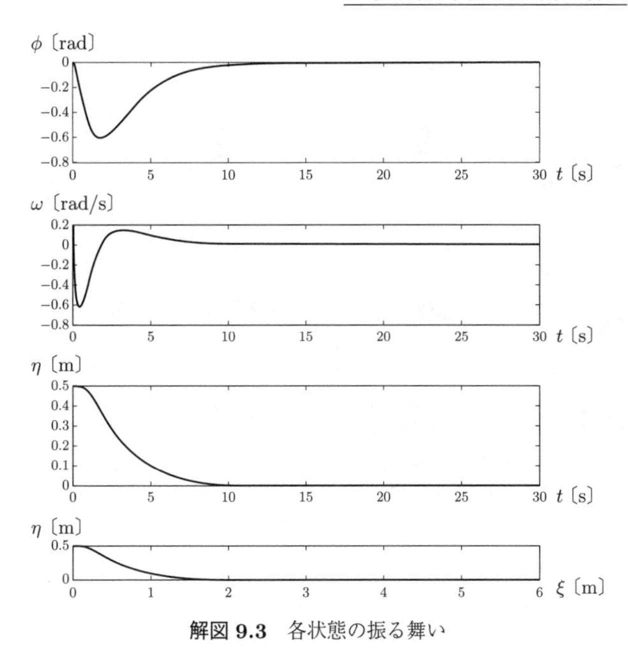

解図 9.3　各状態の振る舞い

【4】 緩和曲線の一例としてクロソイド曲線を利用することができる。クロソイド曲線は，道のり s に対して曲率 κ が比例的に増加する（または減少する）曲線である。いま，直線からクロソイド曲線を経由して円弧に連続的に接続することを考えると，移動体が連続的に沿うべき経路はつぎのような条件を満たせばよい。

$0 \leqq s \leqq s_1$	直線	$\kappa = 0$
$s_1 \leqq s \leqq s_2$	クロソイド	$\kappa = k(s - s_1)$
$s_2 \leqq s$	円弧	$\kappa = k(s_2 - s_1)$

いま，このように指定された経路上を，移動体が接線速度一定（v_0）で走行することを考えると，移動体の回転角速度は $\omega = v_0/R = v_0\kappa$ で与えられる。直線区間の終端とクロソイド区間の始端での曲率，およびクロソイド区間の終端と円弧区間の始端での曲率はそれぞれ等しいので，回転角速度は連続となる。このとき，区間の境界での角加速度の変化は不連続であるが有界である。もし区間の境界付近での角速度の変化も連続にしたいならば，回転角加速度の変化を台形的にすればよい。その場合には，回転角速度は，角加速度が変化している部分で s の 2 乗に比例するようになる。

索　　引